高等职业教育计算机类专业新型一体化教材

计算机组装与维护项目实践教程

（第2版）

叶　春　管维红　张　蓉　主　编

张　昊　蒋　悦　秦昌琪　副主编

電子工業出版社

Publishing House of Electronics Industry

北京 • BEIJING

内 容 简 介

本书主要介绍了计算机基础知识，计算机各个部件的发展历程、功能特性、选购技巧等，计算机组装的基本步骤和操作规范，常用操作系统和应用软件的安装配置，以及常见的计算机软件和硬件故障的诊断和维护等。全书共七章，第一章介绍了计算机基础知识，第二章介绍了计算机配件与组装，第三章讲解了系统设置与操作系统的安装，第四章介绍了驱动程序及常用软件的安装与计算机病毒的防治，第五章介绍了笔记本电脑的结构认知与保养，第六章介绍了笔记本电脑故障的检测与处理，第七章介绍了计算机网络基础知识及网络接线。

本书所介绍的硬件着眼于市场上的主流产品，强调学以致用，实践性很强，知识点选择合理，内容深入浅出，非常适合初学者。本书可以满足高职、高专相关专业课程教学需求，培养学生实践能力，符合认识规律和教学规律；也可以供计算机组装人员、维修人员、计算机爱好者等其他有需要的人士进行自学。

图书在版编目（CIP）数据

计算机组装与维护项目实践教程 / 叶春，管维红，张蓉主编．—2版．—北京：电子工业出版社，2020.7（2024.1重印）

ISBN 978-7-121-37508-8

Ⅰ．①计… Ⅱ．①叶… ②管… ③张… Ⅲ．①电子计算机－组装－高等学校－教材②计算机维护－高等学校－教材 Ⅳ．① TP30

中国版本图书馆 CIP 数据核字（2019）第 216485 号

责任编辑：李 静（lijing@phei.com.cn） 特约编辑：田学清
印 刷：涿州市京南印刷厂
装 订：涿州市京南印刷厂
出版发行：电子工业出版社
北京市海淀区万寿路 173 信箱 邮编：100036
开 本：787×1092 1/16 印张：14.75 字数：378 千字
版 次：2017 年 5 月第 1 版
2020 年 7 月第 2 版
印 次：2024 年 1 月第 7 次印刷
定 价：46.80 元

凡所购买电子工业出版社图书有缺损问题，请向购买书店调换。若书店售缺，请与本社发行部联系，联系及邮购电话：（010）88254888，88258888。

质量投诉请发邮件至 zlts@phei.com.cn，盗版侵权举报请发邮件到 dbqq@phei.com.cn。

本书咨询联系方式：（010）88254604，lijing@phei.com.cn。

前　言

随着信息技术的飞速发展，计算机已经成为人们学习、工作、生活的必备工具，对计算机进行组装与维护是计算机从业人员的必备技能。本书主要介绍了计算机的基础知识，计算机配件的发展历程、功能特性、选购技巧等，计算机组装的基本步骤和操作规范，常用操作系统和应用软件的安装配置，以及常见的计算机软件与硬件故障的诊断和维护等。

本书以《教育部关于全面提高高等职业教育教学质量的若干意见》为指导，采用“真实项目、任务驱动、进阶教学、提高能力”的新型教学模式，引入企业真实项目，对物联网等专业技术人员所需的职业能力进行分解，覆盖了使用计算机硬件组装调试和软件应用维护等重要工作过程。与同类型教材相比，本书参照相关职业资格标准选取核心知识模块，以实际项目为蓝本，采用信息化手段将知识点碎片化，形成了一整套与计算机软件与硬件相关的保养与维护的知识体系。

同时本书着重介绍笔记本电脑的选购技巧及拆装和维护技术；突破性地引入了专业笔记本电脑仿真拆装系统。利用 3D 虚拟现实技术展现真实的笔记本电脑内部结构，能够让读者熟练掌握笔记本电脑的内部细节构造；通过体感技术让读者获得身临其境的操作环境，解决了读者在学习笔记本电脑拆装知识后缺少真实实践条件的问题；运用 3D 虚拟现实技术，完全模拟主流笔记本电脑的内部与外部真实结构和拆装标准流程，虚拟训练以 3D 游戏形式展开，契合读者特点，互动感强烈，解决了笔记本电脑拆装投入成本高、损耗大的难题；通过对后台统计数据进行分析，能够掌控读者的学习过程，准确把握读者的完成进度，提升实践课堂教学质量，为读者了解笔记本电脑的构造和对计算机进行日常维修提供了更直观的学习体验。

本书所介绍的硬件着眼于市场上的主流产品，强调学以致用，实践性很强，知识点选择合理，内容深入浅出，非常适合初学者。本书可以满足高职、高专相关专业课程教学需求，培养学生实践能力，符合认识规律和教学规律；也可以供计算机组装人员、维修人员、计算机爱好者等其他有需要的人士进行自学。本书主编为叶春、管维红、张蓉，副主编为张昊、蒋悦、秦昌琪。全书共七章，第一章主要介绍了计算机基础知识，第二章介绍了计算机配件与组装，第三章着重讲解了系统设置与操作系统的安装，第四章介绍了驱动程序及常用软件的安装与计算机病毒的防治，第五章介绍了笔记本电脑的结构认知与保养，第六章介绍了笔记本电脑故障的检测与处理，第七章介绍了计算机网络基础知识及网络接线。

在编写本书的过程中，编者参考了同行老师的著作，在此编者向参考文献的各位作者表示衷心的感谢并致以崇高的敬意。为了配合本书的发行使用，编者提供了配套的电子课件、微课等数字化教学资源，该资源以二维码的形式呈现，读者可利用手机等智能终端在相应的

章节扫描二维码浏览。此外，编者开发了一套笔记本电脑仿真系统，如有需要可通过 lijing@phei.com.cn 进行联系。由于编者水平和能力有限，书中的疏漏和不足之处在所难免，恳请读者提出宝贵意见，以便及时做出更正。

编　者

2020 年 4 月

目　　录

第一章　计算机基础知识

当今社会是以计算机、网络为基础的信息时代，人们的工作、学习、生活已经离不开计算机，计算机的处理能力持续增长，掌握计算机基础知识是我们必备的基本素质，也是学习本课程的前提。本章主要从以下四部分介绍计算机基础知识：计算机的发展简史、计算机的组成、计算机的分类，以及计算机的发展趋势和计算机产业。

微课视频

1.1　计算机的发展简史

什么是计算机？计算机应用如此广泛，并且各种计算机的形状和大小各不相同，似乎很难总结计算机的普遍特点并对计算机进行一个全面的定义。

百度百科对计算机的定义描述如下：

“计算机俗称电脑，是现代一种用于高速计算的电子计算机器，既可以进行数值计算，又可以进行逻辑计算，还具有存储记忆功能；是能够按照程序运行，自动、高速处理海量数据的现代化智能电子设备。”

维基百科对计算机的定义描述如下：

“计算机是可以被指示自动执行任意一组算术或逻辑运算的设备。计算机遵循通用操作序列（称为程序）的能力使它们能够执行各种任务。”

最核心的是，计算机是一种多用途设备，能在存储指令集的控制下，接受输入，处理数据、存储数据并产生输出。计算机工作原理如图 1.1 所示。

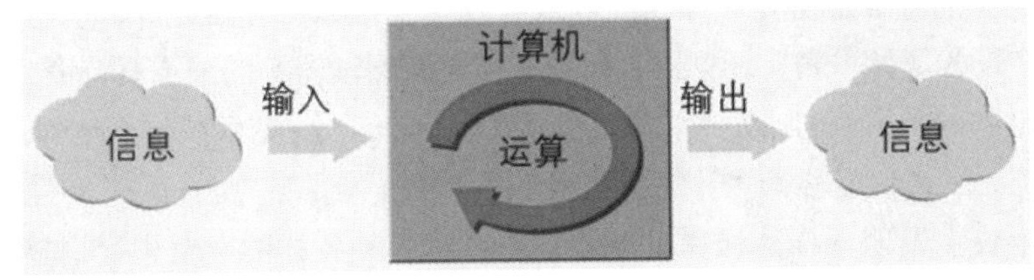

图 1.1　计算机工作原理

电子计算机问世的奠基人是英国科学家艾兰・图灵（Alan Turing）和美籍匈牙利科学家

冯 • 诺伊曼（John von Neumann）。图灵的贡献是建立了图灵机的理论模型，奠定了人工智能的基础；冯 • 诺伊曼的贡献是首先提出了计算机体系结构的设想。

1946 年冯 • 诺伊曼提出了存储程序原理，该原理把程序本身当作数据来对待，程序和该程序处理的数据用同样的方式存储，确定了存储程序计算机的五大组成部分和基本工作方法，后人称为冯 • 诺伊曼体系结构，如图 1.2 所示。

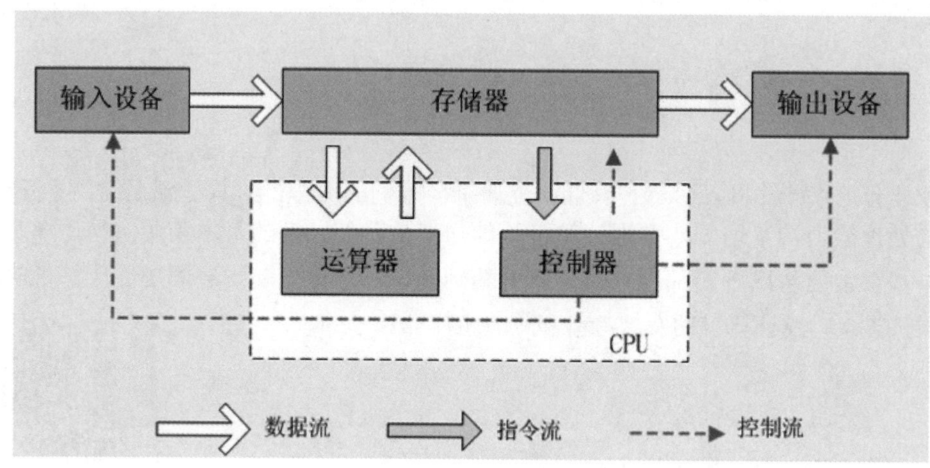

图 1.2　冯 • 诺依曼体系结构

为什么计算机存储指令的能力如此重要？控制计算机执行处理任务的指令集叫作计算机程序，简称程序。程序构成了软件，软件能使计算机执行某个特定任务。计算机在运行软件时，会执行完成任务所需的指令。

想象一下，如果每个月都用普通的掌上计算器来统计个人的收支情况，那么将不得不分步进行计算。虽然用户能存储每一步计算的数据以供下一步计算使用，但不能存储用来统计每月收支的一系列公式——程序。因此，每个月都必须进行一遍相似的计算。但如果计算器能存储所需要的计算公式，那么数据处理就变得容易了，只需要输入当月的收支数据即可。

存储程序是指将一系列用于计算任务的指令加载到计算机内存中。当计算机执行其他任务时，这些指令可以很容易地由另一组指令替换。这种切换程序的能力使计算机成为一种多用途机器。

存储程序的概念让用户可以使用计算机在完成一项任务（如文字处理）后很容易地切换到另一项不同类型的计算任务，如编辑照片或者发送电子邮件。这是计算机区别于其他用途较少的简单数字设备（如手表、计算器、翻译笔和电子阅读器）的最重要特征。

半个多世纪以来，计算机制造技术发生了巨大变化，但冯 • 诺伊曼体系结构仍然沿用至今，因此人们总是把冯 • 诺伊曼称为“计算机鼻祖”。

如同历史上许多发明一样，计算机技术是通过对各种各样的发明进行调整演化而来的。接下来我们会按照计算机硬件的发展历程来介绍计算机是怎样从占据整个房间，只与数字打交道的机器，变成今天精巧的个人计算机的。

计算机的前身是什么？在有史料记载之前，人类就开始利用鹅卵石、有刻痕的小棍等辅助工具来计数，如图 1.3 所示。

图 1.3 用来计数的鹅卵石

结绳就是指以绳子上打结的数量来表示事物的多少，是目前所知的最早的计数工具（见图 1.4），在古代一些尚未掌握文字的民族中运用十分广泛。

早在两千多年前，我国古代劳动人民就发明了乘法计算方法。不过，当时的乘法计算方法与现在的乘法计算方法不一样，是用算筹来进行计算的。算筹就是用竹子或其他材料制作的一小棒，是通过摆出数字进行数学计算的计算工具（见图 1.5）。春秋战国时期算筹的应用已非常普遍了。成语“运筹帷幄”的“筹”就是算筹。

图 1.4 结绳计算

图 1.5 算筹

2600 多年前，中国人发明了世界上最早的手动计算器——算盘，这给人类社会带来了巨大的变革，算盘由装在矩形框内的小棍及其上面的珠子组成。文王桃木算如图 1.6 所示。每个珠子分别表示一个数——1、5、10、50 等。想要使用算盘，必须学习操作珠子的算法，即珠算，如图 1.7 所示。由于算盘具有灵活、准确等优点，被广泛应用，人们常常把算盘与中国古代四大发明相提并论。在算盘之后，其他手动计算器包括计算尺、对数表等相继问世，计算科学在漫长的历史进程中稳步发展。

谁发明了计算机？这个问题不是只言片语就能回答清楚的，因为现代数字计算机是从不同团体开发出的多个原型演化而来的。原型（Prototype）指产品在投入生产或广泛应用之前，必须进一步开发或完善的实验设备。

图 1.6　文王桃木算

图 1.7　珠算

1889 年，美国科学家赫尔曼·何乐礼研制出以电力为基础的电动制表机（见图 1.8），用于储存计算资料。

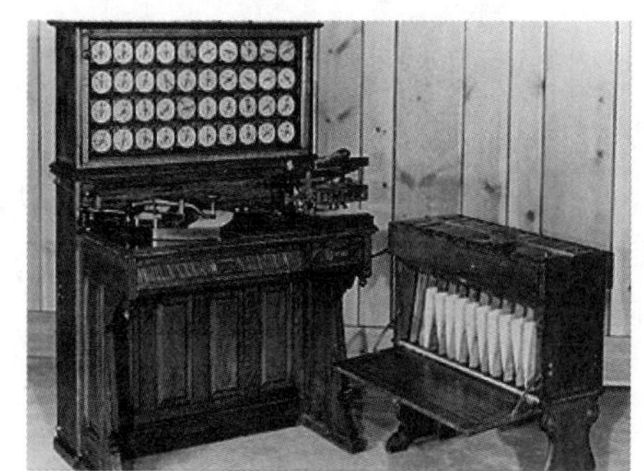

图 1.8　赫尔曼·何乐礼研制出的电动制表机

有些计算机原型在还没有完成之前就勉强投入使用了。1943 年，一个英国开发小组创造出了 Colossus Computer（巨人），世界上最早的电子数字机器（见图 1.9），这台电子设备包含 1800 个电子管，使用二进制计算，并且每秒可以读入 5000 个字符。Colossus Computer 成功地破译了德军 Enigma 密码，在第二次世界大战中为盟军提供了很大帮助。

图 1.9　Colossus Computer

1930 年，美国科学家范内瓦·布什研制出世界上首台模拟电子计算机（见图 1.10）。

图 1.10 范内瓦·布什制造的首台模拟电子计算机

1943 年，在美国宾夕法尼亚大学以约翰·莫奇利（John Mauchly）和约翰·埃克特（John Presper Eckert）为首的小组开始研发电子数字积分计算机（Electronic Numerical Integrator And Computer，ENIAC），这是一种体型巨大的多用途电子计算机，也是世界上第一台通用计算机（见图 1.11）。ENIAC 本来是用来为美国陆军计算弹道表的，但是直到 1945 年 11 月才完成。

这个庞然大物尺寸为 8 英寸 ×3 英寸 ×100 英寸（约 2.4m×0.9m×30m），重约 30t，包含 17000 多个电子管和 1500 多个继电器，要消耗 174000W 的电能。它的运算速度比以往的任何计算机都快，每秒可执行 5000 次加减法运算或 400 次乘法，是手工计算速度的 20 万倍。

图 1.11 世界上第一台通用计算机（ENIAC）

类似于 ENIAC 的早期计算机都需要大量空间和电力。随着技术的发展，特别是新材料的研发，继电器开关和电子管被更小、更节能的部件替代，这也是计算机发展的主要原因。新材料的发展引起了几次计算机更新换代，计算机每发展一代都会变得更小、更快、更可靠，而且操作更方便、成本更低。

自 20 世纪 40 年代电子计算机诞生以来，计算机的发展经历了从简单到复杂，从低级到高级的演变，一般我们按照计算机主机所使用的元器件为计算机划分时代，大体可以分为：电子管时代、晶体管时代、集成电路时代和超大规模集成电路时代（见图 1.12）。

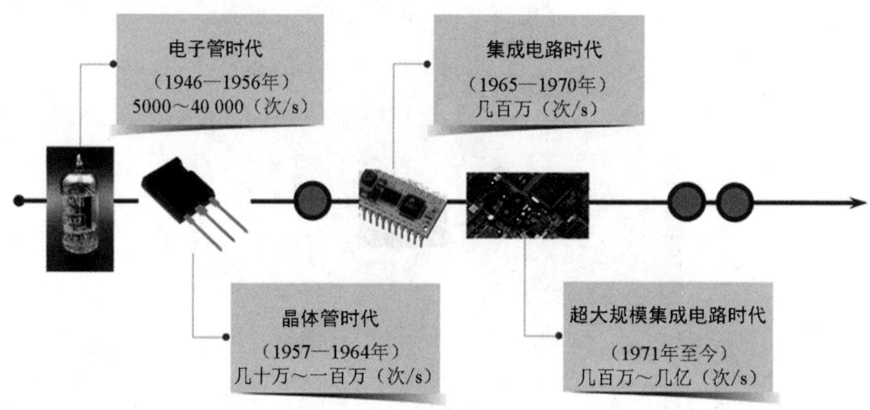

图 1.12　新材料带动计算机高速发展

1. 电子管时代

第一代计算机的特征是使用电子管存储单个数据位。电子管是一种能够在真空中控制电子流动的电子设备。每个电子管都可以设置成两种状态，一种状态是被赋值为 0，另一种状态是赋值为 1。

电子管比机械式继电器反应更快，因此其计算速度更快，但是它们也有一些缺点：消耗大量电能，并且大部分电能都以热的形式散发了。而且它们往往很快就会被烧坏。ENIAC 是第一代计算机的原型，包含约 18000 个电子管，在运行的第一年内每个电子管至少都要更换一次。ENIAC 一工作，整个费城西部的灯光都将黯淡下去，是个名副其实的耗电大户。

由于第一代计算机具有体积大、造价高、操作困难等特征，只能在少数尖端领域得到运用，一般用于科学、军事和财务等方面的计算。

2. 晶体管时代

第二代计算机用晶体管代替了电子管，体积减小，运算速度提高，耗电量减少。1947 年，AT&T 的贝尔实验室第一次证明了晶体管不仅可以控制电流和电压，还可以作为电子信号的开关。电子管具有的功能，晶体管同样具有；而电子管的缺点，晶体管都没有。当年用电子管做成的几个屋子大小的计算机，用晶体管代替电子管后，其大小缩小为几个机柜大小了，而且更轻，运算速度更快，达到每秒几十万次。

晶体管种类很多（见图 1.13），最常见的是发光二极管，电视机、微波炉上的指示灯就是发光二极管。

我们一起来思考一下：如果用一个晶体管制作的存储器来保存 100 首 MP3 音乐，问需要多少晶体管？

一般存储 1 位的数据需要几只晶体管，存储 1 字节的数据需要几十只晶体管，存储 1000 字节需要几万只晶体管，100 首 MP3 音乐约 300MB，粗略计算，也就是需要约 50 亿只晶体管。如果一个随身听里有几十亿只晶体管，那么我们是无法接受的。

（a）二极管

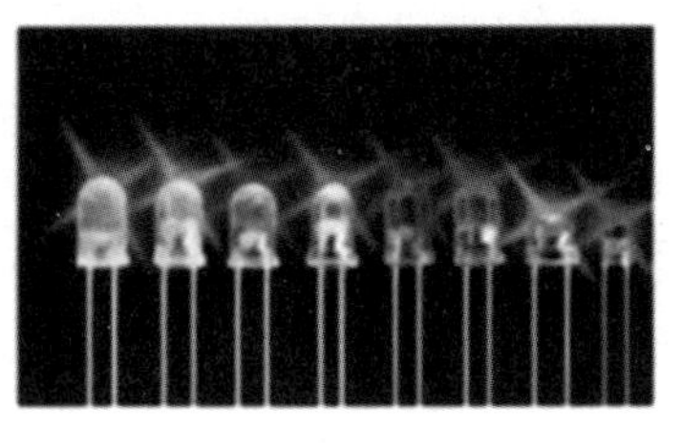
（b）发光二极管

（c）三极管

图 1.13 晶体管

3. 集成电路时代

第三代计算机以集成电路为主要元器件，这使得其体积减小，成本降低，运算速度加快，可靠性与稳定性得到提高。1958 年，工程师杰克·基尔比加入美国德州仪器，专注晶体管电路小型化研究，他发现一个大的电路要使用很多晶体管、电阻，电流不过是从一个掺杂区域流到另一个掺杂区域，那么为什么不把连接线去掉呢？于是集成电路（Integrated Circuit，IC）就诞生了（见图 1.14）。

1959 年，罗伯特·诺伊斯在基尔比的基础上发明了一种新工艺，这种工艺可以在一块本征硅上制造大量的晶体管，制造出可商用集成电路（见图 1.15），具备工业化生产的条件，其不仅使半导体产业从发明进入“商用时代”，还促进了两家硅谷公司的创办，一家是仙童半导体公司，另一家是当今最大的设计和生产半导体的 Intel 公司。1971 年，Intel 公司成功地在一块 $12mm^2$ 的芯片上集成了 2300 只晶体管，制成了世界上第一颗微处理器 Intel 4004，开始了飞速发展。集成电路体积更小、耗电更少，而且寿命更长，更容易制造处理器的芯片和存储器。随后，集成电路的集成度以每 3 ～ 4 年提高一个数量级的速度增长。

图 1.14 基尔比研究出来的第一块集成电路

图 1.15 罗伯特·诺伊斯发明的可商用集成电路

集成电路是采用一定的工艺，把一个电路中所需的晶体管、二极管、电阻、电容和电感等元器件及布线，互连在一起，制作在一小块半导体芯片上，然后封装在一个管壳内，成为具有所需电路功能的微型结构。集成电路用绝缘的塑料或陶瓷材料封装成一个个芯片（见图 1.16）。封装可以防止集成电路受到物理损坏及化学腐蚀，并提供对外连接的引脚，以便将其安装在电路系统里。常见的封装形式有扁平式和双列直插式。双列直插式常用在中小规模的集成电路的封装中，引脚的个数一般不超过 100 个。扁平式一般用在大规模或超大规模的集成电路的封装中。集成电路的发明使微电子元器件成为所有现代技术的基础。

双列直插式　　　　扁平式

图 1.16　集成电路封装形式

4. 超大规模集成电路时代

第四代计算机采用超大规模集成电路，运算速度更快，存储容量更大，稳定性更高。大规模集成电路（LSI）可以在一个芯片上容纳几百个元器件。20 世纪 80 年代，超大规模集成电路（VLSI）可以在一个芯片上容纳几十万个元器件，后来的甚大规模集成电路（ULSI）可以在一个芯片上容纳百万个元器件。可以在硬币大小的芯片上容纳如此多的元器件使得计算机的体积不断下降，功能和可靠性不断增强。第四代计算机以大规模集成电路作为逻辑元器件和存储器，使计算机向着微型化和巨型化方向发展。

1971 年发布的 Intel 4004（见图 1.17），是微处理器的开端，也是大规模集成电路发展的一大成果。Intel 4004 用大规模集成电路把运算器和控制器集成在一块芯片上，虽然字长只有 4 位，且功能很弱，但它是第四代计算机在微型机方面的先锋。

图 1.17　Intel 4004

计算机发展的“四个时代”如表 1.1 所示。

表 1.1　计算机发展的“四个时代”

代　别	年　代	使用的元器件	主要应用领域
第一代	20 世纪 40 年代中期至 50 年代末期	CPU：电子管 内存：磁鼓	科学、军事和财务等的计算方面
第二代	20 世纪 50 年代中后期至 60 年代中期	CPU：晶体管 内存：磁芯	开始广泛应用于数据处理领域

续表

代　别	年　代	使用的元器件	主要应用领域
第三代	20 世纪 60 年代中期至 70 年代初期	CPU：集成电路 内存：半导体存储器	在科学计算、数据处理、工业控制等领域得到广泛应用
第四代	20 世纪 70 年代初期至今	CPU：大规模集成电路、超大规模集成电路 内存：大规模集成电路、超大规模集成电路的半导体存储器	深入各行各业，家庭和个人开始广泛使用计算机

计算机发展时间轴如图 1.18 所示。

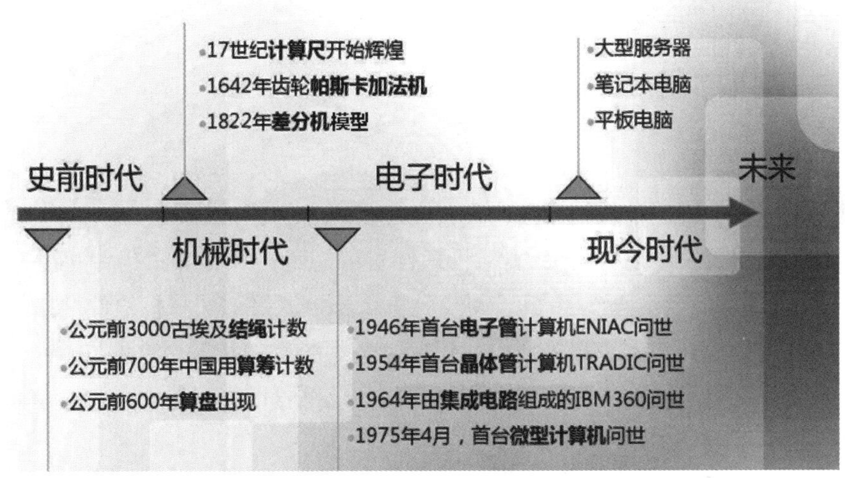

图 1.18　计算机发展时间轴

自 20 世纪 90 年代起，计算机在提高性能、降低成本、普及应用等方面的发展趋势日渐迅猛，学术界和工业界一度不再沿用“第 × 代计算机”的说法。随着科学技术的不断发展，人们开始致力于计算机智能化的研究。但随着大数据与云计算的出现和应用，出现了“第五代计算机”的说法。第五代计算机又称为新一代计算机，以人工智能、大数据和云计算的结合为核心，用于模拟或部分取代人的智能活动，实现一定的人机通信能力。新一代计算机特点的示意图如图 1.19 所示。

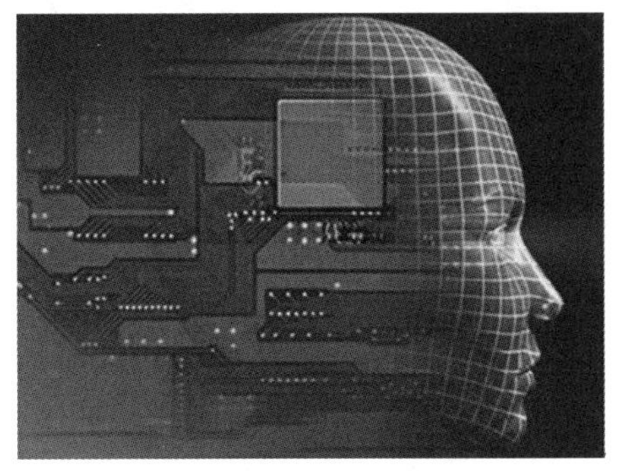

图 1.19　新一代计算机特点的示意图

2016 年，谷歌人工智能系统 AlphaGo 挑战世界围棋冠军李世石（见图 1.20）。李世石最终以 1 ： 4 输给了 AlphaGo，这场对弈对人工智能的发展带来了巨大影响和深远意义。AlphaGo 成为第一个战胜人类围棋冠军的智能系统，在人工智能历史上的意义要远超 1997 年 IBM 公司的深蓝战胜国际象棋世界冠军卡斯帕罗夫。这是人类在人工智能领域取得的一个里程碑式的胜利。

图 1.20　2016 年人机围棋大战

蒸汽机的发明引发了第一次工业革命；电动机和发电机的发明引发了第二次工业革命；信息技术的发展引发了第三次工业革命。随着云计算能力的不断提升和大数据技术的不断成熟，全世界开始了新一轮的技术革命——智能革命。

1.2　计算机的组成

从逻辑（功能）上看，计算机系统由硬件和软件两部分组成。

计算机硬件是计算机系统中所有实际物理装置的总称，如计算机的中央处理器（Central Processing Unit，CPU）、存储器、主板、硬盘、机箱、电源等。计算机软件是指在计算机中运行的各种程序及其处理的数据和相关文档，可以分为系统软件和应用软件。

计算机系统如果只有硬件没有软件就称为裸机，是不可以使用的，软件是计算机的灵魂。计算机系统的逻辑组成如图 1.21 所示。

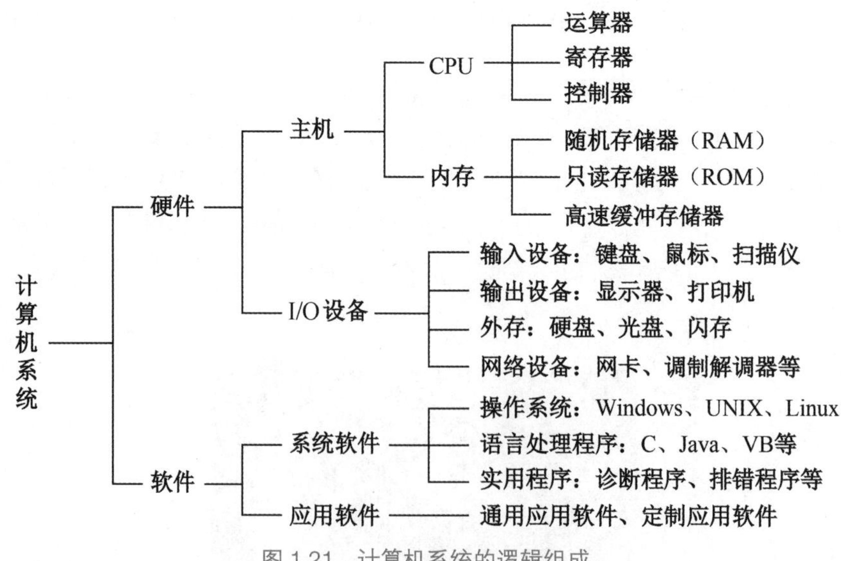

图 1.21　计算机系统的逻辑组成

对于组装计算机来说，最重要的是熟悉计算机的物理结构，即熟悉计算机的各个部件。计算机的主要部件和部分移动设备如图 1.22 所示。计算机的结构并不复杂，是根据开放式体系结构设计的，各个部件都遵循一定的标准，各个部件可以根据需要自由选择，灵活配置。

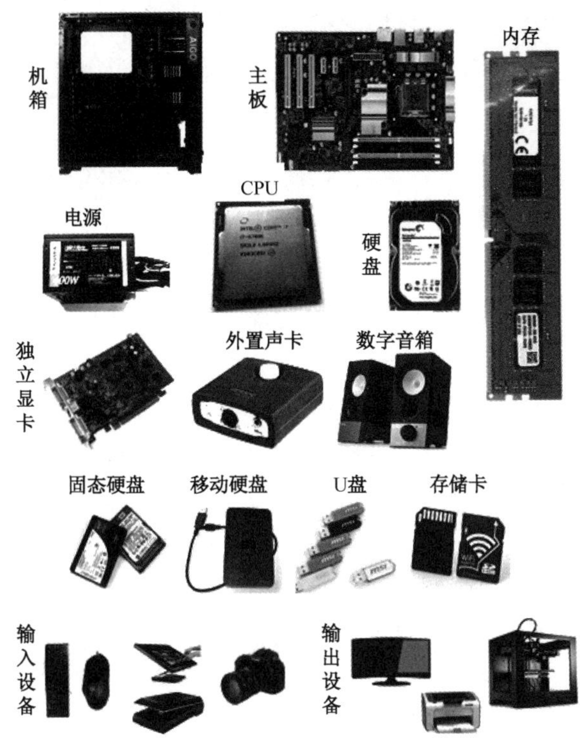

图 1.22　计算机的主要部件和部分移动设备

从形式上看，计算机通常至少需要主机、键盘、鼠标和显示屏等部分，有可能还需要打印机等 I/O 设备。

计算机硬件标准产品有机箱、电源、主板、CPU、内存、显卡、硬盘、光驱、显示屏、键盘、鼠标等。

计算机 I/O 设备有打印机、扫描仪、摄像头、耳机、音箱等。

微课视频

1.3　计算机的分类

计算机如何分类？过去常将计算机分为三类，即大型计算机、小型计算机、微型计算机。其中，大型计算机是放在大型的、壁橱大小的金属架上的。小型计算机体积小、价格低，虽然性能没有大型计算机强大，但能满足小型企业的计算需求。微型计算机则因为使用了由单个微处理器芯片构成的 CPU 与其他两类计算机有明显不同。

现在微处理器已经不能作为区分计算机类型的特征了，因为几乎所有计算机都是使用一个或多个微处理器作为 CPU 的。术语“小型计算机”已经不再使用，而且术语“微型计算机”和“大型计算机”的使用频率也越来越低了。

计算机是一种用途广泛的机器，但某些类型的计算机比其他类型的计算机更适合完成某

些特定任务。计算机的分类是根据计算机的用途、价格、体积和性能将其分成几种不同的类型。常用的计算机分类包括个人计算机、服务器、大型计算机、超级计算机和嵌入式计算机。

1. 个人计算机

个人计算机也称为个人电脑、计算机或微型计算机，是为满足个人计算需求而设计的一种使用微处理器的计算设备。通常个人计算机都具有键盘和显示屏，能访问多种类型的本地应用程序和云应用程序。

个人计算机分为台式机和便携式计算机，它们具有多种外形、尺寸和颜色。本书主要讨论的就是个人计算机的组装与维护，在后面的学习中你将了解更多与个人计算机有关的内容。近两年流行一些更小、更轻的超级便携式计算机，称为平板电脑、智能手机等。它们大多采用多点触摸屏的操作方式，功能多样，能方便、快速地接入互联网，作为互联网的终端设备使用。平板电脑和智能手机的发展十分迅猛，其出货量已经超过计算机和笔记本电脑的出货量了。

人们在很多场合提到的计算机，往往专指台式机和笔记本电脑，平板电脑和智能手机一般称为移动终端。个人计算机示例如图1.23所示。

图1.23　个人计算机示例

2. 服务器

如何使计算机成为服务器？在计算机行业中，术语“服务器”包含多种意思。它既可以指计算机硬件，也可以指特定类型的软件，还可以指软件与硬件的结合体。但不管怎样，服务器的作用是向网络（如互联网或家庭网络）上的计算机提供数据。

任何向服务器请求数据的软件或数字设备（如计算机）都称为客户端。例如，在互联网中，一台服务器可能用来响应客户端对网页的请求，而另一台服务器则可能用来处理互联网上客户端之间连续的电子邮件流。服务器还可以让网络内所有客户端共享文件，或者共用中央打印机。

需要指出的是，几乎所有个人计算机、工作站、大型计算机或超级计算机都可以配置成服务器。需要强调的是，服务器对硬件并没有专门的要求，但在实际应用中，服务器往往需要具备较强的计算能力、高速的网络通信能力，以及良好的多任务处理功能，因此计算机生产厂商专门开发了用作服务器的一类计算机产品。计算机制造商（如联想、IBM公司、戴尔）会把它们生产的专门用于网络数据存储和发布的一类计算机称为服务器。

服务器的外形多种多样，既有个人计算机那样的塔式服务器，也有存放在机架上的刀片式服务器。服务器的价格也各有高低，具体取决于它们的配置，但基本上与工作站的价格相当。尽管这种机器执行与服务器相关的任务时表现出色，但它们不包含声卡、DVD 播放器及其他娱乐配件，所以不适宜作为个人计算机的替代品。

与普通计算机相比，服务器特点是需要 7×24 小时连续工作，所以其对可靠性、稳定性和安全性要求更高。服务器根据计算能力不同，可以分为工作组级服务器、部门级服务器和企业级服务器。我国浪潮集团是国内最大的服务器制造商和服务器解决方案提供商。浪潮天梭 K1 服务器如图 1.24 所示。

3. 大型计算机

大型计算机（简称“大型机”）体积庞大，价格昂贵，能够同时为成百上千的用户处理数据。大型计算机一般应用于企业或政府部门，能集中存储、处理和管理大量数据。当对数据可靠性、数据安全性和集中式控制有较要求时，大型计算机是最佳选择。大型计算机的价格通常是几十万元到几百万元不等。大型计算机的主要处理电路都安装在壁橱式的柜子里，再加上用于存储和输出的大型 I/O 设备，整个大型计算机系统能够填满一个相当大的房间。

美国 IBM 公司于 1952 年推出其首款大型计算机产品，长久以来，大型计算机作为 IBM 公司的代名词，IBM 公司拥有大型计算机的大部分市场，其于 2015 发布了 Z13 之后，时隔两年，2017 年又推出了 Z14，2018 年发布了最新的“云就绪”主机 IBM Z14 ZR1 及 IBM LinuxONE Rockhopper II。IBM 公司的 Z 系列大型计算机如图 1.25 所示。在数字时代网络安全尤为重要，大型计算机可以为用户提供高性能、高安全性的混合云环境。

图 1.24 浪潮天梭 K1 服务器

图 1.25 IBM 公司的 Z 系列大型计算机

4. 超级计算机

超级计算机是 1929 年《纽约世界报》最先报道的，它将大量的处理器集中在一起以处理庞大的数据量，同时运算速度比常规计算机快许多倍，一般来说，超级计算机的运算速度平均每秒可达 1000 万次以上，存储容量在 1000 万位以上。但是从结构上看，超级计算机和普通计算机大同小异。超级计算机的并行化处理使得人们对庞大数据进行处理成为现实，所以其在天气预报、生命科学的基因分析、军事、航天等高科技领域大展身手。

2009 年我国国防科技大学发布了峰值性能为每秒 1.206 千万亿次的“天河一号”超级

计算机，这使得我国成为美国之后第二个可以独立研制千万亿次超级计算机的国家。尤其 2016 年“神威 • 太湖之光”的出现，更是标志着我国进入超级计算机世界领先地位（见图 1.26）。“神威 • 太湖之光”由国家并行计算机工程和技术研究中心（NRCPC）研发，安装在无锡国家超级计算中心，LINPACK 基准测试测得其运算速度达到每秒 93 千万亿次浮点运算（93 petaflop/s）。

图 1.26 “神威 • 太湖之光”

超级计算机体现着一个国家在全球信息技术竞争中的强国地位。几十年来，我国超级计算机经历了从无到有，从跟跑到局部领先，从关键核心技术引进到实现自主可控的艰难发展历程。目前已在天津、深圳、济南、长沙、广州和无锡建成 6 个国家级超级计算机中心，13 次获得世界第一。

2019 年 6 月 17 日上午，第 53 届全球超级计算机 TOP 500 名单在德国法兰克福举办的“国际超级计算机大会”（ISC）上发布。与 2018 年 11 月公布的名单相比，榜单前四位没有变化，部署在美国能源部旗下橡树岭国家实验室及利弗莫尔实验室的两台超级计算机“顶点”（Summit）和“山脊”（Sierra）仍占据前两位，中国超级计算机“神威 • 太湖之光”和“天河二号”分列第三名、第四名。其中，世界最快超级计算机 IBM“顶点”（见图 1.27）在本届榜单上的性能峰值达到 148.6 petaflop/s，创下了新的超级计算机记录。“顶点”的主要性能参数如表 1.2 所示。

图 1.27 世界上运算速度最快的超级计算机 IBM“顶点”

表 1.2 “顶点”的主要性能参数

计算机服务器组成	4608 台（22 核 IBM Power9 处理器）
GPU	NVIDIA Volta 架构
存储器	≥ 10PB
节点数	3400
峰值性能	148.6 petaflop/s

5. 嵌入式计算机

嵌入式计算机是内嵌在其他设备中的专用计算机，它的核心是片上系统（System on Chip，SoC），该系统将微处理器、输入 / 输出控制电路与接口电路、部分存储器等集成在单个芯片上，甚至把电子系统的模拟电路、数字 / 模拟混合电路和无线通信使用的射频电路等也集成在单个芯片上，具有实时信息处理、最小化功耗、适应恶劣环境等特点。

嵌入式计算机（见图 1.28）被安装在手机、数码相机、家用电器、电子玩具等产品中，也被广泛应用于工业和军事等领域。世界上 90% 的计算机（微处理器）都以嵌入方式在各种设备中运转。

图 1.28 嵌入式计算机

嵌入式计算机当真是计算机吗？回想一下之前对计算机的定义，计算机是根据存储的程序接收输入、产生输出、存储并处理数据的多用途设备。嵌入式计算机似乎符合计算机定义中的输入、处理、输出和存储的标准。而且有些嵌入式计算机甚至可以通过重新编程来完成不同的任务。因此，从技术角度来讲，嵌入式计算机可以归类为计算机。但在实际应用中嵌入式计算机是专用的设备，不是多用途的设备，所以一般不将嵌入式计算机归类为计算机。

你听说过以下各类计算机吗？

（1）量子计算机。

量子计算机是利用原子具有的量子特性进行信息处理的一种全新概念的计算机。量子理论认为，在非相互作用下，原子在任一时刻都处于两种状态，称为量子超态。原子会同时沿上、下两个方向自旋，这正好与电子计算机中的 0 和 1 相吻合。如果把一群原子聚在一起，它们

不会像电子计算机那样进行线性运算，而是同时进行所有可能的运算，如量子计算机处理数据时不是分步进行而是同时完成的。40 个原子一起计算的性能相当于今天一台超级计算机的性能。量子计算机以处于量子状态的原子作为 CPU 和内存，其运算速度可能比奔腾 4 芯片快 10 亿倍，在一瞬间就能完成整个互联网的搜寻，可以轻易破解任何安全密码。IBM 最新的 53 量子位元计算机如图 1.29 所示；谷歌量子计算机 Sycamore 处理器如图 1.30 所示。

图 1.29　IBM 最新的 53 量子位元计算机

图 1.30　谷歌量子计算机 Sycamore 处理器

由于量子计算机的思路和传统计算机截然不同，所以它需要的算法也和传统计算机截然不同，需要“精心设计”，而这个设计很难。对于大部分现实中的问题，我们是无法想出怎么把它转换成量子计算机能解决的形态的。因此，目前量子计算机还不能带来较大影响。

（2）光子计算机。

1990 年初，美国贝尔实验室制成了世界上第一台光子计算机。

光子计算机是一种由光信号进行数字运算、逻辑操作、信息存储和处理的新型计算机。它由激光器、光学反射镜、透镜、滤波器等光学元器件和设备构成，利用激光束进入反射镜和透镜组成的阵列进行信息处理，以光子代替电子，光运算代替电运算。由于光子比电子速度快，光子计算机的运算速度高达每秒 10000 亿次，存储量是现代计算机的几万倍，还可以对语言、图形和手势进行识别与合成。

许多国家都投入了巨资以进行光子计算机的研究。随着现代光学与计算机技术、微电子技术的结合，光子计算机（见图 1.31）将成为人类普遍的工具。

（3）纳米计算机。

纳米计算机是用纳米技术研发的新型高性能计算机。纳米管元器件尺寸为几到几十纳米，质地坚固，有着极强的导电性，能代替硅芯片制造计算机。“纳米”是一个计量单位，一纳米等于 10^{-9} 米，约是氢原子直径的 10 倍。纳米技术是从 20 世纪 80 年代初迅速发展起来的新的前沿科研领域，最终目标是人类按照自己的意志直接操纵单个原子，制造出具有特定功能的产品。应用纳米技术研制的计算机内存芯片，其体积只有数百个原子大小，相当于人的头发的直径的千分之一。纳米计算机（见图 1.32）几乎不需要耗费任何能源，而且其性能比如今的计算机强大许多倍。

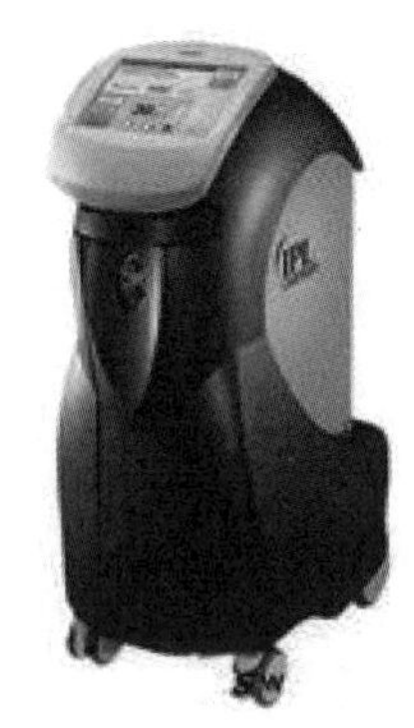

图 1.31　光子计算机

图 1.32　纳米计算机

（4）生物计算机。

20 世纪 80 年代以来，生物学家对人脑、神经元和感受器的研究倾注了很大精力，以期研制出可以模拟人脑思维的、低耗的、高效的第六代计算机——生物计算机。生物计算机的芯片是由蛋白质制造的，存储量可以达到普通计算机的 10 亿倍。生物计算机元器件的密度比人脑神经元的密度高 100 万倍，传递信息的速度比人脑的速度快 100 万倍。其特点是可以实现分布式联想记忆，并能在一定程度上模拟人和动物的学习能力。生物计算机（见图 1.33）是一种有知识、会学习、能推理的计算机，具有能理解自然语言、声音、文字和图像的能力，甚至语言功能，可实现用自然语言直接进行人机对话，可以利用已有的和不断学习到的知识，进行思维、联想、推理，从而得出结论，能解决复杂问题，具有汇集、记忆、检索有关知识的能力。

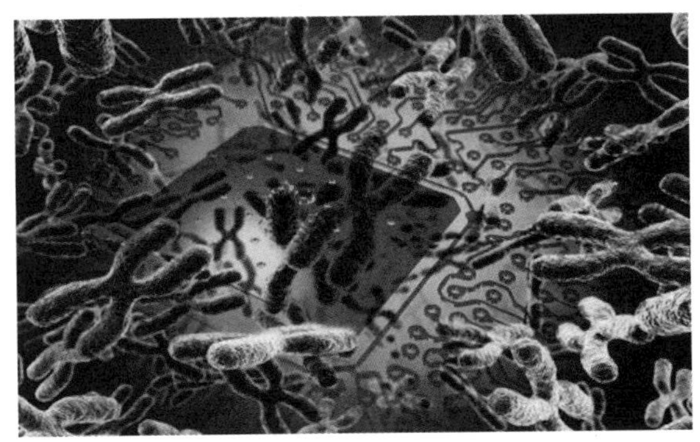

图 1.33　生物计算机

1.4 计算机的发展趋势和计算机产业

1.4.1 计算机的发展趋势

随着科技的进步，计算机的发展已经进入一个快速而又崭新的时代，计算机的特点已经从一种功能单一、体积较大的机器发展成为一种具有功能复杂、体积微小、资源网络化等特点的机器。未来计算机性能将向着巨型化、微型化、网络化、智能化和多媒体化的方向发展。

1. 巨型化

巨型化是指为了适应尖端科学技术的需要，发展速度快、存储容量大和功能强大的超级计算机。随着人们对计算机的依赖性越来越强，特别是在军事、科研、教育方面对计算机的存储空间和运行速度等要求会越来越高。此外，计算机的功能将更加多元化。

2. 微型化

几十年来，计算机的体积不断缩小，台式机、笔记本电脑、掌上电脑、平板电脑体积逐步微型化，以为人们提供更便捷的服务。因此，未来计算机仍会不断地趋于微型化，体积将越来越小。

3. 网络化

互联网将世界各地的计算机连接在一起，人类进入了互联网时代。计算机网络化彻底改变了人类世界，特别是无线网络的出现，极大地提高了人们使用网络的便捷性。因此，未来计算机将会进一步向网络化方面发展。

4. 智能化

计算机智能化是未来发展的必然趋势。人类在不断地探索如何让计算机更好地反映人类思维，使计算机能够具有人类的逻辑思维判断能力，可以通过思考与人类沟通交流，抛弃以往通过编码程序来运行计算机的方法，直接对计算机发出指令。

5. 多媒体化

传统的计算机处理的信息主要是字符和数字。事实上，人们更习惯的是图片、文字、声音、图像等多种形式的多媒体信息。多媒体技术可以集图形、图像、音频、视频、文字为一体，使信息处理的对象和内容更接近真实世界。

1.4.2 计算机产业

如果想要购买数据集、手持设备、I/O 设备或软件，或者想要从事与计算机相关的职业，又或者想要购买计算机公司的股票，那么需要先用一些计算机产业的基础知识来武装自己。接下来，我们将会了解到这些生机勃勃的产业领域和经济状况。

1. 计算机产业和信息技术产业之间有无区别

从狭义上讲，计算机产业包括生产计算机和计算机配件（如微处理器）的公司。从广义上讲，计算机产业也包括软件出版商和 I/O 设备生产商。

信息技术产业（IT 产业）是个更为广义的术语，通常指那些开发、生产、销售或支持计算机、软件和计算机相关产品的公司。它包括了计算机产业的公司、软件出版商、通信服务提供商（如电信、移动）、信息服务机构及服务公司（如联想的企业服务）。

2. 是否每个使用了计算机的公司都是 IT 产业的组成部分

该问题的答案是否定的，银行使用计算机跟踪流入和流出账号的资金，但是这只能被归为银行产业的一部分。服装店可能使用计算机来监视库存，但是这只能被归为服装产业的一部分（见图 1.34）。这些企业虽然使用了信息技术，但是它们显然不是数据集产业的组成部分，同样也不会被认为是 IT 产业的组成部分。

图 1.34 银行属于金融产业，服装店属于服装产业

3. IT 产业都包括哪些类别的公司

IT 产业中的公司可以分为如下几个主要类别：设备生产商、芯片制造商、软件出版商、服务公司及零售商。

（1）设备生产商负责设计和生产计算机硬件和通信产品，如个人计算机、大型计算机、鼠标、显示屏、存储设备、路由器、扫描仪、打印机等，这类公司包括计算机生产商 IBM 公司、戴尔、联想和惠普。网络硬件公司（如华为、华三、Cisco）也属于设备生产商。

（2）芯片制造商负责设计和生产计算机芯片和电路板，包括微处理器、RAM、主板、声卡和显卡等。Intel 公司、德州仪器、AMD 公司等企业都是芯片制造商。

（3）软件出版商负责制作计算机软件，包括应用程序、操作系统及编程语言等。软件公司包括微软公司、Adobe System（奥多比）、甲骨文（Oracle Corporation）公司、金山。

（4）服务公司负责提供与计算机相关的服务，包括企业咨询、网站设计、Web 托管、互联网连接、计算机设备维修、网络安全及产品支持等。这类公司如百度、谷歌及计算机咨询巨头 Accenture（埃森哲）。

（5）零售商（有时也称经销商）涵盖了那些销售计算机产品的公司，它们可能通过零售商店、直接销售代表或网站等来销售产品。

有些公司可以纯粹地归类为上述某个类别，有些公司可能同时涉及两个或更多领域。例如，戴尔不仅生产硬件，还负责把这些硬件直接销售给个人或企业。Sun Microsystems 公司的 Sun 服务器和工作站很出名，但它还能够开发和销售软件，如操作系统和 Java 编程语言等。IBM 公司既能生产工作站、服务器和大型计算机，又能设计和制造计算机芯片和电路板。

IT 产业中有些公司是具有一个或更多个分公司的大型联合公司，这些分公司可能会致力于计算机硬件、软件或服务。例如，日资企业 Hitachi 可以生产很多种电子设备，同时也是世界上最大的芯片制造商之一。

4. 计算机公司之间是如何竞争的

业界人士常用市场份额来衡量公司成功与否。市场份额是指某个公司生产的产品在整个市场中所占的份额或百分比。例如，微软公司在整个个人计算机操作系统中所占的份额大约为 90%。而剩余 10% 的份额被苹果公司和几家 Linux 厂商瓜分。

在个人计算机市场中（见图 1.35），2018 年联想第四季度个人计算机出货量增长 5.9%，达到 1660 万台，市场份额增至 24.2%；2018 年市场份额从 20.8% 增至 21.4%，第四季度市场份额和全年市场份额均超越惠普，位居全球第一。戴尔位居全球第三，2018 年第四季度市场份额从 2017 年同期的 15% 增至 15.9%，2018 年全年市场份额增至 14.2%。苹果公司排名第四，2018 年第四季度市场份额微增至 8.2%，2018 年全年市场份额为 7.9%。

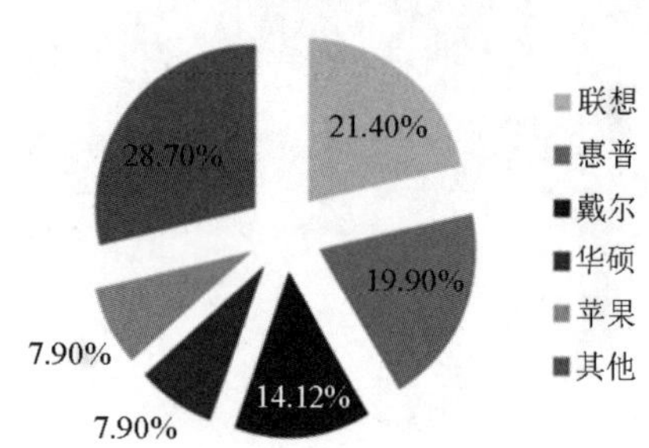

图 1.35　2018 年全球个人计算机市场份额

个人计算机市场中的竞争是很激烈的，市场份额表明了公司留住客户及从对手手中抢夺销售份额的能力。顶尖的公司经常受到挑战，这些挑战不仅来自跟他们实力相当的公司，还有位于行业较低层的初创公司。

IT 产业中国内外的主要公司如下。

（1）AT&T 公司。

AT&T 是一家美国电信公司，成立于 1877 年，曾长期垄断美国长途和本地电话市场。AT&T 公司在近 20 年中，经过了多次分拆和重组。目前，AT&T 是美国最大的本地和长途电话公司，总部位于得克萨斯州圣安东尼奥。

（2）IBM 公司。

IBM 公司总部位于纽约州阿蒙克市。1911 年托马斯・沃森创立于美国，是全球最大的信息技术和业务解决方案公司，拥有 31 万多人，业务遍及 160 多个国家和地区。

IBM 公司创立时的主要业务是商业打字机，之后转为文字处理机，然后发展为计算机和相关服务。2013 年 9 月 19 日，IBM 公司收购了英国商业软件厂商 Daeja Image Systems。2014 年 1 月 9 日，IBM 宣布斥资 10 亿美元组建新部门，负责公司最新计算机系统 Watson。

2014 年 12 月 17 日，欧盟委员会表示，批准汉莎航空公司将其 IT 基础设施部门出售给 IBM 公司的交易。

（3）苹果公司。

苹果公司（Apple Inc. ）是美国一家高科技公司。由史蒂夫・乔布斯、斯蒂夫・沃兹尼亚克和罗・韦恩等人于 1976 年 4 月 1 日创立，并命名为美国苹果电脑公司，2007 年 1 月 9 日更名为苹果公司，总部位于加利福尼亚州的库比蒂诺市。

1980 年 12 月 12 日苹果公司公开招股上市，2012 年创下 6235 亿美元的市值记录，截至 2014 年 6 月，苹果公司已经连续三年成为全球市值最大公司。苹果公司在 2016 年世界 500 强排行榜中排名第 9 名。2016 年 10 月苹果公司成为 2016 年全球 100 大最有价值品牌第一名。

（4）Intel 公司。

Intel 公司是美国一家研制产品主要为 CPU 的公司，是全球最大的个人计算机零件和 CPU 制造商，成立于 1968 年，具有 50 年产品创新和市场领导的历史。

1971 年，Intel 公司推出了全球第一个微处理器。微处理器所带来的计算机和互联网革命，对整个世界带来了改变。Intel 公司在 2016 年世界五百强中排在第 51 位。2014 年 2 月 19 日，Intel 公司推出处理器至强 E7v2 系列采用了多达 15 个处理器核心，成为 Intel 公司核心数最多的处理器。2014 年 3 月 5 日，Intel 公司收购智能手表 Basis Health Tracker Watch 的制造商 Basis Science。2014 年 8 月 14 日，Intel 公司斥资 6.5 亿美元收购 Avago 旗下公司网络业务。2015 年 12 月 Intel 公司斥资 167 亿美元收购了 Altera 公司。

（5）微软公司。

微软公司始建于 1975 年，是一家美国跨国科技公司，也是个人计算机软件开发的先导，由比尔・盖茨与保罗・艾伦创办于 1975 年，公司总部设立在华盛顿州的雷德蒙德。以研发、制造、授权和提供广泛的计算机软件服务业务为主。

微软公司最为著名和畅销的产品是 Microsoft Windows 操作系统和 Microsoft Office 系列软件，目前是全球最大的软件提供商。

2018 年 4 月 22 日，2017 年全球最赚钱企业排行榜发布，微软排名第 15 位。2018 年 5 月 29 日，2018 年 BrandZ 全球最具价值品牌 100 强发布，微软排名第 4 位。2018 年 7 月 19 日，《财富》世界 500 强排行榜发布，微软排名第 71 位。2018 年 12 月 18 日，世界品牌实验室编制的《2018 世界品牌 500 强》揭晓，微软排名第 4 位。2019《财富》世界 500 强排行榜发布，微软公司排名第 60 位。2019 福布斯全球数字经济 100 强榜微软公司排名第 2 位。

（6）甲骨文公司。

甲骨文公司，全称为甲骨文股份有限公司，是全球最大的企业级软件公司，总部位于美国加利福尼亚州的红木滩。1989年正式进入中国市场。2013年，甲骨文公司已超越IBM公司，成为继微软公司后全球第二大软件公司。

2018年12月，世界品牌实验室编制的《2018世界品牌500强》揭晓，甲骨文公司排名第31位。2019年10月，2019福布斯全球数字经济100强榜甲骨文公司排名第17位。

（7）Cisco公司。

Cisco是全球领先的网络解决方案供应商，其名字取自San Francisco。Cisco依靠自身的技术和对网络经济模式的深刻理解，成为网络应用的成功实践者之一。

Cisco正在致力于为无数企业构筑网络间畅通无阻的“桥梁”，其凭借自己敏锐的洞察力、丰富的行业经验、先进的技术，帮助企业把网络应用转化为战略性的资产，充分挖掘网络的能量，获得竞争的优势。

2018年7月19日，《财富》世界500强排行榜发布，Cisco排名第212位。2018年12月18日，世界品牌实验室编制的《2018世界品牌500强》揭晓，Cisco排名第15位。2019年7月，2019《财富》世界500强排行榜发布Cisco排名第225位。

（8）惠普公司。

惠普（HP）是世界最大的信息科技公司之一，成立于1939年，总部位于美国加利福尼亚州帕洛阿尔托市。惠普下设三大业务集团：信息产品集团、打印及成像系统集团和企业计算机专业服务集团。

中国惠普有限公司总部位于北京，在上海、广州、沈阳、南京、西安、武汉、成都、深圳等都设有分公司。中国惠普在大连设有惠普全球呼叫中心，在重庆设有生产工厂，在天津设有数据中心。

2018年12月，世界品牌实验室编制的《2018世界品牌500强》揭晓，惠普排名第29位。2019年7月，2019《财富》世界500强发布，惠普位列173位。2019福布斯全球数字经济100强榜排名中惠普排名第35位。

（9）华为技术有限公司。

华为技术有限公司（简称华为）是一家生产销售通信设备的民营通信科技公司，于1987年正式注册成立，总部位于中国广东省深圳市龙岗区坂田华为基地。华为是全球领先的信息与通信技术（ICT）解决方案供应商，专注于ICT领域，坚持稳健经营、持续创新、开放合作，在电信运营商、企业、终端和云计算等领域构筑端到端的解决方案优势，为运营商客户、企业客户和消费者提供有竞争力的ICT解决方案、产品和服务。2013年，华为首超全球第一大电信设备商爱立信，排名《财富》世界500强第315位。

（10）联想集团。

联想是1984年中国科学院计算技术研究所投资20万元，由11名科技人员创办的，是中国的一家在IT产业内多元化发展的大型企业集团。

从1996年开始，联想电脑销量一直位居中国国内市场首位；2005年，联想收购IBM

PC（Personal Computer，个人计算机）事业部；2013 年，联想电脑销售量居世界第一，成为全球最大的个人计算机生产厂商。2014 年 10 月，联想宣布已经完成对摩托罗拉移动的收购。

作为全球计算机市场的领导企业，联想涉及开发、制造，以及销售可靠的、安全易用的技术产品，以及提供优质、专业的服务，帮助全球客户和合作伙伴取得成功。联想主要生产台式机、服务器、笔记本电脑、智能电视、打印机、掌上电脑、主板、手机、一体机等商品。

自 2014 年 4 月 1 日起，联想成立了四个新的、相对独立的业务集团，分别是 PC 业务集团、移动业务集团、企业级业务集团、云服务业务集团。

2016 年 8 月，全国工商联发布 2016 中国民营企业 500 强榜单，联想排名第 4 位。2019 年 7 月，2019《财富》世界 500 强发布，联想排名第 212 位。2019 年 9 月，2019 中国制造业企业 500 强发布，联想有限公司排名第 16 位 。2019 年 10 月，2019 福布斯全球数字经济 100 强榜发布，联想排名第 89 位。

（11）深圳腾讯计算机系统有限公司。

深圳市腾讯计算机系统有限公司（简称腾讯）成立于 1998 年 11 月，由马化腾、张志东、许晨晔、陈一丹、曾李青 5 位创始人共同创立，是中国最大的互联网综合服务提供商之一，也是中国服务用户最多的互联网企业之一。

2004 年腾讯在香港联交所主板公开上市（股票代号 00700）。2018 年 6 月 20 日，世界品牌实验室（World Brand Lab）在北京发布了 2018 年《中国 500 最具价值品牌》分析报告，腾讯排名第二位。2018 年 12 月，世界品牌实验室编制的《2018 世界品牌 500 强》揭晓，腾讯排名第 39 位。2019 年 7 月，2019《财富》世界 500 强发布，腾讯位列 237 位。2019 年 8 月，腾讯入选 2019 年中国最佳董事会 50 强。 2019 年 9 月 1 日，2019 中国服务业企业 500 强榜单在济南发布，腾讯排名第 32 位。2019 年 10 月，2019 福布斯全球数字经济 100 强榜发布，腾讯排名第 14 位。

（12）北京小米科技有限责任公司。

北京小米科技有限责任公司（简称小米公司）成立于 2010 年 3 月 3 日，是一家专注于智能硬件和电子产品研发的移动互联网公司，同时也是一家专注于高端智能手机、互联网电视及智能家居生态链建设的创新型科技企业。小米公司创造了用互联网模式开发手机操作系统、发烧友参与开发改进的模式。小米公司是继苹果公司、三星、华为之后的第四家拥有手机芯片自主研发能力的科技公司。

小米公司已经建成全球最大消费类 IoT 物联网平台，连接超过 1 亿台智能设备，MIUI 月活跃用户达到 2.42 亿人。小米公司投资的公司接近 400 家，覆盖智能硬件、生活消费用品、教育、游戏、社交网络、文化娱乐、医疗健康、汽车交通、金融等领域。

2018 年 2 月，2018 年中国出海品牌 50 强报告显示，小米在中国出海品牌中排名第 4 位。小米品牌已进入 74 个国家，2017 年年底，在 15 个国家处于市场前 5 位。2019 年 7 月，2019 世界 500 强排行榜发布，小米公司排名第 468 位。2019 年 10 月，2019 福布斯全球数字经济 100 强榜发布，小米公司排名第 56 位。

单元测试

一、选择题

1. 微型计算机的发展是以（　　）的发展为表征的。

A. 软件　　B. 主机

C. 微处理器　　D. 控制器

2. 完整的计算机系统同时包括（　　）。

A. 硬件和软件　　B. 主机与 I/O 设备

C. 输入 / 输出设备　　D. 内存与外存

3. 一台计算机的型号中含有 486、586、P Ⅱ、P Ⅲ等文字，其含义是指（　　）。

A. 内存储器的容量　　B. 硬盘的容量

C. 显示屏的规格　　D. CPU 的档次

4. 计算机经历了从元器件角度划分的四代发展历程，但从系统结构来看，至今为止绝大多数计算机仍是（　　）式计算机。

A. 实时处理　　B. 智能化

C. 并行　　D. 冯·诺依曼

5. 世界上第一台电子数字计算机是（　　）年出现的。

A. 1958　　B. 1946

C. 1965　　D. 1947

6. 微型计算机的发展史可以看作（　　）的发展历史。

A. 微处理器　　B. 主板

C. 存储器　　D. 电子芯片

二、填空题

1. 计算机按照数据处理规模大小可以分为__________、__________、__________、__________、__________等。

2. __________是构成计算机系统的物质基础，而软件是计算机系统的灵魂，二者相辅相成，缺一不可。

3. 计算机主机是__________、__________、__________的总称，主要包括__________、__________、__________等部件。

4. 1971 年，美国 Intel 公司成功地把__________和__________集成在一起，发明了世界上第一个微处理器。

三、简答题

1．计算机的系统资源划分为哪几类？包括哪些具体内容？

2．简述计算机系统的硬件结构。

第二章　计算机配件与组装

计算机的配件有 CPU、内存、主板、硬盘、显卡等。本章将依次对这些配件及计算机组装流程进行介绍。

微课视频

2.1　中央处理器——CPU

CPU 是一块超大规模的集成电路，是计算机的核心，负责处理、运算计算机内部的所有数据。CPU 的种类决定了计算机使用的操作系统和相应的软件，在计算机运作过程中，CPU 起着非常重要的作用。

2.1.1　CPU 的发展历程

常见计算机的 CPU 主要是由 Intel 公司和 AMD 公司生产的。Intel 公司成立于 1968 年。1971 年 Intel 公司推出了全球第一个微处理器——Intel 4004。这一举措不仅改变了 Intel 公司的未来，而且对整个工业产生了深远的影响。AMD 公司成立于 1969 年，与 Intel 公司是既联合又斗争的关系。至今 AMD 公司已从为 Intel 公司设计产品发展为一家业务遍及全球，专门为计算机、通信和消费电子行业设计与制造创新微处理器、闪存及低功率处理器的供应商。“全新的 AMD”正改变着整个计算机行业的格局。Intel 公司和 AMD 公司的标识如图 2.1 所示。

图 2.1　Intel 公司和 AMD 公司的标识

我国自主研发的 CPU 有龙芯、飞腾、申威等。

龙芯是中国科学院计算技术所自主研发的通用 CPU，龙芯一号是我国首枚拥有自主知识产权的通用高性能微处理芯片。龙芯从 2001 年起到现在一共开发了 3 个系列的处理器：龙芯一号、龙芯二号、龙芯三号。我国的北斗导航卫星采用的 CPU 就是龙芯的。2019 年 12 月 24 日，龙芯 3A4000/3B4000 在北京发布。2020 年 3 月 3 日，360 公司与龙芯中科技术有限公司联合宣布，双方将加深多维度合作，在芯片应用和网络安全开发等领域进行研发创新，并展开多方面技术与市场合作。

飞腾是为“天河”系列计算机量身定制的由国防科技大学研制的 CPU。2014 年成立了天津飞腾信息技术有限公司，同年 10 月推出了型号为 FT-1500A 的 4 核和 16 核两款 CPU，2016 年 5 月发布了基于“火星”微架构的 FT-2000/64 CPU。2019 年 9 月飞腾推出了新一代的桌面级 4 核处理器 FT-2000/4。FT-2000/4 在 CPU 核心技术上实现了新突破，并在内置安全性方面拥有独到创新，进一步缩小了与国际主流桌面 CPU 的性能差距。多家国内领军集成商签署战略合作协议，共同推动飞腾 CPU 在国内更多领域的应用。

申威是由江南计算技术研究所研发的，我国的超级计算机神威·太湖之光使用的 CPU 就是申威的。申威采用的架构是 Alpha，第一代 SW-1 在 2006 年研制成功；第二代 SW-2 在 2008 年研制成功；2010 年推出第三代 SW-3；2012 年研制出申威 1610 和申威 410，前者用于服务器，后者用于计算机；目前已经发展到第四代处理器。

龙芯、飞腾、申威的产品标识如图 2.2 所示。

LOONGSON 龙芯

飞腾
PHYTIUM

图 2.2 龙芯、飞腾、申威的产品标识

以 Intel 公司的 CPU 产品为例，CPU 的发展历程可以分为 3 个时代。

1. X86 时代

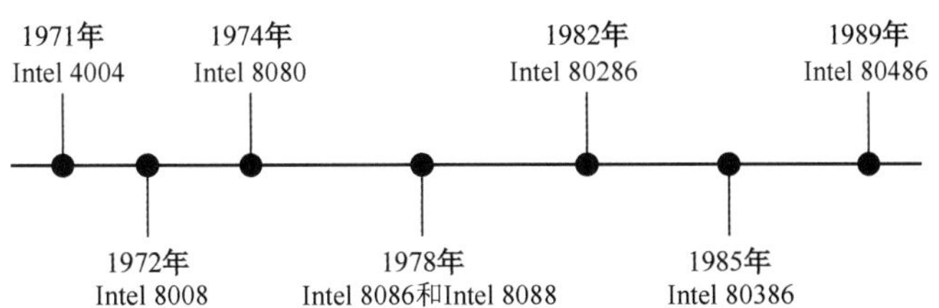

1971 年，Intel 公司发布了全球第一个 CPU——Intel 4004，紧接着发布了 Intel 8008。1974 年 Intel 公司发布了 Intel 8080，世界上第一台个人计算机 Altair（阿尔塔）采用的就是

Intel 8080。1978 年，Intel 公司发布了 Intel 8086 和 Intel 8088，其中 Intel 8088 被 IBM 计算机使用，大获成功。1982 年，Intel 公司发布了 Intel 80286，其可以兼容之前的 CPU。这种强大的软件兼容性也成为 Intel CPU 家族的重要特点之一。1985 年 Intel 公司发布的 Intel 80386 是一款 32 位处理器，具有多任务处理能力。1989 年 Intel 公司发布的 Intel 80486 使 CPU 进入只需点击即可操作的全新时代。

2. 奔腾时代

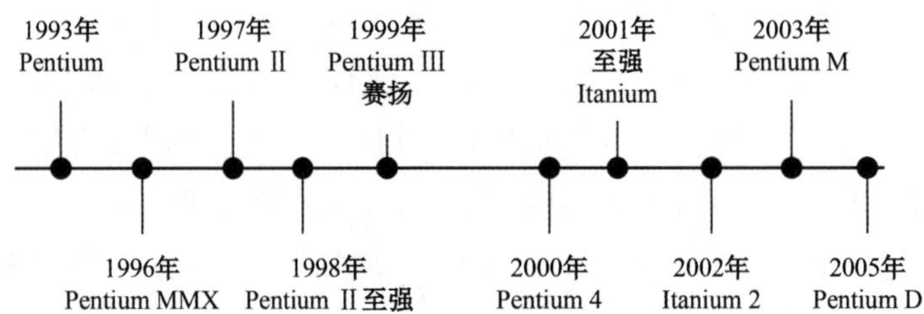

1993 年通过漫画和电视脱口秀节目宣传的 Intel Pentium（奔腾）CPU，一经发布就迅速成为一个家喻户晓的品牌。1997 年发布的 Pentium II 采用了 Intel MMX 技术，专门用于高效处理视频、音频和图形数据。1998 年发布的 Pentium II 至强 CPU 用于满足中高端服务器和工作站的性能要求。1999 年发布的 Pentium III 赛扬大幅提升了互联网体验。Pentium III 赛扬是 Pentium 的简化版，具有较高的性价比。2000 年发布的 Pentium 4，使得个人计算机用户可以创作专业品质的电影。2001 年 Intel 公司推出的至强 Itanium CPU 是 Intel 首款 64 位 CPU，用于高端、企业级服务器和工作站。2003 年发布的 Pentium M 专门用于便携式计算机。首颗内含两个处理核心的 Intel Pentium D 于 2005 年登场，正式揭开 X86 CPU 多核心时代。

3. 酷睿时代

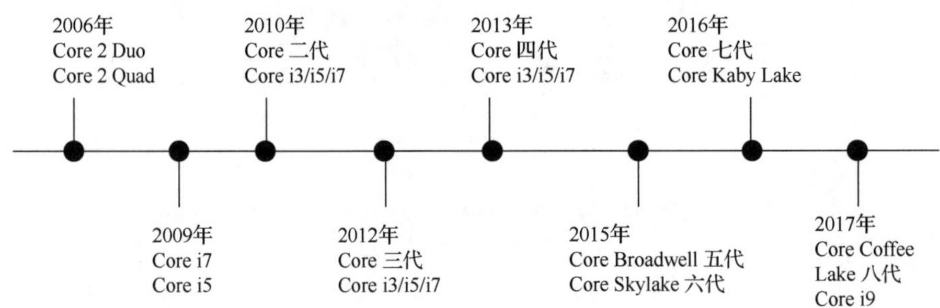

Intel 公司继奔腾系列之后推出了酷睿品牌，奔腾逐渐转向经济型产品。Intel 公司先推出的 Core 用于移动计算机，上市不久就被 Core 2 代替。2006 年发布的 Core 2 Duo 和 Core 2 Quad 包括服务器版、桌面版、移动版。2009 年发布的 Intel Core i7 是一款大小为 45nm 的 64 位原生四核 CPU。面对价格昂贵的 Core i7，Intel 公司发布了中端产品 Core i5，紧接着是 Core i3，其中 Core i3 可看作 Core i5 的精简版。高、中、低三个档次的 CPU 可以满足用户不同的需求。

从 2012 年发布 Core 三代开始，酷睿产品更新换代变得非常快，2017 年发布了 Core

Coffee Lake 八代，2018 年推出了 Core 九代产品，紧接着于 2019 年发布了 Core 十代，其中 Core 十代采用了 10nm 工艺的 Ice Lake。每代产品的结构都有所不同，性能上也都有所提升。

为了和 AMD 公司生产的高端处理器抗衡，Intel 公司于 2017 年 5 月发布了全新的 Core i9，其主要面向游戏玩家和高性能需求者。

具有时代代表性的 4 款 CPU 如图 2.3 所示。

图 2.3　具有时代代表性的 4 款 CPU

2.1.2　CPU 的组成结构

CPU 主要由控制器、运算器、寄存器组成，各元器件间通过总线连接。

控制器负责决定执行指令的顺序，给出执行指令时计算机各部件所需要的控制指令是向计算机发布命令的决策机构。

运算器负责执行定点或浮点算术和逻辑运算操作，即加、减、乘、除、与、或、非、异或等，也称为算术逻辑单元（ALU）。

寄存器是一种存储容量有限的高速存储部件，用于暂存指令、数据和地址信息，是内存的顶端，是系统获得操作资源最快的途径。

总线是将数据从一个或多个源部件传送到其他部件的一组传输线，是计算机内部信息的传输通道，用来连接各个功能部件。

CPU 需要通过接口与主板连接才能工作。经过多年的发展，CPU 的封装技术主要有 3 种：LGA、PGA 和 BGA。Intel 公司的 CPU 通常采用 LGA 封装技术，即触点式接口；AMD 公司的 CPU 则采用 PGA 封装技术，即针脚式接口（见图 2.4）。现在大多数 Intel 公司生产的笔记本电脑和智能手机的 CPU 采用的是 BGA 封装技术，采用这种封装技术的 CPU 一旦封装完成一般不能拆卸。

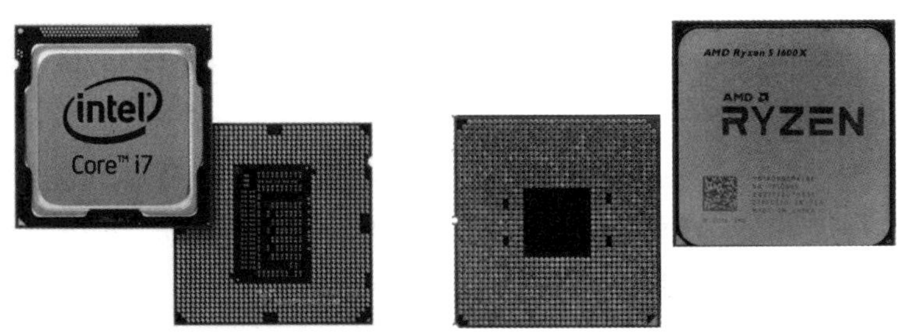

图 2.4　Intel Core i7（触点式接口）和 AMD 锐龙（针脚式接口）

2.1.3 CPU 的主要性能参数

1. 架构及核心线程数

CPU 架构是 CPU 厂商为属于同一系列的 CPU 产品定的规范，主要是为了区分不同类型的 CPU。不同品牌的 CPU 其产品的架构也不同。Intel 公司、AMD 公司的 CPU 是 X86 架构的。2006 年起 Intel 公司的 CPU 开始使用 Core 微架构，之后一直在更新换代，2019 年已经推出了第十代产品。一般可以直接根据型号判断 CPU 是几代的。例如，Intel Core i7-9700 是 Intel Core i7 第九代产品，Intel Core i7-1068G7 是 Intel Core i7 第十代产品。CPU 等级后面的数字就是对应的代数。多核技术解决了单一提高单核芯片的数据传输速率不仅会产生过多热量，而且无法带来相应的性能提升的问题。多核处理器是指在一枚处理器中集成两个或多个完整的计算机引擎（内核）。CPU 的核心数和线程数是很重要的性能参数。一般要在同一架构下比较核心数和线程数。

2. 主频、外频、倍频

主频也称为 CPU 的时钟频率，是 CPU 内部的时钟工作频率，用来表示 CPU 的运算速度。主频是外频与倍频的乘积。需要注意的是，不能抛开外频，只看主频的大小。主频仅仅是 CPU 性能表现的一个方面，不能代表 CPU 的整体性能。

外频也称为 CPU 的基准频率，是 CPU 与主板上其他设备进行数据传输的物理工作频率，也就是系统总线的工作频率，用来表示 CPU 与主板和内存等配件之间的数据传输速率。

倍频，全称为倍频系数，是 CPU 主频与外频的比值。在相同的外频下，倍频越高，CPU 的主频越高。在一般情况下，CPU 对倍频进行了锁定，所以倍频一般是不能变更的。有些 CPU 支持超频，超频是指提高 CPU 的外频或者倍频，使其运行频率大幅提升，但这样会影响系统稳定性，缩短硬件使用寿命。

3. 前端总线频率

前端总线频率，简称总线频率，直接影响 CPU 与内存之间的数据交换速度。数据最大传输速率带宽取决于所有同时传输的数据的宽度和传输频率。

外频与前端总线频率的区别：外频是 CPU 与主板之间的数据传输速率，可以理解为主板运行的效率；而前端总线频率是利用先进的传输技术实现的数据传输速率，也就是 CPU 和外界数据传输的速率。

4. 缓存

缓存是指可以进行高速数据交换的存储器，一般分为一级缓存、二级缓存和三级缓存。缓存的作用是在 CPU 与内存进行数据交换时提供一个高速的数据缓冲区，以减少 CPU 的等待时间，提高 CPU 的运行效率。

5. 制作工艺

制作工艺是指在硅材料上生产 CPU 时内部各元器件的连接线宽度，一般用纳米表示，其值越小，制作工艺越先进，CPU 可以达到的频率越高，集成的晶体管越多。目前主流的 CPU 制程已经达到了 7 ～ 14nm。

下面以 Intel Core i7-8700K、i7-9700K 及 i7-10700K 为例，说明 CPU 的主要性能参数（见表 2.1）。

表 2.1　Intel Core 三款 CPU 的主要性能参数

CPU 型号	i7-8700K	i7-9700K	i7-10700K
架构代号	Coffee Lake	Coffee Lake	Comet Lake
接口类型	LGA 1151	LGA 1151	LGA 1151
核心线程	6/12	8/8	8/16
主频 /GHz	3.7 ～ 4.7	3.6 ～ 4.9	3.8 ～ 5.3
内存支持	DDR4-2666	DDR4-2666	DDR4-3200
内置显核	HD 630	HD 630	HD 630
三级缓存 /MB	12	12	16
制作工艺 /nm	14	14	14
功耗 TDP/W	95	95	125

2.1.4　CPU 的选购技巧

1. 选择品牌

选择 CPU 的品牌其实就是选择 Intel 品牌还是 AMD 品牌。总体来讲，Intel 品牌的 CPU 相比 AMD 品牌的 CPU 在兼容性、发热量及超频性能等方面更出色，善于进行数值处理和多媒体应用；AMD 品牌的 CPU 相比 Intel 品牌的 CPU 在价格、图形图像处理、游戏应用等方面更具优势。

随着 CPU 核心技术的不断提高，普通 CPU 的性能已经足够满足大多数用户的应用需要，因此在购置计算机时，CPU 已经不再是唯一的标准，一块好的显卡相对于 3D 处理来说比 CPU 更重要。

2. 选购技巧

（1）根据需求来选择。

首先明确用户的需求，针对不同的用户需求，选购不同档次的 CPU。总的来说，电子产品买新不买旧，但是也不要盲目追新。

（2）注重性价比。

在合理的预算下，选择最适合自己的 CPU，不管是选择 Intel 品牌的还是选择 AMD 品牌的，

重要的是选择合适的。

（3）CPU 的质保期。

不同厂商、不同型号的 CPU 的质保期不同，如果是组装计算机，则尽可能选择质保期长的 CPU。一般盒装的 CPU 比散装的 CPU 质保期长。

（4）正规渠道购买，注意防伪。

仔细观察产品外观、封口标签、产品标签，可以通过电话验证产品真伪。

2.2 计算机仓库——内存

内存储器也称为内存（见图 2.5），是计算机重要的部件之一，它是数据与 CPU 进行沟通的桥梁。计算机中的所有程序都是在内存中进行的，因此内存的性能对计算机的影响非常大。

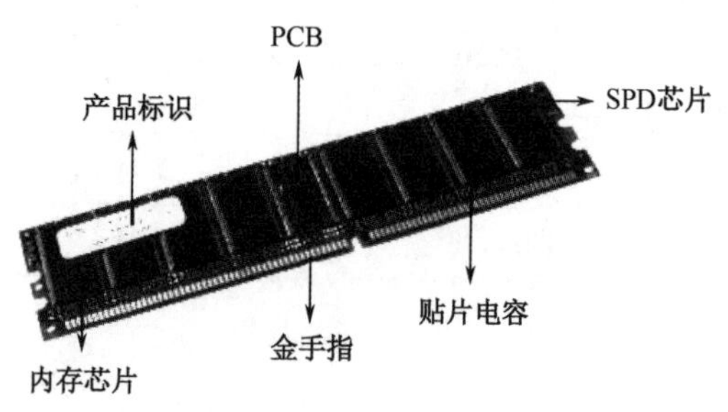

图 2.5 内存

2.2.1 内存的发展历程

在计算机诞生初期并不存在“内存”的概念，最早的内存是以磁芯形式排列在线路上的，之后才出现了焊接在主板上的集成内存芯片，并以该形式为计算机的运算提供直接支持。后来为了便于更换和扩展，内存芯片被制成独立的内存插于主板的相应插槽上。内存从诞生至今，一共出现了 SDRAM、DDR、DDR2、DDR3、DDR4 五代产品（见图 2.6）。

图 2.6 内存的发展历程示意

SDRAM（Synchronous Dynamic Random Access Memory）曾经是计算机使用最为广泛的一种内存类型。SDRAM 的工作电压为 3.3V，带宽为 64 位。

DDRSDRAM（Double Data Rate SDRAM）简称 DDR，即双倍速率 SDRAM。DDR 可以说是 SDRAM 的升级版，其数据传输速率是传统 SDRAM 的两倍。

DDR2 采用了诸多新技术，改善了 DDR 的诸多不足，但在延迟性能方面存在不足。

DDR3 与 DDR2 相比有更低的工作电压，从 DDR2 的 1.8V 降到 1.5V，性能更好，更省电。

DDR4 于 2014 年上市，目前已经得到广泛应用。需要注意的是，DDR4 与以前的内存接口不兼容。DDR4 的工作电压一般为 1.2V，单根容量可以达到 32GB。

2.2.2 内存的主要性能参数

1. 容量

内存的容量是内存最为关键的性能参数，在预算范围内，内存容量越大，越有利于系统运行。目前计算机的主流内存容量为 8 ～ 16GB。

2. 工作电压

工作电压是指内存稳定工作时的电压，不同类型的内存的工作电压也不同，DDR3 的工作电压一般是 1.5V 左右；DDR4 的工作电压一般是 1.2V 左右。

3. 主频

内存主频是内存所能达到的最高工作频率。在一定程度上，内存的主频越高，表示内存所能达到的数据传输速率越快，性能越好。目前内存的主流频率是 2400MHz、2666MHz、3200MHz 等。

4. 延迟时间

内存的延迟时间是指系统进入数据存取操作就绪状态前等待的时间。通常用 4 组数值来表示 CL-TRP-TRCD-TRAS，如 14-16-16-35，其中 CL 表示延迟时间。一般来说，这 4 组数值越小，内存的性能越好。但是并不是延迟时间越短，内存性能越好，这 4 组数值是相互配合的，它们之间的影响很大。

随着计算机技术的日益更新，内存工艺技术的提高和市场需求的不断增加，早期的内存产品已经被淘汰，新产品逐渐占领市场。下面以金士顿、海盗船、威刚及三星 4 款内存来说明 DDR4 内存的主要性能参数（见表 2.2）。

表 2.2 4 款 DDR4 内存的主要性能参数

品牌型号	金士顿	海盗船	威刚	三星
适用类型	台式机	台式机	笔记本电脑	笔记本电脑
容量 /GB	16	32	16	32
频率 /MHz	3200	3200	2666	2666
工作电压 /V	1.2	1.35	1.2	1.2
延迟时间 /CL	16	16	16	16

2.2.3 内存的维护及选购技巧

内存由内存芯片、电路板、金手指等部分组成。一般情况下，在计算机使用过程中出现的开机不显示、自动重启、死机等故障都是内存引起的。其中最常见的故障原因是内存和主板插槽接触不良，此时，只需要拔下内存，并用橡皮擦拭内存的金手指，再重新插到位即可。金手指容易氧化，需要定期对内存进行灰尘清扫和擦拭。操作系统出现非法错误，或者注册表无故损坏等故障的原因一般是内存质量问题，此时，需要更换内存。

内存的价格相比CPU要低很多，内存的品牌、种类、型号较多，在选购时有很大的选择空间。在选购内存时，需要从以下几方面考虑。

1. 内存品牌

市面上内存品牌众多，有金士顿、海盗船、三星、威刚等，其中金士顿是全球第一大内存提供商。购买内存时只有选择知名厂家的正品，才能保证内存质量，所以要从正规渠道购买产品，谨防假冒伪劣产品。

2. 内存容量和内存主频

内存容量是内存性能参数中较为重要的一个，在相同的条件下，内存容量越大，机器性能越好。因此在预算内，要购置容量尽可能大的内存。同时也要注意内存主频，内存的主频一般不低于 CPU 所支持的内存的最大频率。

3. 其他选购技巧

所选内存应符合主板上内存插槽的要求，目前主流主板上大都支持 DDR4 内存，因此在选购时要选择 DDR4 内存。注意内存的做工，内存的做工直接决定了内存的稳定性和运行性能。

市场上存在假冒伪劣产品，选购内存时要辨别内存的真伪，注意观察内存各组成部分，尤其是内存编号参数、电路板、金手指等部位。

微课视频

2.3 神经中枢——主板

主板又称主机板、系统板、母板，是计算机的神经中枢，用于控制数据的交换，是其他硬件的载体。主板的类型和档次决定着整个计算机系统的类型和档次，主板的性能影响着整个计算机系统的性能。

2.3.1 主板的组成结构

主板是一块极大规模的集成电路，结构复杂，主要由 PCB、各种控制芯片组、各种插座插槽及 I/O 接口等组成。

主板的逻辑示意图如图 2.7 所示。

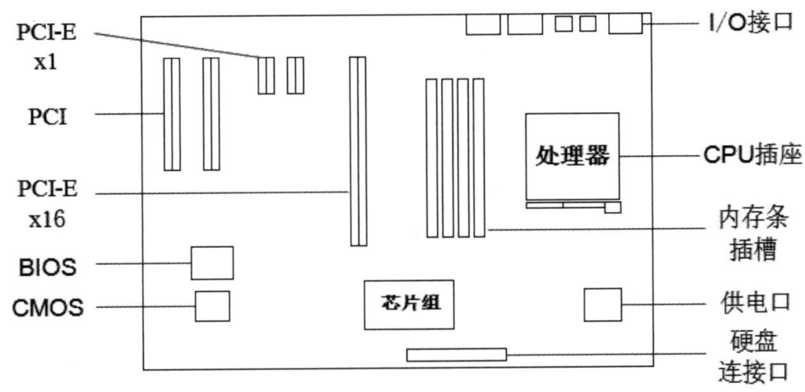

图 2.7 主板的逻辑示意图

2.3.2 主板上的芯片组、BIOS 和 CMOS 芯片

主板上的芯片组是主板的核心组成部分，是主板的灵魂，是各个部件互连互通的枢纽。如果没有芯片组，那么 CPU 就无法工作，有什么样功能和速度的 CPU，就要有什么样的芯片组与之配对。

在一般情况下，芯片组由两块超大规模集成电路组成，即南桥芯片和北桥芯片。

南桥芯片又称 I/O 控制芯片，负责连接 PCI、USB、硬盘、音频等 I/O 接口、BIOS 芯片、CMOS 芯片等。北桥芯片又称存储控制芯片，负责连接 CPU、内存、显卡等高速设备。

随着集成电路的快速发展，北桥芯片的大部分功能（如内存控制、显卡接口等）都被集成到了 CPU 中，其他一些功能则被合并到了南桥芯片上。因此，目前只有一块南桥芯片了。

主板上还有两个不起眼，但是却有非常重要的作用的芯片，即基本输入 / 输出系统（Basic Input/Output System，BIOS）芯片与 CMOS 芯片。

BIOS 是用于计算机开机过程中各种硬件设备的初始化和检测的芯片，具有非易失性，是计算机软件最基础的部分。每次开机，给机器加电时，CPU 都会先执行 BIOS 芯片里的程序。如果没有 BIOS 芯片，那么机器将无法启动。

BIOS 芯片包括 4 部分。

（1）加电自检程序（Post）。

（2）引导装入程序（Boot）。

（3）CMOS 设置程序。

（4）基本 I/O 设备的驱动程序（Driver）。

CMOS 芯片中存放着一些与计算机系统相关的参数（配置信息），包括当前的日期和时间、开机口令、已安装的光驱和硬盘的个数及类型等。CMOS 芯片是一种易失性存储器，由主板上的电池供电，即使关机 CMOS 芯片也不会丢失信息。

2.3.3　主板的主要性能参数

主板的性能参数有很多，在一般情况下，我们要考虑主板的结构，主板支持的 CPU、芯片组、内存、存储设备、核显、板载网卡声卡、后置接口等。

1. 主板结构

主板结构就是根据主板上各元器件的布局排列方式、尺寸大小、形状、所使用的电源规格等制定的通用标准，所有主板厂商都必须遵循。目前计算机常见的主板结构有 ATX、M-ATX、E-ATX 及 ITX。ATX 是市场上最常见的主板结构，扩展插槽较多，PCI 插槽数量为 4 ～ 6 个，大多数主板都采用此结构。M-ATX 是 ATX 的简化版，就是常说的“小板”，属于紧凑型，多用于品牌机，常配备相应的 M-ATX 机箱。E-ATX 规格大，属于加强型，常用于游戏机或工作站。ITX 属于迷你主板。4 种规格主板的尺寸示意图如图 2.8 所示。

图 2.8　4 种规格主板的尺寸示意图

2. 支持 CPU

CPU 与主板是同步发展的，根据 CPU 接口形式的不同，主板可以简单地分为插槽式主板和插座式主板两类。现在常见的主板是插座式主板，其根据接口形式又分为针脚式主板和触点式主板，Intel 公司生产的 CPU 采用的是触点式主板，AMD 公司生产的 CPU 采用的是针脚式主板。一般我们会直接把主板分为两种，一种是支持 Intel 处理器的，一种是支持 AMD 处理器的。

3. 芯片组

芯片组是主板的核心组成部分，主板支持的 CPU 不同，相应的芯片组也不同。芯片组等级越高，相应的主板的性能越强，同一等级的芯片组的等级后面的数字越大，表示其工艺越先进。

（1）Intel 主板芯片组一般有 4 个等级：X/Z/B/H。

X 字母开头，最高级，一般搭配型号后缀有字母 X 的 CPU，如 X299。

Z 字母开头，较高级，一般都支持超频，搭配型号后缀带有字母 K 的 CPU，如 Z390。

B 字母开头，主流中端，一般不支持超频，主要搭配型号后缀不带字母 K 的 CPU，如 B365。

H 字母开头，入门级，不支持超频，性能很强，如 H310。

（2）AMD 主板芯片组一般有 3 个等级：X/B/A。

X 字母开头，最高级，支持自适应动态扩频超频，搭配型号后缀带字母 X 的 CPU，如 X570。

B 字母开头，主流中端，支持超频，不支持自适应动态扩频超频，性价比高，如 B450。

A 字母开头，入门级，不支持超频，价格便宜，如 A320。

4. 支持内存

目前市面上主流主板内存插槽有 4 个，E-ATX 等主板可以提供 8 个内存插槽，而 M-ATX 及 ITX 一般只有 2 个内存插槽，还要注意内存主板是否支持双通道或三通道等技术，以及内存支持的最大内存工作频率。

5. PCI-E 插槽个数

PCI-E 插槽一般有 x1、x4、x8、x16 几种规格，独立显卡一般都使用 PCI-E x16 插槽，PCI-E 的固态硬盘则采用 PCI-E x4 插槽。一般规格越高的主板提供的 PCI-E 插槽的个数越多。

6. M.2 接口

M.2 固态硬盘体积小，传输速率高，随着 M.2 接口的流行，目前主流主板都会配备这个接口，规格高的主板还会提供多个 M.2 接口。

为了更好地了解主板的性能参数，下面以华硕（ASUS）TUF Z390-P GAMING 主板（见图 2.9）为例进行说明。

华硕（ASUS）TUF Z390-P GAMING 主板的主要性能参数：

平台类型：Intel 平台　　接口类型：Intel 1151（八、九代等）

板型结构：ATX（标准型）　　板载网卡：10Mbit/s、100Mbit/s、1000Mbit/s

内存：最大工作频率 DDR4 4266，支持双通道，不支持三通道，最大内存容量 64GB

板载接口：SATA 六个，M.2 两个，PCI-E x1 四个，PCI-E x16 两个

I/O 接口：USB3.1 Gen2 两个，USB3.1 Gen1 八个，USB2.0 四个，DP 一个，HDMI 一个，千兆网接口一个，PS/2 键盘接口一个、鼠标接口一个，音频接口一个等

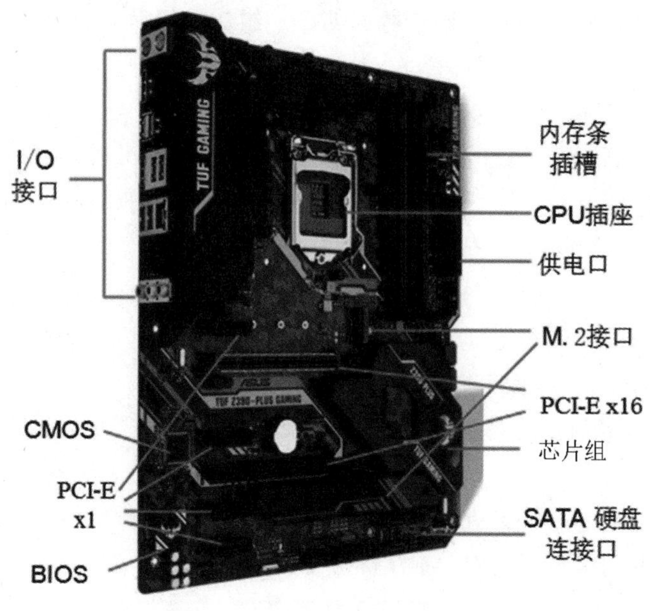

图 2.9　华硕（ASUS）TUF Z390-P GAMING 主板

2.3.4　主板的注意事项与常见故障

主板是计算机的神经中枢，任何一个主板的小故障都会导致计算机无法正常使用。我们需要了解主板的常见故障，并对其进行适当维修，重要的是掌握计算机主板在日常使用过程中的注意事项，防止故障发生。

1. 注意事项

（1）为主板安装厂商提供的相应的主板驱动，最大限度地发挥主板的性能。

（2）电子元器件最怕静电，在使用过程中要注意给主板放电。可以通过给主板上电池放电的方法消除主板上的静电；也可以在断电的情况下，通过按下电源按钮的方法消除主板上的静电。

（3）灰尘是计算机的隐形杀手，堆积的灰尘妨碍了散热，从而会对元器件造成损坏。在潮湿环境中，灰尘还会造成电路短路。而且灰尘对计算机的机械部分也有极大影响。因此，定期清洁计算机格外重要。

2. 常见故障

（1）开机无显示。

导致开机无法显示的原因有 BIOS 芯片感染病毒被损坏，主板上的内存无法识别，主板扩展槽或扩充卡插入硬件无反应，CMOS 设置的 CPU 频率有问题。

（2）无法保存 CMOS 设置。

当无法保存 CMOS 设置时，首先要检查是否是主板上的电池没电了，如果更换电池后问题仍然无法解决，则有可能是主板的电路出现了问题。

（3）计算机频繁死机。

当计算机频繁死机时，一般是主板或者 CPU 出现了故障。首先确定故障原因是否是 CPU 风扇损坏造成的 CPU 过热。若不是，则进入 CMOS 设置界面，将 Cache 设置为禁止状态。若故障还不能清除，则需要更换主板或 CPU。

（4）主板鸣叫。

当出现主板鸣叫故障时，可以在计算机启动时，仔细聆听主板的鸣叫声。通过主板不同的鸣叫声来判断主板的故障。如果鸣叫声为一声嘀声，则表示正常；如果鸣叫声为两声短的嘀声，则表示系统错误；如果鸣叫声为一长一短的嘀声，则表示内存或主板错误。

2.3.5 主板的选购技巧

1. 确定主板的平台及等级

在选购主板时要考虑 CPU，所选购的主板既要能很好地搭配 CPU，又要能发挥主板的最高性能。先确定 CPU 的品牌是 Intel 的还是 AMD 的，不同品牌的 CPU 对应的主板不同，再根据 CPU 的等级选择相应等级的主板。

2. 了解主板的品牌

主板的供应商主要有华硕、微星、技嘉、七彩虹等，主板的质量决定了主板的稳定性，在选购时一定要选择知名品牌的正品，以保证产品质量。

3. 了解主板的性能参数

主板的总线频率只有大于 CPU 的总线频率，才能发挥 CPU 的全部性能，在选择主板时要尽可能地选择总线频率大的主板。主板的工作频率要大于内存的工作频率。注意查看主板的板载接口，如有多少个 PCI-E 接口、M.2 接口、SATA 接口等。

4. 注意细节

从正规渠道购买产品，确保产品为正品，注意观察主板的外观、做工，查看 I/O 接口的类型和数量。同时还要考虑后期升级的需要，尽量选择升级性能好的主板。

2.4 外部存储设备——硬盘

随着固态硬盘容量的提升、价格的降低，越来越多的用户在购买计算机时选择读取速度

更快的固态硬盘。本节分别介绍机械硬盘、固态硬盘及移动存储器的性能特点，以及硬盘的使用注意事项及选购技巧。

2.4.1 机械硬盘的组成

目前机械硬盘是计算机最主要的存储设备之一，机械硬盘一般由磁盘片、主轴与主轴电动机、移动臂、磁头和控制电路等组成，机械硬盘的内部结构示意图如图 2.10 所示。

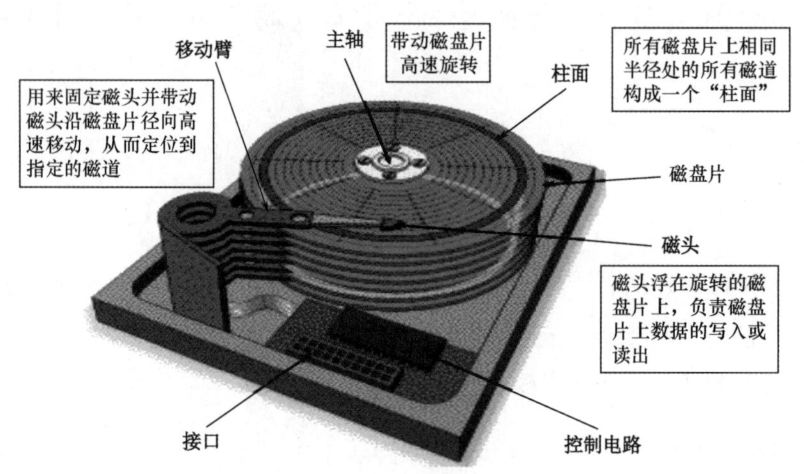

图 2.10 机械硬盘的内部结构示意图

1. 磁盘片

磁盘片由铝合金或玻璃材料制成，磁盘片上涂有一层很薄的磁性材料，通过磁层的磁化来记录数据。一般一块硬盘由 1 ～ 5 张磁盘片组成，它们都固定在主轴上。

2. 主轴与主轴电动机

主轴底部有一个电动机，当机械硬盘工作时，电动机带动主轴，主轴带动磁盘片高速旋转，其速度为每分钟几千转，甚至上万转。

3. 磁头和移动臂

磁头是一个重量很轻的薄膜，负责磁盘片上数据的写入或读出。磁盘片在高速旋转时产生的气流将磁盘片上的磁头托起，移动臂用来固定磁头，使磁头沿着磁盘片径向高速移动，以便定位到指定的磁道。

磁盘片的直径为 3.5 英寸、2.5 英寸、1.8 英寸，甚至更小。大多数台式机使用 3.5 英寸的硬盘，大多数笔记本电脑使用 2.5 英寸的硬盘。

机械硬盘的物理结构如图 2.11 所示。

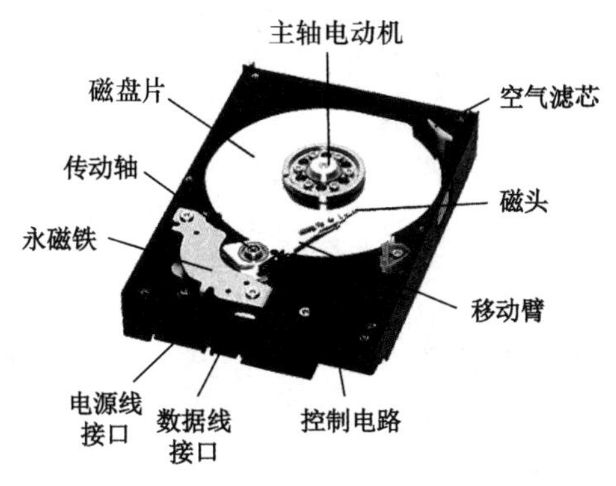

图 2.11 机械硬盘的物理结构

2.4.2 固态硬盘

固态硬盘（Solid State Disk，SSD）是一种基于半导体存储器芯片的外存储设备，由固态电子存储芯片阵列制成，组成单元有控制单元、存储单元及缓存单元等。与机械硬盘由磁盘片、磁头等机械部件构成不同，整个固态硬盘结构无机械装置，由电子芯片及电路板组成。

计算机中固态硬盘正在逐步取代常规的机械硬盘，其在功能及使用方法上与机械硬盘相同，外形、尺寸有所变化。与常规的机械硬盘相比，固态硬盘具有低功耗、无噪音、抗震动、发热少等特点，读写速度远超机械硬盘。目前主流的固态硬盘的容量有 256GB、512GB，具有良好的发展潜力。固态硬盘目前存在读写寿命有限、价格较高、数据恢复难等问题。

固态硬盘的常见接口有 SATA、mSATA、M.2、PCI-E。

1. SATA、mSATA 接口

当前 SATA 3.0 接口是最为常见的固态硬盘接口，走 SATA 通道，接口速率是 6Gbit/s。SATA 3.0 接口最大的优势就是非常成熟，能够发挥出主流 SSD 最大性能。mSATA 接口是迷你版的 SATA 接口，与 SATA 接口具有相同的速率和可靠性。mSATA 接口是 SSD 小型化的必经过程。

2. M.2 接口

M.2 接口也称 NGFF 接口，主要用来取代 mSATA 接口。M.2 接口体积小，宽带标准化，容量的大小取决于长度。M.2 接口分为 SATA 通道和 PCI-E 通道两种。采用 SATA 通道的 M.2 接口的速率受制于 SATA，最高是 6Gbit/s，而采用 PCI-E 通道的 M.2 接口全面转向 PCI-E x4，理论带宽达到 32Gbit/s，同时 M.2 接口还支持 NVMe 标准，这使得固态硬盘的性能得到了非常明显的提升。

3. PCI-E 接口

大多数固态硬盘的 PCI-E 接口采用的是 PCI-E x4，理论带宽为 32Gbit/s。PCI-E 接口的固

态硬盘价格最高，性能最强，但是安装时需要占用主板上的一条 PCI-E 插槽。

固态硬盘的常见接口如图 2.12 所示。

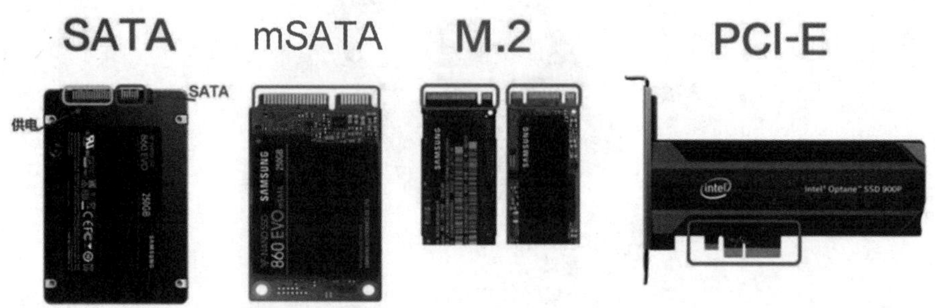

图 2.12　固态硬盘的常见接口

下面以三星（SAMSUNG）860 EVO 500GB SATA 3.0 固态硬盘（见图 2.13）为例，对固态硬盘的性能参数进行说明。

图 2.13　三星（SAMSUNG）860 EVO 500GB SATA 3.0 固态硬盘

三星（SAMSUNG）860 EVO 500GB SATA 3.0 固态硬盘的主要参数：

适用类型：笔记本 / 台式机　　硬盘尺寸：2.5 英寸

容量：500GB　　缓存：512MB

传输速率：6Gbit/s　　数据接口：SATA3.0

质保期：5 年 /300 TBW

2.4.3　硬盘的主要性能参数

1. 容量

容量是硬盘最主要的性能参数。目前主流机械硬盘的容量是 1TB~6TB。

2. 转速

转速是磁盘片在 1min 内能完成的最大转数。转速是标示硬盘档次的重要参数之一，是决定硬盘内部传输速率的关键因素之一，在很大程度上直接影响硬盘的速度。当前台式机主流硬盘的转速是 7200r/min。

3. 平均访问时间

平均访问时间是指磁头从起始位置到达目标磁道，并从目标磁道上找到要读写的数据扇区所需的时间。

平均访问时间体现了硬盘的读写速度，包括硬盘的寻道时间和等待时间，即平均访问时间 = 平均寻道时间 + 平均等待时间。

4. 传输速率

硬盘的传输速率是指硬盘读写数据的速度，其包括内部传输速率和外部传输速率。外部传输速率是指主机从硬盘缓存读出或写入数据的速度，与采用的接口类型有关，现在大都采用 SATA 3.0 接口，传输速率约为 6Gbit/s。内部传输速率是指硬盘在磁盘片上读写数据的速度，通常远小于外部传输速率。一般来说，在相同的前提条件下，转速越高，内部传输速率越高。

5. 缓存

缓存是硬盘控制器上的一块内存芯片，具有极快的存取速度，是硬盘内部存储和外界接口之间的缓冲器。原则上缓存越大越好，通常为几至几百兆字节。

6. 数据接口

硬盘按数据接口不同，大致分为 ATA（IDE）、SATA、SCSI 及 SAS 等。当前主流的数据接口是 SATA 接口，有 SATA 1.0，SATA 2.0，SATA 3.0 三种，理论传输速率分别为 1.5Gbit/s、3Gbit/s、6Gbit/s。

下面以希捷 Barracuda（ST1000DM003）硬盘（见图 2.14）为例，对硬盘参数进行说明。

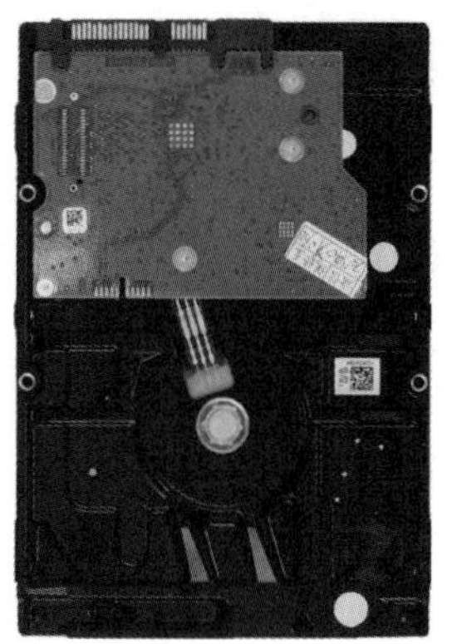

图 2.14　希捷 Barracuda（ST1000DM003）硬盘

希捷 Barracuda（ST1000DM003）硬盘的主要参数：

适用类型：台式机　　硬盘尺寸：3.5 英寸

容量：1TB（1024GB）　　磁盘片数量：1 片

转速：7200r/min　　缓存：64MB

传输速率：6Gbit/s　　数据接口：SATA 3.0

2.4.4 移动存储器

除了固定安装在机箱内的硬盘，在日常使用中还经常用到各式移动存储器。这类存储器体积小、重量轻、携带方便，一般都采用 USB 接口与计算机连接。

1. 移动硬盘

移动硬盘可以是机械硬盘，也可以是固态硬盘，一般由 2.5 英寸、1.8 英寸，甚至更小的硬盘加上特制的配套硬盘盒构成。一些超薄的移动硬盘的厚度只有 1cm，手掌大小，重量为 200 ～ 300g，但其容量可以达到 1TB。移动硬盘不仅容量大、速度快、即插即用、兼容性好，而且体积小、重量轻、携带方便、安全可靠。

2. U 盘

U 盘是一种闪烁（FLASH）存储器，断电后信息也可以保留，没有机械部件，信息存取速度快，工作时无噪音，尺寸小，更轻便，兼容性好，容量为几十到上百吉字节，甚至更大，安全性高，不仅可以存储数据，还可以作为启动盘。

3. 存储卡

存储卡也是一种闪烁存储器，种类较多，如 SD 卡、CF 卡、MS 卡、MMC 卡等，具有与 U 盘一样的优点，但是需要配置读卡器才可以对其进行读写操作。

移动硬盘、U 盘、存储卡如图 2.15 所示。

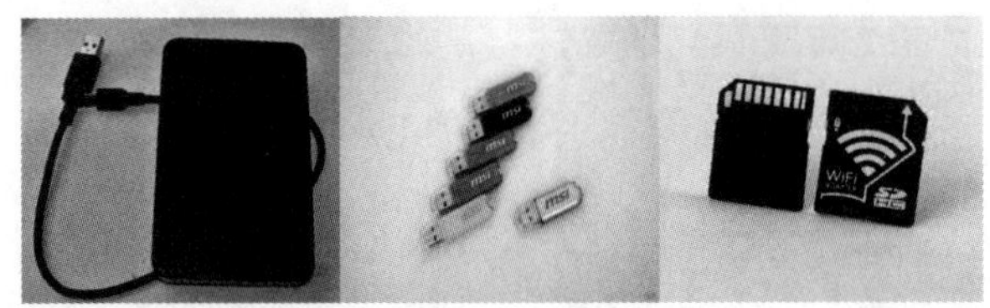

图 2.15　移动硬盘、U 盘、存储卡

2.4.5 硬盘的使用注意事项及选购技巧

1. 硬盘的使用注意事项

（1）在工作时尽量避免突然断电。

（2）防止灰尘进入。

（3）使用硬盘时防止温度过高或过低。

（4）定期清理硬盘，但也不能太频繁；尽量不要格式化硬盘，否则会减少硬盘的寿命。

（5）做好防毒措施，病毒是硬盘中数据的最大威胁。

2. 硬盘的选购技巧

通常在选购硬盘的时候，要进行多方面考虑。

1）机械硬盘

如果需要购买机械硬盘，则要尽可能选择碟片数量少的硬盘。因为碟片数量越少，相应的磁头数量越少，其发热量就会越少，稳定性也就越高。同时要注意查看硬盘的转速，当前主流转速是 7200r/min。

2）固态硬盘

购买固态硬盘时除了关注其容量，还要查看固态硬盘的接口。SATA 接口是最为常见的硬盘接口，其兼容性好、价格便宜；PCI-E 接口硬盘的速度最快、价格最贵；M.2 接口要注意查看其通道是 SATA 的还是 PCI-E 的。

3）稳定性

在选购硬盘时要遵循一个原则，即淘汰的产品不买，最新的产品也尽量不买，要购买主流产品，因为主流产品的稳定性最高。

4）缓存

缓存是为了解决内存传输速率和硬盘传输速率的差异的用来暂存数据的缓冲区。机械硬盘的缓存一般是几十到几百兆字节。固态硬盘不一定需要缓存，但是有缓存更好，目前固态硬盘常见的缓存是 512MB。

5）质保

硬盘一般提供三年或五年的质量保证。在购买硬盘之前，要看清楚硬盘的保修条例，每一个硬盘厂商对产品的保修规定是不同的。

微课视频

2.5 图像显示——显卡和显示屏

显卡和显示屏是计算机的显示系统。显卡是显示屏与主机通信的控制电路和接口，是主机与显示屏之间的“桥梁”，它的作用是控制和生成文字与图形在显示屏上的输出。

2.5.1 显卡和显示屏概述

1. 显卡

显卡的主要芯片是显示芯片，被称为绘图处理器（GPU），是显卡的主要处理单元。显卡有集成显卡和独立显卡两种（见图 2.16）。

图 2.16　集成显卡与独立显卡

集成显卡是将显示芯片、显存及其相关电路都集成在主板上的元器件。现在很多集成显卡直接集成在 CPU 里，又被称为核心显卡（核显）。例如，之前在介绍 CPU 时，Intel Core i7-8700K、i7-9700K、i7-10700K 三款 CPU 里都集成了 HD630 核显，其性能可以达到入门级显卡的级别。也有不带核显的 CPU，这种 CPU 必须搭配独立显卡使用。

集成显卡的特点：集成在主板或 CPU 上，功耗低，发热量小，性能较低，性价比高，接口较少，无法更换。

独立显卡将显示芯片、显存及相关电路单独集成在一块电路板上。它自成一体，是一块独立的板卡，需占用主板的扩展插槽（一般是 PCI-E 插槽）。独立显卡不仅有显示芯片，还有独立的显存，不占用内存，可以提供更好的游戏体验，加快绘图软件的运行速度，并能实现多屏显示。

独立显卡的特点：独立插在主板上，技术得到了提升，不占用内存，性能得到了提升，功耗大，发热量大，价格昂贵。

2. 显示屏

显示屏有 CRT 显示屏和液晶显示屏两种（见图 2.17），其中，液晶显示屏现已被广泛应用于计算机、手机、数码相机、电视等电子产品。与 CRT 显示屏相比，液晶显示屏具有工作电压低、辐射危害小、功耗低、不闪烁、轻薄、易于实现大画面显示的特点。

液晶显示屏的背光源主要有 LED（发光二极管）和 CCFL（冷阴极荧光灯）两类。与 LED 相比，CCFL 具有轻薄、节能、亮度高、寿命长、环保等优点。

液晶显示屏的主要性能参数有显示分辨率、点距、扫描频率、刷新速度及显示接口等。显示分辨率是屏幕图像的精密度，通常用每行像素数乘每列像素数表示。显示分辨率越大，画面越精细。其中，1280 像素 ×720 像素为高清（HD），1920 像素 ×1080 像素为全高清（FHD），3840 像素 ×2160 像素为极清（UHD），4096 像素 ×2160 像素为超高清（4K）（有时 3840 像素 ×2160 像素也可称为 4K，4K 是显示屏的发展趋势）。

图 2.17　CRT 显示屏与液晶显示屏

2.5.2 独立显卡的组成结构

独立显卡分为内置显卡和外置显卡，应用较多的是内置显卡。独立显卡由GPU、PCB、显存、散热片、金手指、供电接口、显卡接口等部分组成，下面以华硕 ASUS ARES（见图 2.18）为例对独立显卡的组成结构进行说明。

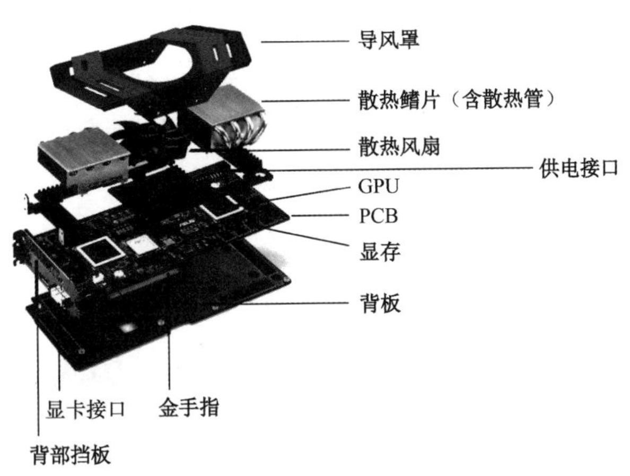

图 2.18 独立显卡的结构示意

1. GPU

绘图处理器（Graphic Processing Unit，GPU）是一种用于绘图和处理图像的专用处理器，是显卡的核心部件。GPU 完成了部分原本应由 CPU 完成的工作，减少了显卡对 CPU 的依赖，决定了显卡的档次和性能。目前大多数显卡采用的是 NVIDIA（N 卡）和 AMD（A 卡）两种品牌的 GPU 芯片。

2. PCB

印制线路板（Printed Circuit Board，PCB）的主要功能是连接各电子元器件，是显卡元器件稳定工作的保证，也是决定显卡性能非常重要的因素。

3. 显存

显存（帧缓存）用来存储显卡芯片需要处理的各种数据。显存的容量、速度和数据位宽决定了显卡性能的高低。显存可分为 GDDR4、GDDR5 和 GDDR6 三类。其中 GDDR6 采用的是目前最新的六代技术，比之前主流的 GDDR5 更先进、频率更高、更有利于提升显卡性能。

4. 散热部件

常见的显卡的散热形式有风冷散热、水冷散热。风冷散热的显卡一般由风扇、热管、鳍片、铜底四部分组成，构造简单、成本低。水冷散热指的是用冷却液作为导热介质的散热器。

与风冷散热的显卡相比，水冷散热的显卡具有噪音低、散热均匀的优点，同时也有造价高、风险高的缺点。散热性能的好坏直接影响显卡的使用体验，若散热不好，温度过高，还会造成硬件损坏。

5. 接口

独立显卡通过专用的接口插在主板上，现在被广泛使用的接口是 PCI-E x16 接口，其传输速率高达 10Gbit/s，已经取代了之前的 AGP 接口。显卡常用的输出接口有 VGA 接口、DVI 接口、HDMI 接口、DP 接口等，其中 VGA 接口逐渐被淘汰，DP 接口的使用越来越广泛。很多独立显卡同时提供 DP 接口、HDMI 接口、DVI 接口等多个输出接口。

DP（DisplayPort）是一种高清数字多媒体接口标准，DP 接口可以同时传输图像和声音。由于它是免费使用的，所以一经推出就得到广泛使用，它能提供的带宽高达 32.4Gbit/s。

2.5.3 显卡的性能参数和选购技巧

1. 显卡的品牌

知名的显卡品牌有华硕、影驰、七彩虹、技嘉、微星、蓝宝石、映泰、昂达等。

对同一款芯片来讲，不同的品牌在包装方面的风格不同。主流的独立显卡芯片厂商主要有 NVIDIA 和 AMD。

2. 显卡芯片的架构和核心代号

一般来说，显卡芯片架构自然是越新越好，但是最新架构的显卡不一定比上一版本架构的显卡性能强。在相同显卡芯片架构的前提下，核心代号越高，显卡性能越强。

3. 显存带宽与显存容量

显存带宽 = 显存位宽 × 显存频率。显存带宽可以看作显存位宽和显存频率的综合指标，指的是单位时间内数据的吞吐量。选购显卡不仅要关注位宽，还要关注带宽。虽然显卡的性能不只是由显存决定的，但是在其他参数差不多的情况下，显存容量越大，显卡的性能越好。

4. GPU 频率及流处理器

同样架构的 GPU，频率越高，性能越强。GPU 频率是显卡非常重要的参数，但不同核心架构的显卡不能通过比较 GPU 频率来确定其性能。流处理器越多，性能越强。不同核心架构的显卡不能通过比较流处理器个数来确定其性能，即使是同一个厂商生产的。只有在同核心架构的前提下，才能根据流处理器的数量来判断 GPU 的性能。

5. 散热功耗及材料

显卡的散热形式一般有风冷散热和水冷散热两种。水冷散热效果好，噪音低，价格贵，维护麻烦，一般用于高端显卡。风冷散热性能不及水冷散热，而且噪音较大，但是价格便宜，方便维护。散热功耗越小越好，新的架构在功耗上都会有所降低，但是高端显卡的功耗一般不低。显卡板材用料越多越好，这样可以保证高频率、长时间使用，以及供电的稳定性。

在实际购买显卡时，要考虑显卡的尺寸，其尺寸应和机箱匹配，以免安装不下；还要考虑显卡的输出接口和显示屏接口是否匹配，如果不匹配，则需要进行转接。

桌面显卡天梯图（部分）如图 2.19 所示。

NVIDIA				AMD		
GeForce 900	GeForce 1000	GeForce 2000	显卡等级	Radeon RX500	Radeon R400	Radeon R300
		Titan RTX RTX2080Ti				
	Titan V Titan Xp RTX1080 Ti Titan X	RTX2080super RTX2080 RTX2070super			Radeon VII	Radeon Pro Duo
				RX 5700 XT		
		RTX 2070 RTX2060super	高端		RX Vega 64水冷	
	GTX1080 GTX 1070 Ti	RTX2060		RX 5700	RX Vega 64 RX Vega 56	
GTX Titan X GTX 980 Ti	GTX 1070	GTX 1660 Ti				R9 Fury X R9 Nano
		GTX 1660			RX 590	R9 Fury
GTX 980	GTX 1060 6GB				RX 580 RX 480	R9 390X
	GTX Titan		中高端		RX 570 RX 470	R9 390
GTX 970	GTX 1060 3GB	GTX 1650			RX 560 XT RX4700	R9 380X R9 380
	GTX 1050 Ti					

图 2.19　桌面显卡天梯图（部分）（截至 2020.03）

2.6　声音呈现——声卡和音箱

声音的获取设备包括麦克风和声卡。麦克风先将电波转换为电信号，然后由声卡进行数字化。声卡又称音频卡，既负责声音的获取，又负责声音的重建，用于控制并完成声音的输入和输出。

音箱通常由扬声器、分频器、箱体、吸音材料等部分组成，负责把电信号转变成声信号。人耳对声音的主观感受是评价音箱音质好坏最重要的标准。

2.6.1 声卡和音箱的分类

1. 声卡的分类

声卡发展至今，主要有板卡式、集成式和外置式三种接口类型。

1）板卡式（独立声卡）

独立声卡涵盖低、中、高各档次，售价从几十元至上千元不等。目前主流的独立声卡采用的接口是 PCI 接口，其拥有更好的性能及兼容性，支持即插即用，安装、使用都很方便（见图 2.20）。独立声卡拥有更多滤波电容及功放管，其经过数次信号放大，降噪电路，使输出音频的信号精度得到提升。另外，独立声卡还有丰富的音频可调功能。

2）集成式（板载声卡）

板载声卡（见图 2.21）几乎是主板的标配，大多数用户对于声音的呈现效果要求不高，声卡够用就行。与独立声卡相比，板载声卡成本更低，兼容性更好，应用更广泛。板载声卡又分为软声卡和硬声卡，软声卡没有主处理芯片，通过 CPU 的运算来完成主处理芯片的工作。硬声卡带有主处理芯片。我们通常使用的声卡都是软声卡。板载声卡的缺点是容易受到主板其他部分的信号干扰，因此其更容易形成相互干扰，且具有更大的电噪声。另外，板载声卡还存在底噪声等问题。

图 2.20 独立声卡

图 2.21 板载声卡

3）外置式（外置声卡）

图 2.22 外置声卡

对于音乐爱好者、主播等用户来说，外置声卡（见图 2.22）也是很好的选择，它通过 USB 接口与移动设备连接，具有使用方便、便于移动等优点，得到了越来越多用户的认可。外置声卡也分为软声卡和硬声卡，外置软声卡和板载软声卡很相似，但外置软声卡具有更好的电路设计和屏蔽设计，可以大幅提升音质。外置硬声卡和独立声卡一样，具有独立的供电设计和独立的主处理芯片。

2. 音箱的分类

音箱的分类如下。

根据声道的数量的不同，音箱可以分为 2.0 音箱、2.1 音箱、5.1 音箱、7.1 音箱等。

根据接入声音信号的不同，音箱可以分为普通音箱和数字音箱。其中，普通音箱接收的是重建的模拟声音信号；数字音箱（见图 2.23）接收的是数字声音信号，失真更小。

图 2.23 数字音箱

2.6.2 声卡和音箱的选购技巧

1. 声卡的选购技巧

（1）按需选购。

目前一体化集成声卡对于音质、音效的呈现已经能够满足普通用户的需求。独立声卡的应用人群主要是在 3D 游戏、电影和音乐等方面对音质有更高要求的用户。如果普通用户单纯想提高音质效果，那么可以选择外置声卡，其安装、使用都比较简便。

声卡和其他部件相比，相对比较保值，在选择时，可以选择配置高的声卡。

（2）注意兼容性问题。

因为声卡与其他配件发生冲突的现象较为常见，所以在购置独立声卡时一定要考虑兼容性。在选购声卡前一定要先了解自己机器的配置，在选购时，要仔细查看要购买的声卡的参数信息，尽可能避免不兼容情况的发生。

（3）了解声卡所使用的音频处理芯片。

声卡性能的高低主要取决于声卡使用的音频处理芯片。声卡的音频处理芯片比较复杂，不同的声卡采用的音频处理芯片往往不同，即使是同一品牌的声卡，其音频处理芯片也不一定完全相同。可以先确定选购声卡的大致范围，然后有针对性地了解有关产品所采用的音频处理芯片。

2. 音箱的选购技巧

（1）常规选购方法。

一般来说选择音箱领域具有一定影响力的品牌的产品，音箱的质量更有保证。可以用“观、掂、敲、认”，即“一观工艺，二掂重量，三敲箱体，四认铭牌”的步骤对音箱进行初步判断。

（2）技术层面上。

音箱的性能参数主要有频率范围、灵敏度、承载功率及阻抗等。其中，灵敏度是音箱最

重要的指标，大多数鉴听级家用音箱的灵敏度为86～92dB。需要注意的是，灵敏度值并不是越高越好。以60Hz～20kHz±2.5dB为例，对频率取值单位进行说明。60Hz表示音箱在低频方向的伸展值，该值越低，音箱的低频响应就越好；20kHz表示该音箱可以达到的高频延伸值，该值越高，表明该音频特性越好；±2.5dB则表示该频率范围的失真度。

（3）音箱箱体的材质。

音箱箱体的材质有木质、塑料、玻璃、金属等。

常见的音箱箱体的材质为木质，木质又可分为实木板、人造板两大类。一般中低端音箱的箱体材质为人造板，一般高端音箱的箱体材质为实木板。

塑料材质的音箱的优点是加工容易，外形好看，成本较低。塑料材质的音箱经过一些特殊设计或采用特殊材料后，有良好的工艺保障，也能够达到较好的声学效果。因此，塑料材质的音箱的音质不一定不如木质音箱的音质效果好。

为了追求音箱的美观性和艺术性，有时音箱箱体的材质也会选用玻璃。其采用的玻璃是有机玻璃，具有较好的透明性、化学稳定性、力学性能和耐候性。

金属材质的音箱在日常生活中并不常见，事实上金属在强度和密度方面都要强于木质和塑料，所以能够打造出个性更鲜明的音色。另外，由于金属本身的色泽和质感更符合目前主流的审美取向，且金属音箱也会让人感觉非常高档，所以很多小体积的便携音箱采用了金属材质。

音箱的材质种类繁多，各有利弊，在选购时需要关注的还是其产品质量的稳定性，以及用户自身对音箱听感的喜好。需要注意的是，要在相同的环境下进行现场试听。

2.7 稳定之源——机箱和电源

机箱是计算机主机的外壳，其功能是为电源、主板、各种扩充卡、硬盘等设备提供安装空间，并为这些设备提供防压、防冲击、防尘及屏蔽电磁辐射等保护。电源是计算机的能量来源，为计算机主机所有部件供电。机箱和电源是否稳定，直接影响计算机的工作状况和使用寿命。

2.7.1 机箱简介

机箱一般包括外壳、支架、面板上的各种开关、指示灯等组成部分，其中外壳主要由钢料、玻璃、塑料结合制成，支架主要用于固定主板、电源和各种驱动器。

机箱一般按照机箱结构、支持的主板类型进行分类，一般分为E-ATX机箱、ATX机箱、M-ATX机箱、ITX机箱。

1. E-ATX 机箱

E-ATX 机箱尺寸最大，属于加大型机箱，几乎可以支持所有的主板（E-ATX 主板、ATX 主板、M-ATX 主板、ITX 主板），一般用于配置较高的计算机，具有丰富的接口和良好的扩展性，散热性能好，对应机箱尺寸是全塔机箱。

2. ATX 机箱

ATX 机箱是目前应用最为广泛的计算机机箱，是标准机箱，支持 ATX 主板、M-ATX 主板、ITX 主板。ATX 机箱和 E-ATX 机箱一样，具有丰富的接口和良好的扩展性，对应机箱尺寸是中塔机箱。

3. M-ATX 机箱

M-ATX 机箱是 ATX 机箱的缩小版，也称紧凑型机箱，支持 M-ATX 主板、ITX 主板。如果设计合理，则 M-ATX 机箱也可以装下 ATX 主板，对应机箱尺寸是小型机箱。

4. ITX 机箱

ITX 机箱是迷你机箱，一般用来安装 ITX 主板，具有小巧美观的特点，一般用于配置要求不是很高，追求桌面整洁等场景。

可以看出机箱支持主板的尺寸是向下兼容的，一般来说大机箱可以装小板子，反过来则不能安装。

2.7.2 机箱的主要性能参数

机箱质量的好坏在很大程度上决定了计算机性能的稳定性。机箱的质量主要从散热性能、做工和用料，以及扩展性等方面进行判断。

1. 散热性能

计算机在工作时，各个配件都会产生热量，如果热量不能有效散出，则不仅会影响主机的稳定性，还会损坏 CPU、主板和硬盘等。机箱的散热性能主要体现在散热风道的设计方面，一般有风冷散热和水冷散热两种散热形式，现在很多机箱可以有机结合风冷散热和水冷散热。

2. 做工和用料

做工和用料是机箱质量好坏的关键。一般来说机箱材质有钢、铝、有机玻璃、塑料等。全钢机箱就是机箱除少数塑料材质外都使用钢板制造，此类机箱较为常见。为了配合机箱、显卡等部件的发光效果，现在很多机箱都采用侧透或全透设计，低端机箱侧板会采用钢和塑料（亚克力），高端机箱则采用铝和有机玻璃，两者都有很好的质感，并且时尚美观。

3. 可安装硬盘的数量

可安装硬盘的数量一般指可支持的机械硬盘（HDD，3.5 英寸）和固态硬盘（SSD，2.5 英寸）的个数，常见的 ATX 机箱至少可以支持 2 个 HDD 和 2 个 SSD。

4. 支持显卡的长度

如果需要安装独立显卡，则要注意机箱支持的显卡长度。一般来说，显卡是横着插在主板上的，当然也有特殊情况。安装显卡后，还要注意散热问题。

5. 支持 CPU 散热器的高度

大多数机箱带有侧面吹风的风扇，CPU 表面到机箱侧面板的高度将决定散热器能否装下，所以要注意查看支持 CPU 散热器的高度。

为了便于更好地了解机箱的一些参数，下面以一台入门级机箱——爱国者炫影（见图 2.24）为例来介绍其主要参数。

图 2.24　爱国者炫影机箱

爱国者炫影机箱的主要性能参数：

机箱类型：ATX 机箱（中塔）　　整机尺寸：440mm×190mm×450mm
机箱材质：SPCC（冷轧碳钢薄板及钢带，0.5mm）+ 钢化玻璃 + 亚克力
电源设计：下置电源　　电源限长（不含线材）：160mm
主板兼容：ATX/M-ATX　　PCI 扩展槽：7pcs
HDD 位：2 个　　SSD 位：3 个
显卡限长：380mm　　CPU 散热器限高：158mm
水冷位：前置：240mm　　风扇位：前置：3×120mm（标配）
　　　　后置：120mm　　　　　　后置：1×120mm（不标配）
面板接口：USB3.0×1，USB2.0×2，耳机接口 ×1，麦克风接口 ×1，硬盘指示灯 ×1

2.7.3 电源简介

计算机电源是一种安装在主机箱内的封闭式独立部件，其作用是利用开关电源变压器将220V 的交流电转换为 5V、-5V、12V、-12V、3.3V 等稳定的直流电，以供主板、硬盘及各种适配器等部件使用。

计算机电源属于开关电源，由输入电网滤波器、输入整流滤波器、变换器、输出整流滤波器、控制电路、保护电路 6 部分组成。

电源与机箱一样，根据不同规格，可以分为 ATX 标准电源、SFX 小型电源、SFX-L 电源和 TFX 电源。ATX 标准电源是目前最常用的电源；SFX 小型电源是为了和 M-ATX 主板配套使用而研发的电源，SFX 小型电源的输出标准和 ATX 标准电源的输出标准一样；SFX-L 电源的尺寸介于 ATX 标准电源和 SFX 小型电源之间；TFX 电源是更为小型的电源，一般呈长方形。

电源还可分为全模组电源、半模组电源和非模组电源。在一般情况下，全模组电源较贵，其次是半模组电源，非模组电源最便宜。实际上无论哪一种电源，其本身的质量是一样的，主要区别是电源的输出接口。全模组电源的所有输出接口和电源是分离的，可拆卸，需要用哪个输出接口就接哪根线，不仅扩展性好，走线也很漂亮。半模组电源是指 CPU、主板接口的线材是固定的，其他接口是可拆卸的。非模组电源的所有接口都是固定的，一般会预留一些常用的接口，线材容易堆在一起，走线不美观。非模组电源经济实惠，可以满足一般用户的需求。喜欢 DIY、追求美观、具有更好的扩展性需求的用户可以选择半模组电源和全模组电源。

2.7.4 电源的主要性能参数

一般可以从以下几个方面判断电源的好坏。

1. 安全认证

电源质量至关重要，我们可以通过电源铭牌上的安全认证，更好地区分电源的品质。3C 认证是中国强制性产品认证，大多数电源都要具有 3C 认证。80Plus 认证是美国能源信息署出台的认证，是转换效率的标示，一般会标注“GOLD”“BRONZE”“SILVER”，分别表示电源级别是金牌、铜牌、银牌。除此之外还有 ROHS、CE、CB、FCC、UL 等认证。电源具有相关认证表示其在生产过程、电磁干扰、安全保护等方面符合标准。

2. 电源转换效率

电源转换效率是指电源各组直流电输出功率的总和与输入交流电功率的比值，该值越大，电源性能越好。电源其实就是交流电转为直流电的变压器，电流在转换过程中肯定会有所损耗，转换效率表示的就是电源实际使用的情况。根据转换效率不同，电源可分为金牌（>90%）、银牌（>88%）、铜牌（>85%）和白牌（>80%）等。建议选择铜牌以上的电源。

3. 额定功率和最大功率

电源的额定功率，是指电源可以在该功率下长时间稳定工作。最大功率是指电源能安全稳定工作的最大输出功率。根据计算机的配置、能耗，在选购电源时一般要考虑电源的额定功率。考虑到以后升级等因素，额定功率的选择要留有余量。

4. 宽幅和温控

宽幅电源的输出范围更大，对电源的适应能力相对较强，适合在电源不稳定的地方使用。普通电源适应能力较弱，在电源不稳定时，容易造成设备损坏。电源支持温控是指通过温度感应器对电源风扇的转速进行控制，具有散热静音的作用，良好的散热可以延长电源的使用寿命。

电源还有防电磁干扰、质保期、接口数量等参数。下面以鑫谷 GP750G 全模爱国版电源（见图 2.25）为例，对电源的主要参数进行说明。

图 2.25　鑫谷 GP750G 全模爱国版电源

鑫谷 GP750G 全模爱国版电源的主要性能参数：

电源类型：台式机电源	尺寸：160mm×150mm×85mm
PFC 类型：主动式 PFC	交流输入电压 / 电流：100 ～ 240V/12 ～ 6A 宽幅
出线类型：全模组电源	安全认证：CCC 认证
额定功率：650W	最大功率：750W
风扇：14cm 液压轴承风扇	支持温控：自带 AI Cooler 智能温控
转换效率：金牌 92%	主板供电接口：20+4 PIN 1 个
CPU12V 供电接口：4+4PIN 2 个	PCI-E 接口：6+2 PIN 2 个
D 型 4PIN 接口：3 个	SATA 接口：8 个
质保期：5 年	

2.7.5　机箱和电源的选购技巧

目前市场上机箱、电源种类很多，有独立的机箱、电源，也有直接标配电源的机箱，用户在购买机箱、电源时要根据计算机的实际配置来选择。本书以单独购买机箱和电源为例，来讲解机箱和电源的选购技巧。

在购买机箱时，主要考虑如下几点。

机箱的尺寸、材质、散热系统、硬盘位个数、支持的显卡长度、CPU 散热器限高、面板接口、静音效果、防尘效果、外观等。

在购买电源时，主要考虑如下几点。

购买正规品牌的电源，谨防买到“山寨货”。注意查看电源的外壳、铭牌、线材及电源内部的元器件，以保证所选电源是合格产品。认真查看电源的认证信息、转换效率、是否支持宽幅和温控、输出接口数量及质保期等信息。关于电源的额定功率，在选购电源时尽量选择额定功率大的电源。

机箱的常见品牌有爱国者、航嘉、先马、金河田、鑫谷等。

电源的常见品牌有长城、鑫谷、游戏悍将、航嘉、先马等。

2.8 外部世界——I/O 设备

I/O 设备（输入 / 输出设备，Input/Output）是计算机系统的重要组成部分。输入设备主要用于向计算机输入命令、数据、文本、声音、图像和视频等信息；输出设备主要用于将数字信号转换为光信号或电信号，将图文、音频等信息显示出来。

2.8.1 输入设备

常见的输入设备有键盘、鼠标、触摸屏、扫描仪和数码相机等。

键盘是计算机最常用、最主要的输入设备，用户通过键盘可以将字母、数字、标点符号等输入计算机，从而向计算机发出命令。常见的键盘是电容式键盘，其击键声音小，无触点，不存在磨损和接触不良等问题，寿命较长，手感好。除电容式键盘外，还有机械键盘。机械键盘比较有质感，有的还具有灯光效果。键盘接口一般有 PS/2、USB、无线等。

鼠标能使屏幕上的鼠标指针准确地定位在指定的位置，并通过按键进行各种操作，是计算机的主要输入设备之一。现在流行的鼠标主要是光电鼠标。鼠标接口一般有 PS/2、USB、无线等。

触摸屏兼具鼠标和键盘的功能，是目前最简单、方便、自然的一种人机交互方式，得到了广泛应用。触摸屏的基本原理是用手指或其他物体触摸触摸屏，通过触摸屏控制器检测、确认输入的信息。

扫描仪是一种将原稿影像输入计算机的输入设备。按结构来分，扫描仪可以分为手持式

扫描仪、平板式扫描仪、胶片专用扫描仪和滚筒式扫描仪。手持式扫描仪只适用于原稿较小的场景，胶片专用扫描仪和滚筒式扫描仪适用于高分辨率的专业印刷排版场景，平板式扫描仪一般是家用办公场景选用的扫描仪。扫描仪的性能指标主要包括光学分辨率、色彩位数、扫描幅面和与主机的接口。

数码相机是一种重要的图像输入设备，可以将照片直接以数字形式记录下来。数码相机的成像芯片主要有CCD和CMOS，存储芯片有SM卡、CF卡、Memory Stick（记忆棒）、SD（mini SD）卡等。目前数码相机的结构已日趋完善，功能趋于多样化，不仅可以拍照、录音录像，有些数码相机还具有 Wi-Fi 功能。

部分输入设备如图 2.26 所示。

图 2.26　部分输入设备

2.8.2　输出设备

常见的输出设备有显示屏、打印机等。

显示屏是计算机必不可少的图文输出设备，用于将数字信号转换为光信号，将文字和图形在屏幕上显示出来。

打印机是计算机的一种主要输出设备，能把程序、数据、字符、图形打印到纸上。目前使用较广的打印机有针式打印机、激光打印机和喷墨打印机。

针式打印机是一种击打式打印机，主要特点是多层套打，一般用在金融、超市等场所。激光打印机是激光技术和复印技术相结合的产物，分为黑白和彩色两种。其中，黑白打印机价格适中，是办公家用的首选；而彩色打印机价格高，适合专业用户。喷墨打印机的优点是能高效、经济地输出彩色图像。

打印机的主要性能指标有打印精度、打印速度、色彩位数和打印成本等。

近几年出现了一种 3D 打印机，是一种以数字模型文件为基础，运用粉末状金属或塑料等可黏合材料，通过逐层打印的方式来构造物体的技术。目前 3D 打印技术主要有熔融沉积技术、选择性激光烧结技术和立体平版印刷技术。随着 3D 打印技术的成熟，其价格逐渐下降。在不久的将来，3D 打印机将得到普及。

部分输出设备如图 2.27 所示。

图 2.27　部分输出设备

2.8.3　I/O 设备的接口

计算机可以连接许多不同种类的 I/O 设备，其 I/O 接口可以分为多种类型。从数据传输方式来看，I/O 接口有串行和并行之分。从数据传输速率来看，I/O 接口有低速和高速之分。从是否能连接多个设备来看，I/O 接口有总线式和独占式之分。从是否符合标准来看，I/O 接口有标准接口和专用接口之分。

计算机常用的 I/O 接口如图 2.28 所示。

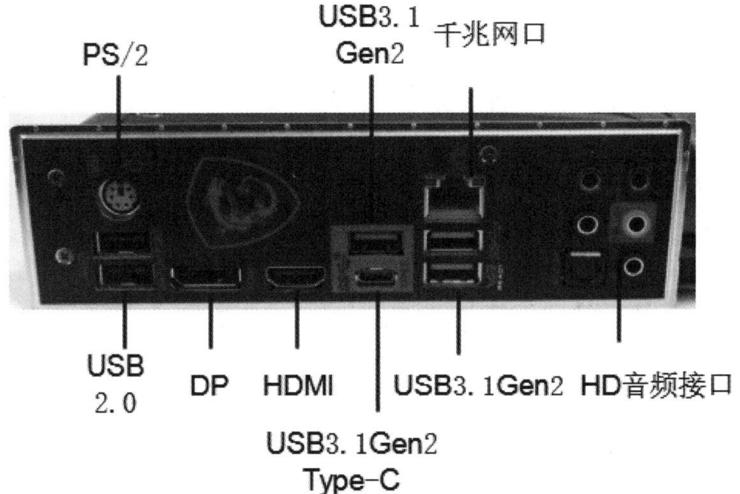

图 2.28　计算机常用的 I/O 接口

计算机常用的 I/O 接口的特性如表 2.3 所示。

表 2.3　计算机常用的 I/O 接口的特性

名　称	传输方式	数据传输速率	插头 / 插座形式	连接设备数 / 个	连接的设备
PS/2	串行，双向	低速	圆形 6 针	1	鼠标、键盘
USB（2.0）	串行，双向	480Mbit/s（高速）	矩形 4 线	最多 127	几乎所有 I/O 设备

续表

名　称	传输方式	数据传输速率	插头 / 插座形式	连接设备数 / 个	连接的设备
USB（3.0）	串行，双向	5Gbit/s（超高速）	矩形 8 线	最多 127	几乎所有 I/O 设备
USB（3.1）	串行，双向	10Gbit/s（超高速）	矩形 8 线	最多 127	几乎所有 I/O 设备
IEEE 1394	串行，双向	100Mbit/s，200Mbit/s，400Mbit/s	矩形 6 线	最多 63	数字视频设备、光驱、硬盘
SATA 3.0	串行，双向	1.5Gbit/s、3Gbit/s、6Gbit/s	7 针插头 / 插座	1	硬盘、光盘
显示屏接口 VGA	并行，单向	传输模拟信号	HDB15	1	显示屏
显示屏接口 DVI	并行，单向	3.7/7.6Gbit/s	24 针插座	1	显示屏
HDMI（高清晰多媒体）接口	并行，单向	10.2Gbit/s	19 针插座	1	显示屏、电视机
DP（高清数字显示）接口	并行，双向	32.4Gbit/s	20 针	1	显示屏、电视机

2.8.4 I/O 设备的选购技巧

1. 键盘

键盘是最重要的输入设备，购买时要先考虑耐磨性，键盘按键上的字符应当是使用激光刻上去的。然后要考虑键盘的外观，键盘的外观应当符合人体工学，以减少操作过程中产生的疲劳。另外，还要考虑键盘的手感和接口等。一般购买正规品牌产品即可，如罗技、雷柏、双飞燕等。

2. 鼠标

鼠标是在计算机使用过程中操作最频繁的部件之一，也是用户体验最明显的部件，因此选购一款手感舒适、贴合手掌、材质适合的鼠标是非常有必要的。一般购买正规品牌产品即可，如罗技、雷柏、双飞燕等。

选购 I/O 设备一般不像选购 CPU、主板、显卡和硬盘那样要考虑多项性能参数，但是 I/O 设备在用户使用体验方面非常重要，所以选购 I/O 设备时需要注意以下几点。

（1）选购品牌商家的产品。

品牌商家一般是行业的领导者，它们具有领先的技术，产品质量也比较可靠，因此尽量购买正规品牌的产品。

（2）服务保证。

良好的售后服务可以解决后顾之忧，一般质保期是由厂商自行规定的，应尽量选择质保期长的产品。

（3）外观要协调。

所选产品应该符合人体工学的要求，以用户的最佳体验为准，以减少操作过程中产生的各种不便。

微课视频

2.9 组装计算机流程

前面8小节对计算机的各个部件的结构性能、选购技巧等内容进行了介绍，接下来将介绍如何将这些硬件组装在一起，使其成为能够正常工作的计算机。当需要对计算机进行组装时，应能够快速确定组装顺序，并快速安全组装计算机。

组装计算机前要先做好组装计算机的准备工作，包括组装计算机的环境、工具及注意事项等，掌握计算机各个配件的组装过程。本节将介绍组装计算机的完整流程，以及各个硬件之间的连接方式等相关知识。

2.9.1 组装计算机准备工作

组装计算机是一项细致而严谨的工作，在组装计算机之前不仅要了解各个硬件的特点，还要做好充足的准备工作。

现在市场上已经出现了免工具拆装的机箱，这种机箱的组装拆解非常方便，但是本书中还是以常用的普通计算机为实践对象。一般常用的工具有螺丝刀（学名为螺钉旋具）、尖嘴钳、镊子、防静电手套、毛刷、导热硅脂等。

1. 螺丝刀

一般选用的螺丝刀是十字的中号螺丝刀，我们还可以准备一个一字的螺丝刀，螺丝刀的手柄长度要适中。尽量选用带有磁性的螺丝刀，以便固定螺钉。

2. 尖嘴钳

尖嘴钳主要用来拧开一些比较紧的螺钉，以及拆解机箱上的各种挡板、挡片，以防直接用手拆解划伤皮肤。

3. 镊子

镊子主要用来夹取小螺钉及小零件，当小螺钉不小心掉到主板上时，最好用镊子取出。在插拔主板或者硬盘上的跳线时也需要用到镊子。

4. 防静电手套

在徒手操作时，手上的静电容易击穿芯片，所以在操作时，尤其是安装一些高配置的配件时，最好带上防静电手套。

5. 毛刷

当组装带有灰尘的主机时，可以使用毛刷清理主板和结构板卡，尤其是元器件的缝隙处的灰尘，以避免损坏元器件。

6. 导热硅脂

导热硅脂是安装CPU时用到的物品，将其涂在CPU上，以填充CPU与散热器之间的缝隙，帮助CPU更好地散热。

组装计算机常用的工具如图2.29所示。

图2.29　组装计算机常用的工具

除了准备以上这些工具，还需要清点各个硬件。准备一个多功能的电源插座，要求电源插座质量上乘。准备一个用来装安装时用到的小螺钉或小零件的器皿，以防零件丢失。组装计算机还需要一个工作台，要求工作台面积足够大，并且高度适中，在组装计算机时将其放在干净整洁的室内。

2.9.2　组装计算机的注意事项

组装计算机是一项比较细致的工作，任何不当或者错误的操作都可能导致组装后的计算机无法正常工作，严重的还有可能损坏硬件，因此，在组装计算机之前要了解组装计算机的注意事项。

（1）防止静电：在干燥的环境中，衣物等物品的摩擦很容易产生静电。静电可能会给计算机设备带来严重的后果，所以组装计算机前要通过用手触摸地板或者洗手来释放身上携带的静电。

（2）防止液体进入：在组装计算机时严禁将液体洒在操作平台上，一旦液体落到计算机元器件上，就会对元器件造成不可修复的损坏。

（3）在组装计算机之前先清点各个硬件：确认需要的硬件完整，未使用的硬件需要放在防静电包内。

（4）注意轻拿轻放，妥善保管各个硬件，以免损坏硬件。必须遵循正确的组装方法组装计算机，严禁强行安装，对于不熟悉或者有疑惑的地方要仔细阅读说明书后再安装。

（5）在组装计算机时，建议先安装必要的设备，如主板、CPU、内存、硬盘等，待确认必要设备安装没有问题后再安装其他设备。

（6）在组装计算机时不要连接电源线，通电后不要触碰机箱内的部件。

（7）在组装计算机时要先制定一个安装流程，明确每一步工作，提高组装的效率。流程不是唯一的，下面介绍的流程为常见的计算机组装流程。

2.9.3 安装 CPU 和 CPU 风扇

CPU 是计算机的核心部件，在组装计算机时，其通常是第一个安装的部件。因为 CPU 的散热非常重要，所以需要配套安装 CPU 风扇。

1. 安装 CPU

安装 CPU 的流程如下（见图 2.30）。

（1）首先在工作台上放置一块主板保护垫，保护主板上的元器件不会受到伤害。

（2）将主板放置在主板保护垫上。

（3）拉起主板上 CPU 插槽旁的压力杆，使其成 90°。

（4）取出 CPU，对准主板上的三角标志，将 CPU 安装到主板的 CPU 插槽上。在安装时注意使 CPU 与主板上的 CPU 插槽底座上的针脚接口相对应。

（5）轻压 CPU 两端，注意用力均衡，确认针脚已经全部没入插孔，使 CPU 安装到位。

（6）放下底座旁的压力杆，在听到“咔”的一声轻响后表示已经卡紧，CPU 安装完毕。

2. 安装 CPU 风扇

安装 CPU 风扇的流程如下（见图 2.31）。

（1）在 CPU 表面涂上一层薄薄的导热硅脂，注意涂得越薄越好。如果 CPU 是新的，则不需要涂导热硅脂，因为其在出厂时已经涂好了。

（2）将 CPU 风扇取出，与主板上的支撑底座对准。

（3）把 CPU 风扇固定好，先固定 4 个螺钉，保证 4 个螺钉都和主板底座连接，再依次旋紧 4 个螺钉。确保散热器与 CPU 紧密接触。

（4）将 CPU 风扇的电源接头插入主板 CPU 插座旁的 3 针插口上。

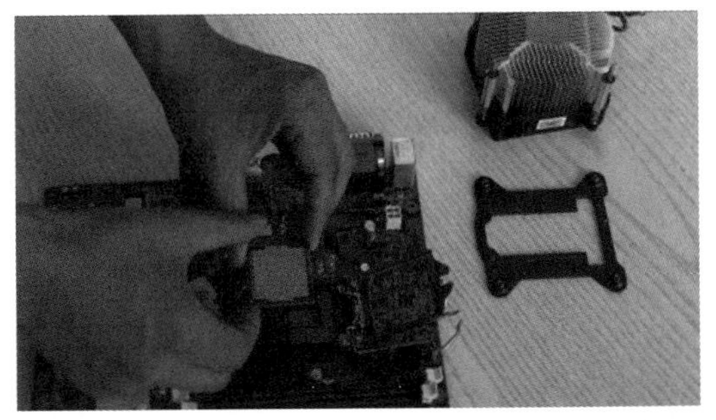

图 2.30 安装 CPU

图 2.31 安装 CPU 风扇

2.9.4 安装内存

安装内存的流程如下（见图 2.32）。

（1）主板上一般配有 2 ～ 4 条内存插槽，如果只有一根内存，那么自行选择一条内存插槽插入即可。如果有两根内存需要插入，则需将内存插入与之颜色相同的内存插槽。

（2）将需要安装内存的内存插槽两侧的保险栓（夹脚）向外侧扳动，打开双通道功能，以提高系统性能。

（3）取出内存，将内存金手指上的缺口对准内存插槽内的凸起。

（4）两手放在内存的两端，轻轻地用力均衡地向下压，将内存插到内存插槽内，当压到适当位置时内存插槽两端的保险栓会自动卡住内存。

图 2.32　安装内存

2.9.5　安装主板

安装主板是将主板固定在机箱内，其安装流程如下（见图 2.33）。

（1）先将机箱背面的 I/O 接口区域的挡板拆卸下来，更换为和主板配套的接口挡板，并观察主板上螺钉孔的位置。

（2）在机箱内相应的位置安装主板铜柱底座，并将其拧紧。

（4）依次检查各个铜柱是否安装完好。

（5）将主板放入机箱内，并将主板上的螺钉孔对准铜柱。

（6）将主板固定在机箱内，采用对角固定的方式安装螺钉。不要一次将螺钉拧紧，应在主板固定到位后再依次拧紧各个螺钉。

图 2.33　安装主板

2.9.6 安装电源

电源的安装流程如下（见图 2.34）。

（1）取出电源，将电源放置到机箱内，注意电源应放在机箱的电源仓位，电源的风扇口应朝向机箱外侧。

（2）依次用 4 个螺钉将电源固定在机箱的后面板上。注意先用螺钉固定电源，不要直接拧紧螺钉。固定好电源后，再依次将所有螺钉拧紧。

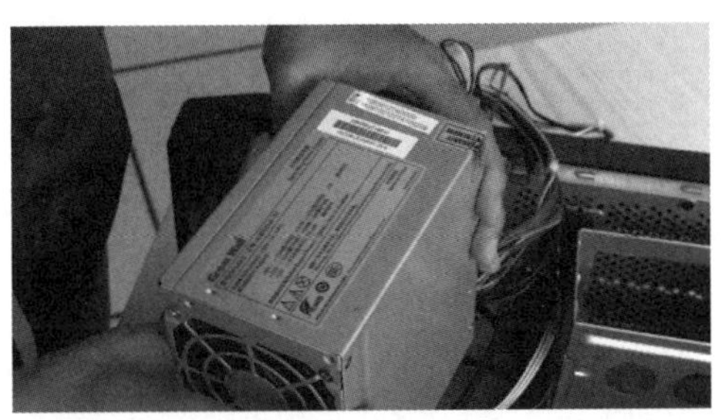

图 2.34 安装电源

2.9.7 安装硬盘、光驱

1. 安装硬盘

安装硬盘的流程如下。

（1）取出硬盘，将硬盘放置到机箱的驱动器支架内，注意要使带有电路板的一面向下，侧面要对准螺钉孔。先用螺钉轻拧固定硬盘，再逐一将螺钉拧紧。本书采用的是塑料托架滑插，无须使用螺钉，只要卡到位即可。

（2）将硬盘数据连接线和电源连接线插好。其中，SATA 数据线的另一端要连到主板的 SATA 接口上（见图 2.35）。一般主机会提供多个硬盘仓位，固态硬盘的安装方法与此类似。

图 2.35 安装硬盘

2. 安装光驱

光驱的安装流程如下。

（1）将机箱正面待安装光驱部位的挡板取下。

（2）将光驱推入机箱光驱的支架内。光驱侧面对准螺钉口，先用螺钉固定光驱，再逐一拧紧螺钉。

（3）将光驱数据连接线和电源连接线插好。其中，SATA 数据线的另一端要连到主板的 SATA 接口上。

2.9.8 安装显卡

当计算机有独立显卡时，需要进行显卡的安装，其安装流程如下（见图 2.36）。

（1）将 PCI-Ex16 插槽与机箱后面对应的挡板取下。

（2）打开主板背面的卡栓，取出显卡，用手轻拿显卡两端，对准主板上的显卡插槽，用点力向下轻按，确保插到位。

（3）将卡栓放下，扣压到位，固定显卡。

图 2.36 安装显卡

2.9.9 安装机箱内部的连接线

机箱内部的连接线的安装流程如下（见图 2.37）。

（1）仔细阅读主板说明书，找到 PC 喇叭信号线、机箱电源指示灯信号线、主机启动信号线、前置 USB 接口线等引出线的位置。

（2）将 PC 喇叭信号线、机箱电源指示灯信号线、主机启动信号线、前置 USB 接口线等引出线连接到主板的相应位置。注意，机箱引出线的连接非常重要，不可接错。

（3）检查 CPU、CPU 风扇、硬盘、显卡等部件的电源线、数据线，确认其是否安装到位。

（4）整理机箱的电源线、数据线及其他信号线，将这些线分类整理好，用扎带捆绑，为方便散热，以及后期部件的添加和拆卸，应将其固定在机箱的合适位置。

图 2.37　安装连接线

2.9.10　安装 I/O 设备

I/O 设备的安装流程如下。

（1）连接鼠标和键盘。

首先查看鼠标、键盘接口的类型，如果是 USB 接口，则直接将鼠标、键盘接口插到主机背面的USB接口上即可。如果鼠标、键盘的接口是PS/2接口，那么其中绿色的接口是鼠标接口，紫色的接口是键盘接口；也可能是一半绿色一半紫色的键鼠合用接口，对应针脚，插入即可（见图 2.38）。

（2）连接显示屏。

一般显示屏接口有 VGA 接口、DVI 接口、HDMI 接口、DP 接口等。先查看接口类型，连接时注意方向性，如果是 VGA 接口、DVI 接口，则要注意针脚对应，上下轮流拧紧即可。需要注意的是，要查看是否有独立显卡，有独立显卡的显示屏的接口要与独立显卡的接口连接（见图 2.39）。

（3）连接音箱。

一般只要将音箱的输入接口插入主机背面的绿色插孔中即可。

（4）其他 I/O 设备的连接。

在连接打印机、扫描仪、投影仪等 I/O 设备时，连接方式和上述各个部件相似，参考说明书连接即可。

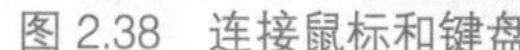

图 2.38　连接鼠标和键盘

图 2.39　连接显示屏

（5）连接网线。

如果通过双绞线上网，则需要将网线插入 RJ-45 接口中。

（6）连接电源。

将电源线的一端插入主机箱后面的电源接口，另一端连接到拖线板上即可。

2.9.11　检查测试

完成上述安装流程后，一台计算机就组装完成了，首先要检查连接线及硬件安装，确保各个硬件安装到位，连接线连接正确。

然后接通电源，开机进行测试。加电后，计算机会进行加电自检，如果听到“嘀”的一声，则说明计算机硬件启动正常。如果计算机启动后没有任何反应，则说明在组装过程中存在错误，需要断开电源，进行检查。

单 元 测 试

一、选择题

1．（　　）部件是计算机的核心，负责处理、运算计算机内部的所有数据。

A．主板　　B．CPU　　C．内存　　D．显卡

2．CPU 的主要性能参数有（　　）。（多选题）

A．主频　　B．缓存　　C．核心数　　D．制作工艺

3．内存的发展已经经历了五代产品，现在普遍使用的是（　　）。

A．DDR　　B．DDR2　　C．DDR3　　D．DDR4

4．内存的主要性能参数有（　　）。（多选题）

A．内存主频　　B．容量　　C．工作电压　　D．延迟时间

5．主板的（　　）是主板的核心组成部分，是主板的灵魂，承担着各个部件互连互通的枢纽作用。

A．芯片组　　B．BIOS　　C．CMOS　　D．CPU

6．固态硬盘常见的接口有（　　）。（多选题）

A．SATA3.0　　B．M.2　　C．PCI-E　　D．USB

7．显卡目前最为常用的输出接口有（　　）。（多选题）

A．VGA　　B．DVI　　C．HDMI　　D．DP

8．USB 3.1 的数据传输速率达到（　　）。

A．1.25Gbit/s　　B．60Mbit/s　　C．400Mbit/s　　D．1000Mbit/s

9．计算机的（　　）是计算机和外部进行信息交换的设备。

A．中央处理器　　B．主板　　C．I/O 设备　　D．存储器

10．下列能将计算机中的显卡、声卡和网卡集成在一起的是（　　）。

A．微处理器　　B．硬盘　　C．主板　　D．内存

二、填空题

1．常见的计算机部件有__________、__________、__________、__________、__________等。

2．全球两大 CPU 生产厂商是__________和__________。

3．以 Intel 公司的 CPU 产品为例进行说明，CPU 的发展历程可以分为三个时代，分别是__________、__________、__________。

4．在计算机故障中，开机不显示、自动重启、鸣叫等故障一般来说是由__________故障引起的。

5．主板上有两个不起眼的芯片，却起着非常重要的作用，它们是__________和__________。

6．越来越多的用户在购买硬盘时选择读取速度更快的__________。

7．显卡有__________显卡和__________显卡两种。

8．在拆装计算机的元器件前，应该释放掉手上的__________。

9．安装 CPU 时涂抹硅脂是为了__________。

10．计算机组装完成后，在带电检查之前必须先检查__________。

三、简答题

1．简述 CPU 的选购技巧。

2．简述内存故障的排除方法。

3．简述 BIOS 与 CMOS 的关系。

4．简述组装计算机的注意事项。

5．简述计算机的组装流程。

第三章　系统设置与操作系统的安装

3.1　BIOS

3.1.1　BIOS 的概念

BIOS（Basic Input Output System）（见图 3.1）是计算机的基本输入 / 输出系统，保存着与计算机系统有关的最重要的基本输入 / 输出程序，如系统初始化程序、开机加电自检程序和系统启动自举程序等，这些内容集成在计算机主板上的一个 ROM 芯片上。

图 3.1　BIOS 芯片

开机加电自检程序的功能是检查计算机是否良好，如内存有无故障等。系统初始化程序的功能是创建中断向量、设置寄存器、对一些 I/O 设备进行初始化和检测等。系统启动自举程序的功能是引导 DOS 或其他操作系统，BIOS 先从软盘或硬盘的开始扇区读取引导设备记录，如果没有找到引导设备记录，则会在显示屏上显示没有引导设备；如果找到了引导设备记录，则会把计算机的控制权转给引导设备记录，由引导设备记录把操作系统装入计算机。

3.1.2　BIOS 的历史

BIOS 技术源于 IBM PC/AT 机器的流行以及由康柏公司研制生产的第一台“克隆”计算机。

在计算机的启动过程中，BIOS 担负着初始化硬件、检测硬件功能、启动操作系统的职责。早期 BIOS 还会为操作系统及应用程序（尤其是 DOS 和 Windows 9 等操作系统）提供一套计算机运行时的服务程序。BIOS 的内容存放在一个断电后内容不会丢失的只读存储器（ROM）中。在系统过电或被重置（Reset）时，处理器处理的第一条指令的地址会被定位到存放 BIOS 内容的只读存储器中，让初始化程序开始运行（对于 Windows x86 平台而言，UEFI BIOS 并不是引导时第一个被处理器运行的程序）。Intel 公司于 2000 年开发出可扩展固件接口（Extensible Firmware Interface）。支持 EFI 规范的 BIOS 又被称为 EFI BIOS。之后为了推广 EFI，多家著名的公司共同成立了统一可扩展固件接口论坛（UEFI Forum）。Intel 公司提出的 EFI 1.1 规范被用来制定新的国际标准 UEFI 规范。2011 年以后 UEFI 已在个人计算机上得到普及。

当计算机的电源打开时，BIOS 就会从主板上的 ROM 开始运行，并将芯片组和存储器子系统初始化。BIOS 会把自己从 ROM 中，解压到系统的主存中，并开始运行。计算机的 BIOS 具有诊断功能，用来保证某些重要硬件组件（如键盘、磁盘、I/O 接口等）可以正常运作且正确地初始化。几乎所有 BIOS 都可以选择性地运行 CMOS 芯片设置程序，即保存 BIOS 会访问的用户自定义设置数据（时间、日期、硬盘细节等）。

如今的 BIOS 可以让用户选择由哪个设备启动计算机，如光盘驱动器、硬盘、软盘、U 盘等。这项功能对于安装操作系统、以 U 盘启动计算机及改变计算机找寻引导媒体的顺序特别有用。

有些 BIOS 允许用户选择要加载哪个操作系统（如从第二块硬盘加载其他操作系统），虽然这项功能通常是由第二阶段的引导程序（Boot Loader）来处理的。

由于 BIOS 与硬件系统集成在一起（BIOS 程序指令刻录在 IC 中），所以有时候也将 BIOS 称为固件。1990 年左右，BIOS 是保存在 ROM（只读存储器）中无法被修改的。随着 BIOS 的大小和复杂程度的增加，硬件更新速度的加快，BIOS 需要不断更新以支持新硬件。因此 BIOS 改为存储在 EEPROM 或者闪存中，以便用户更新 BIOS。然而，不适当的运行或是终止 BIOS 更新可能会导致计算机或是设备无法使用。为了避免 BIOS 损坏，有些主板有备份的 BIOS（双 BIOS 主板）。有些 BIOS 有启动区块（Boot Block），启动区块属于只读存储器的一部分，一开始就会被运行且无法被更新。启动区块会在运行 BIOS 前，验证 BIOS 其他部分是否正确无误（经由检查码、杂凑码等）。如果启动区块侦测到主要的 BIOS 已损坏，则会通过软盘驱动器等设备启动计算机，从而让用户修复或更新 BIOS。一部分主板在确定 BIOS 已损坏后会自动搜索软盘驱动器等设备，以确定是否有完整的 BIOS 文件，此时用户可以插入存储 BIOS 文件的软盘（如由网上下载的新版 BIOS 文件或自行备份的 BIOS 文件）。启动区块会在找到软盘中存储的 BIOS 文件，并自动尝试更新 BIOS，希望以此修复已损坏的部分。硬件制造厂商经常通过升级 BIOS 来更新他们的产品和修正已知的问题。

3.1.3 BIOS 与 CMOS

CMOS 是计算机上的一个重要的存储器，之所以提到它是因为 BIOS 的设置结果被保存

在 CMOS 中。而且，在 BIOS 程序引导计算机启动后，计算机需要载入 CMOS 中的用户信息和常规设置后才能正常使用。UEFI 系统则多用 NVRAM 存储设置。

二者的区别是，BIOS 存储在只读记忆体（EEPROM）中，CMOS 存储在随机存储器（RAM）中；BIOS 中存储的是程序，CMOS 中存储的是普通信息。

EEPROM 即我们常用的 U 盘和各类存储卡，我们可以对其进行更新，其中的内容能在断电后保存。

CMOS 中的内容在断电后会消失，把主板的电池拆下，便可重置其内容。另外，拆下电池也会重置时间。

3.1.4 BIOS 的分类

BIOS 按照制造厂商的不同可以分为 AMI BIOS、Award BIOS 和 Phoenix BIOS。AMI BIOS：开机后按 Del 或 Esc 键进入。Award BIOS：开机后按 Del 键进入。Phoenix BIOS：开机后按 F2 键进入。

早期的 286、386 采用的是 AMI BIOS，它对各种软件和硬件的适应性都很好，能保证系统性能的稳定。到 20 世纪 90 年代后，绿色节能计算机开始普及，由于 AMI 没有及时推出新版本的 BIOS 来适应市场，所以 Award BIOS 占领了“半壁江山”。如今 AMI 仍有非常不错的表现，新推出的版本依然有强劲的功能。AMI 至今仍供给着 55% 的 OEM 厂商，在各种硬件设备 BIOS、RAID 控制卡等 ROM 技术上提供了支持与协助。其客户厂商有美国惠普 HP（Hewlett-Packard）、戴尔计算机（DELL Computer）、Gateway、NEC、Unisys 等，一些主板厂商有技嘉、微星、鑫明 / 精英、浩鑫第，以及笔记本电脑的厂商如华硕等。

图 3.2 为 AMI BIOS。

图 3.2 AMI BIOS

Award BIOS 已有悠久的历史了，在 AMI 称霸计算机主板时就可以看见 Award BIOS 的倩影了。现在的台式机主板 BIOS 可以说是 Award 的天下。

图 3.3 为 Award BIOS。

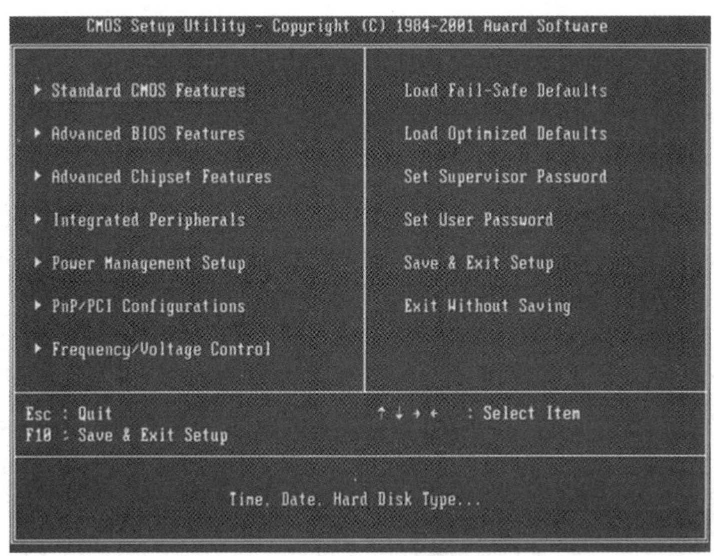

图 3.3 Award BIOS

Phoenix BIOS 是 BIOS 类型中的一种，多用于高档的原装品牌机和笔记本电脑上，其画面简洁，便于操作。几乎所有的主板的 Phoenix-Award BIOS 都包含了 CMOS SETUP 程序，以供用户根据实际需求，设定不同的数据，从而使计算机正常工作，或执行特定的功能。

图 3.4 为 Phoenix BIOS。

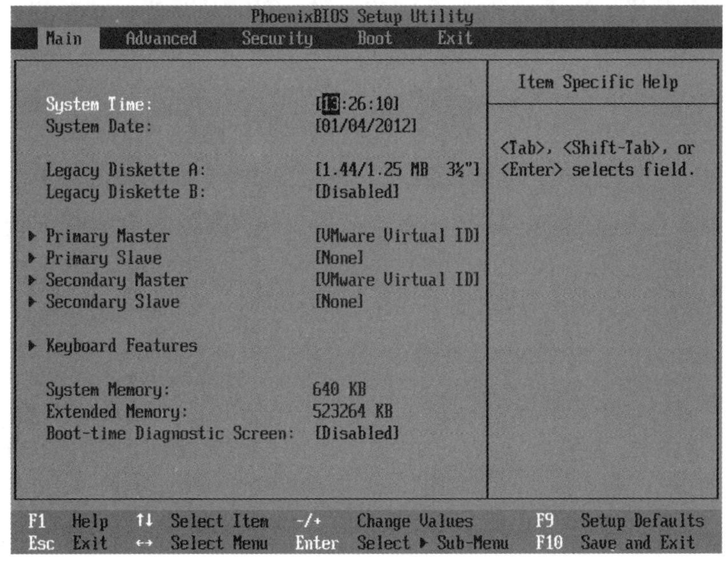

图 3.4 Phoenix BIOS

3.1.5 BIOS 的设置

以 Award BIOS 为例对一般的 BIOS 的设置进行说明（见图 3.5）。

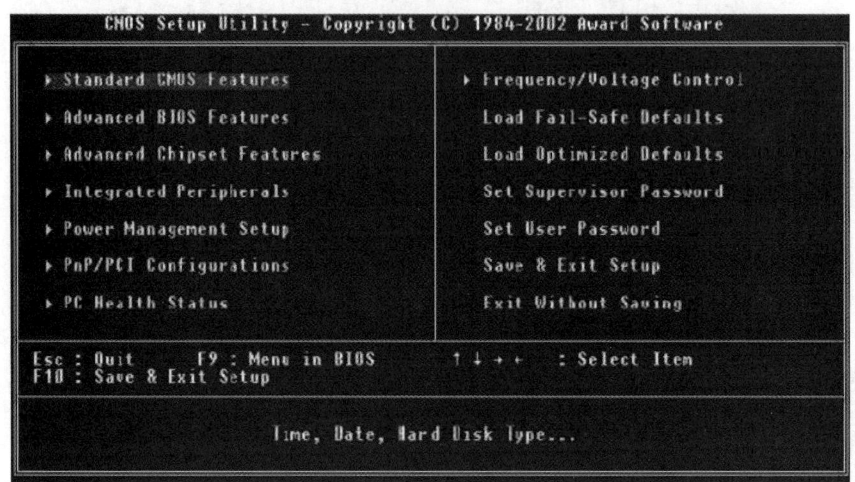

图 3.5　一般的 BIOS

1. 标准 CMOS 设定（Standard CMOS Features）

Standard CMOS Features 选项包括 DATE 设定和 TIME 设定。通过 Standard CMOS Features 选项，用户可以修改日期、时间、第一组主 IDE 设备（硬盘）和 IDE 设备（硬盘或 CD-ROM）、第二组主 IDE 设备（硬盘或 CD-ROM）和从 IDE 设备（硬盘或 CD-ROM）、软驱 A 与软驱 B、显示系统的类型、导致系统启动 / 暂停的出错状态等。

Standard CMOS Features 列表中的选项有 PRIMARY MASTER（第一组 IDE 主设备）；PRIMARY SLAVE（第一组 IDE 从设备）；SECONDARY MASTER（第二组 IDE 主设备）；SECONDARY SLAVE（第二组 IDE 从设备）。这里的 IDE 设备包括 IDE 硬盘和 IDE 光驱，第一组设备、第二组设备是指主板上的第一根 IDE 数据线、第二根 IDE 数据线，一般来说，靠近芯片的是第一组 IDE 设备，而主设备、从设备是指在一条 IDE 数据线上接的两个设备，并且每根数据线上可以接两个不同的设备，主设备、从设备可以通过硬盘或者光驱的后部跳线来调整。

IDE 设备的类型和硬件参数说明如下。

TYPE 表示硬盘类型，其值有 AUTO、USER、NONE。AUTO 是指由系统自己检测硬盘类型，在系统中存储了 1 ～ 45 类硬盘参数，在使用该设置值时不必再设置其他参数；如果使用的是预定义以外的硬盘，则应该将硬盘类型设置为 USER，然后输入硬盘的实际参数（这些参数一般标注在硬盘表面的标签上）；如果没有安装 IDE 设备，则可以将硬盘类型设置为 NONE，这样可以加快系统启动速度，在一些特殊操作中，也可以屏蔽系统对某些硬盘的自动检查。

SIZE 表示硬盘的容量。

CYLS 表示硬盘的柱面数。

HEAD 表示硬盘的磁头数。

PRECOMP 表示写预补偿值。

LANDZ 表示着陆区，即磁头起停扇区。

MODE 表示硬件的工作模式，其值有 NORMAL 普通模式、LBA 逻辑块地址模式、LARGE 大硬盘模式、AUTO 自动选择模式。在各工作模式下，硬盘支持的最大容量如下：NORMAL 模式支持的最大容量为 528MB，是原有的 IDE 方式；LBA 模式所管理的最大容量为 8.4GB；LARGE 模式支持的最大容量为 1GB；AUTO 模式是由系统自动选择硬盘的工作模式。

HALT ON 表示错误停止设定，其值有 ALL ERRORS BIOS、NO ERRORS、ALL BUT KEYBOARD、ALL BUT DISKETTE、ALL BUT DISK/KEY。ALL ERRORS BIOS 表示检测到任何错误时将停机；NO ERRORS 表示当 BIOS 检测到任何非严重错误时，系统都不停机；ALL BUT KEYBOARD 表示除键盘错误外，系统检测到任何错误都将停机；ALL BUT DISKETTE 表示除磁盘驱动器错误外，系统检测到任何错误都将停机；ALL BUT DISK/KEY 表示除磁盘驱动器错误和键盘错误外，系统检测到任何错误都将停机。HALT ON 功能是用来设置系统自检遇到错误的停机模式的，如果发生以上错误，那么系统将停止启动，并给出错误提示。

2. 高级功能设定（Advanced BIOS Features）

Advanced BIOS Features 选项用来设置系统配置选项清单，其中有些选项由主板本身的设计确定，有些选项可以由用户进行修改设定，以改善系统的性能。各选项含义如下。

ENABLED 表示开启，DISABLED 表示禁用。通过 Page Up 按键和 Page Down 按键可以在两者之间切换。

CPU INTERNAL CORE SPEED 表示 CPU 当前的运行速度。

VIRUS WARNING 表示病毒警告。

CPU INTERNAL CACHE/EXTERNAL CACHE 表示 CPU 内、外快速存取。

CPU L2 CACHE ECC CHECKING 表示 CPU 第二级缓存错误检查修正。

QUICK POWER ON SELF TEST 表示快速开机自我检测，此选项可以调整某些计算机在自检时 3 次检测内存容量的自检步骤。

CPU UPDATE DATA 表示 CPU 更新资料功能。

BOOT FROM LAN FIRST 表示网络开机功能，此选项可以远程唤醒计算机。

BOOT SEQUENCE 表示开机优先顺序，使用顺序是：A、C、SCSI CDROM，如果需要从光盘启动，则可以将该选项调整为 ONLY CDROM，正常运行最好调整为 C 盘启动。

BIOS FALSH PROTECTION 表示 BIOS 写入保护。

PROCESSOR SERIAL NUMBER 表示系统自动检测奔腾 3 处理器。

SWAP FLOPPY DRIVE 表示交换软驱盘符。

VGA BOOT FROM 表示开机显示选择。

BOOT UP FLOPPY SEEK 表示开机时是否自动检测软驱。

BOOT UP NUMLOCK STATUS 表示开机时小键盘区情况设定。

TYPEMATIC RATE SETTING 表示键盘重复速率设定。

TYPEMATIC RATE 表示当前键盘速率 CHARS/SEC，单位为 B/s。

TYPEMATIC DELAY 表示设定首次延迟时间。

SECURITY OPTION 表示检测密码方式。如将该选项设定为 SETUP，则每次打开机器时屏幕均会提示输入口令（普通用户口令或超级用户口令，普通用户无权修改 BIOS 设置），不知道口令则无法使用机器；如将该选项设定为 SYSTEM 则只有在用户想进入 BIOS 设置时才提示用户输入超级用户口令。

Memory Parity Check：如果机器上配置的内存不具备奇偶校验功能，则必须将该项设为 Disable。目前除了服务器，大部分微机（包括品牌机）的内存均不具备奇偶校验功能。

PCI/VGA PALETTE SNOOP 表示颜色校正。

ASSIGN IRQ FOR VGA 表示分配 IRQ 给 VGA，其中，IRQ 为系统中断地址。

OS SELECT FOR DRAM>64MB 表示设定 OS/2 使用内存容量。如果正在使用 OS/2 系统并且系统内存大于 64MB，则该项应为 Enable；否则，高于 64MB 的内存将无法使用。一般情况下该值为 Disable。

HDD S.M.A.R.T. Capability 表示硬盘自我检测，此选项可以用来自动检测硬盘的工作性能，如果硬盘即将损坏，那么硬盘自我检测程序将会发出警报。

REPORT NO FDD FOR WIN95 表示分配 IRQ6 给 FDD，其中，FDD 为软驱。

VIDEO BIOS SHADOW 表示使用 VGA BIOS SHADOW，用来提升系统显示速度，一般都选择开启。C8000-CBFFFF SHADOW 主要用来映射扩充卡（网卡、解压卡等）上的 ROM 内容，将其放在主机 RAM 中运行，可以提高运行速度。

3. 高级芯片组功能设定（Advanced Chipset Features）

Advanced Chipset Features 选项用来设置主板上芯片的特性。各选项含义如下。

DRAM Timing Control 表示内存频率控制，按下 Enter 键进入如下子菜单。

- Current Host Clock（当前主时钟），此项用于显示当前 CPU 的频率。
- Configure SDRAM Timing by，此项用于设置决定 SDRAM 的时钟设置是否读取内存模组上的 SPD（Serial Presence Detect）。若将此项设置为 Enabled，则将根据 SPD 自动配置。若将此项设置为 User，则用户将手动配置。SDRAM Frequency、SDRAM CAS# Latency、RowPrecharge Time、RAS Pulse Width、RAS to CAS Delay 和 SDRAM BankInterleave 项目。
- SDRAM Frequency（SDRAM 时钟），此项用于设定安装内存的时钟，设定选项有 200MHz、266MHz、333MHz、400MHz、AUTO。
- SDRAM CAS# Latency（SDRAM CAS# 延迟），此项用于控制在 SDRAM 接受并开始读指令后的延迟时间（在时钟周期内），值为 1.5clocks、2clocks、2.5clocks、3.0clocks，其中，

2clocks 是增加系统性能，3clocks 是增加系统的稳定性。

- Row Precharge Time（充电时间），此项用于控制行地址滤波（RAS）充电时钟周期数。在内存刷新前如果没有足够的时间允许 RAS 充电，那么刷新可能不完全，并且内存可能保存数据失败。此项只有在系统中安装有同步 DRAM 时才有效。此项有效的设定值有 2T、3T。
- RAS Pulse Width（RAS 脉冲波长），此项用于根据内存规格，设置 RAS 脉冲波长的时钟周期数。更小的时钟周期会使 DRAM 有更快的性能表现。此项设定值有 6T、5T。
- RAS to CAS Delay（RAS 至 CAS 的延迟），当 DRAM 刷新后，所有行列都要分离寻址。此项用于允许决定从 RAS（行地址滤波）转换到 CAS（列地址滤波）的延迟时间，更小的时钟周期会使 DRAM 有更快的性能表现。此项设定值有 2T、3T。

Bank Interleave（堆插入数），此项用于设定安装的 SDRAM 的插入数是 2-Way 还是 4-Way。如果安装了 16MBSDRAM，则需禁用此功能。此项设定值有 Disabled（禁用）、2-Way、4-Way。

DDR DQS Input Delay（DDR DQS 输入延迟），此项用于设定 DQS 的延迟时间，以改善数据处理速度，提升稳定性。此项设定值有 AUTO、18、08、0E、0F。

SDRAM Burst Length（SDRAM 爆发存取长度），此项用于设置 DRAM 爆发存取长度的大小。爆发特征是 DRAM 在获得第一个地址后会预测下一个存取内存位置的技术。如果使用此特性，则必须定义爆发存取长度，也就是开始地址爆发脉冲的实际长度。同时允许内部地址计数器正确地产生下一个地址位置。爆发存取长度越大内存越快。此项设定值有 4 QW、8 QW。

SDRAM 1T Command（SDRAM 1T 指令），此项用于控制 SDRAM 的指令速率。如果将此项设置为 Enabled（启用），则允许 SDRAM 信号控制器运行速度为 1T；如果将此项设置为 Disabled（禁用），则允许 SDRAM 信号控制器运行速度为 2T。1T 比 2T 的速度快。此项设定值有 Disabled（禁用）、Enabled（启用）。

Fast Command（快速指令），此项用于控制 CPU 的内在数据传输速率。如果将此项设置为 Ultra，则允许 CPU 以最快的速度运算数据 / 指令；如果将此项设置为 Fast，则允许 CPU 快速运算；如果将此项设置为 Normal，则允许 CPU 以慢一点的速度运算。

Fast R-2-R Turnaround（快速 R-2-R 转向），此项用于设置任何一个内存库的读请求都可以中断，爆发读取操作对任何列的访问都是被允许的。读操作到读操作最小间隔是 1 个时钟周期。如果将此项设置为 Enabled，则可以缩短转向时间间隔，进而提升系统性能表现。此项设定值有 Disabled、Enabled。

AGP Timing Control（AGP 调速控制），按 Enter 键进入子菜单并显示以各选项。

- AGP Mode（AGP 模式），此项用于为安装的 AGP 卡设定一个适当的模式。设定值有 1x、2x、4x、AUTO。只有当 AGP 卡支持时才能选择 4x。
- AGP Fast Write（AGP 快写），此项用于决定是否启用 AGP 快写特性。AGP 快写特性允许 CPU 直接向显示卡写入，不必经由系统内存，这样可以增进 AGP 4x 的速度。只有当 AGP 卡支持此特性时才能选择 Enabled。此项设定值有 Enabled、Disabled。
- AGP Aperture Size（AGP 分配内存大小），此项用于控制有多少系统内存可分配给 AGP

卡显示使用。此项值有 4MB、8MB、16MB、32MB、64MB、128MB 和 256MB。

- AGP Master 1 W/S Write（AGP 总线写入的 1 个等待状态），此项用于设置是否允许用户在 AGP 总线的写周期中插入一个等待状态。此项设定值有 Enabled、Disabled。
- AGP Master 1 W/S Read（AGP 总线读取的 1 个等待状态），此项用于设置是否允许用户在 AGP 总线的读周期中插入一个等待状态。此项设定值有 Enabled、Disabled。
- AGP Read Synchronization（AGP 读同步），此项用于开启或者关闭读同步特性。此项设定值有 Enabled、Disabled。

PCI Delay Transaction（PCI 延迟处理），此项用于在芯片组内建一个 32bit 的写缓存，该缓存可支持延迟处理周期，这使得系统与 ISA 总线进行的数据交换可被缓存，并且当 ISA 总线释放时 PCI 总线可以进行其他数据交换。如果将此项设置为 Enabled，则支持与 PCI 规格版本 2.1 兼容。此项设定值有 Enabled、Disabled。

4. 集成设备设定（Intergrated Peripherals）

Intergrated Peripherals 选项用来设置集成主板上的 I/O 设备的属性。各选项含义如下。

IDE HDD Block Mode（IDE 硬盘传输模式），如果选择 Enable，则可以允许硬盘用快速块模式（Fast Block Mode）传输数据。

IDE PIO Mode（IDE 硬盘数据读取模式），此项的设置取决于系统硬盘的速度，共有 AUTO、0、1、2、3、4 五个选项，Mode 4 硬盘传输速率是 16.6MB/s，其他模式的传输速率小于该值。不要选择超过硬盘速率的模式，这样会丢失数据。

IDE UMDA（Ultra DMA）Mode（IDE 硬盘超级读取模式），Intel 430TX 芯片提供了 Ultra DMA Mode，它可以把传输速率提高到一个新的水准。

5. 节电功能设定（Power Management Setup）

Power Management Setup 选项用于设定电源管理，用来控制主板上的“绿色”功能，该功能是定时关闭视频显示和硬盘驱动器，具有节能的效果。各选项含义如下。

ACPI Function（ACPI 功能），此项用来激活 ACPI（高级配置和电源管理接口）功能。如果操作系统支持 ACPI-aware（如 Windows 98SE/2000/ME），则选择 Yes。此项设定值有 Yes 和 No。

ACPI Standby State（ACPI 待机状态），此项用来设定 ACPI 功能的节电模式。如果操作系统支持 ACPI（如 Windows 98SE/2000/ME），则可以通过此项的设定选择进入 S1 睡眠模式或者 S3 睡眠模式。其中，S1 睡眠模式是一种低能耗状态，在这种状态下，没有系统上下文丢失，硬件（CPU 或芯片组）维持着所有的系统上下文。S3 睡眠模式也是一种低能耗状态，在这种状态下仅对主要部件供电，如主内存和可唤醒系统设备，并且系统上下文将被保存在主内存中。一旦有“唤醒”事件发生，存储在内存中的这些信息将被用来将系统恢复到以前的状态。AUTO BIOS 表示自动决定最佳模式。

Call VGA BIOS at S3 Resuming（VGA 卡 S3 唤醒），如果将此项设置为 Enabled，那么当系统从 S3 睡眠状态被唤醒时，允许 BIOS 根据 VGA BIOS 信息初始化 VGA 卡。如果将此项设置为 Disable，那么系统从睡眠状态被唤醒的时间将缩短，但是系统需要通过 AGP 驱动程序来初始化 VGA 卡。因此，如果显卡的 AGP 驱动不支持初始化功能，那么显卡在系统从 S3 状态唤醒后将不能正常工作。

USB Wakeup From S3（USB 设备从 S3 唤醒），此项用于设置是否允许 USB 设备的活动将系统从 S3（挂起到 RAM）的睡眠状态唤醒。此项设定值有 Enabled、Disabled。

Power Management/APM（电源管理 / 高级电源管理），如果将此项设定为 Enabled，则可以激活高级电源管理（APM）功能，增强节电性能，并停止系统内部时钟。此项设定值有 Disabled、Enabled。

Power/Sleep LED（电源 / 休眠灯），此项用于设定系统如何使用机箱上的电源指示灯的来指示休眠 / 挂起状态。如果将此项设置为 Single LED，则电源指示灯不变色，以闪烁表示休眠 / 挂起状态；如果将此项设置为 Dual LED，则电源指示灯通过改变颜色来指示休眠 / 挂起状态。

Suspend Time Out（挂起设定时间，单位为 min），如果在指定的时间内系统无任何活动，那么除了 CPU，其余设备都会被关闭。此项设定值有 Disabled、1、2、4、8、10、20、30、40、50、60。

Display Activity（监视活动），此项用来调节 BIOS 要监视的指定硬件周边或部件的活动。如果将此项设置为 Monitor，那么会自动监测指定的硬件中断活动。被监视的硬件有任何活动发生，系统都会立即被唤醒或者阻止系统进入休眠状态。此项设定值有 Monitor、Ignore。

CPU Critical Temperature（CPU 警戒温度），如果 CPU 的温度达到指定的限度，那么系统将发出警报。这种设计有助于防止 CPU 过热问题的发生。

Power Button Function（开机按钮功能），此项用于设置开机按钮的功能。ON/OFF 是最为正常的开机关机按钮。Suspend 表示当按下开机按钮时，系统进入休眠或睡眠状态，当按下时间大于或等于 4s 时，系统关机。

After AC Power Loss（交流电源失去之后），此项用于设定开机时意外断电后，电力供应再恢复时系统电源的状态。如果将此项设置为 Power OFF，则表示保持机器处于关机状态。如果将此项设置为 Power ON，则表示保持机器处于开机状态。如果将此项设置为 Last State，则表示将机器恢复到调电或中断发生前的状态。

Set Monitor Events（设置监控事件），按下 Enter 键进入包含如下子菜单的界面。

- Wake Up On Ring，要使此项设置生效，必须先安装支持开机功能的 MODEM 卡。当此项设置为 Enabled 时，MODEM 卡的激活或者输入信号将会使系统从 S3 状态唤醒。此项设定值有 Disabled、Enabled。
- Wake Up On PME，如果此项设置为 Enabled，则在检测到来自 PME（Power Management Event）的事件时，系统将从节电模式被唤醒。该项设定值有 Enabled、Disabled。
- Resume On KBC，此项用于设置是否允许键盘的激活信号将系统从 S3 睡眠状态唤醒。此项设定值有 Disabled、Any Key、Specific Key。
- Wake-Up Key，此项用于设置唤醒键，此唤醒键可以将系统从电源节电状态唤醒。此项设定值有 Any Key、Specific Key。

- Wake-Up Password，此项用于设置一个密码（最多 5 个字母）唤醒系统。
- Resume On PS/2 Mouse，此项用于设置是否允许鼠标的激活信息将系统从 S3 睡眠状态唤醒。此项设定值有 Disabled、Left-button(double-click)、Right-button(double-click)。
- Resume By Alarm（定时启动），此项用来启用或禁用系统在指定时间 / 日期从 S5 软关机状态启动的功能。此项设定值有 Enabled、Disabled。如果将此项设置为 Enabled，那么系统将自动从规定时间启动机器。设置项如下：指定日期，取值为 01 ~ 31，及 Every Day；指定小时，取值为 00 ~ 23；指定分钟，取值为 00 ~ 59；指定秒钟，取值为 00 ~ 59。

6. 即插即用与 PCI 状态设定（PnP/PCI Configuration Setup）

PnP/PCI Configuration Setup 选项用来设置与即插即用设备和 PCI 有关的属性。

PCI（外围元器件连接）是一个允许 I/O 设备在与其特别部件通信运行时速度可以接近 CPU 自身速度的系统。此部分设置涉及一些专用术语，因此建议非专业用户不要对此部分的设置进行修改。

Plug and Play Aware O/S（即插即用操作系统），如果将此项设定为 Yes，那么 BIOS 将只安装用于系统引导的即插即用外接卡（VGA、IDE、SCSI）驱动，剩余外接卡驱动的安装将由操作系统负责。如果将此项设置为 No，那么 BIOS 将查找所有安装的驱动。

Clear NVRAM（清除 NVRAM 数据），ESCD（扩展系统配置数据）与 NVRAM（非挥发性随机存取存储器）是 BIOS 中以字符串格式为 PNP 或非 PNP 设备存储的资源信息。当将此项设定为 Yes 时，系统重启后 ESCD NVRAM 将复位，并且此项将重新被设置为 No。

PCI Latency Timer（PCI 延迟时钟），此项用于控制每个 PCI 掌控总线直到被另一个 PCI 接管的时间。此项的值越大，每个 PCI 设备处理数据传输的时间越长，从而增加有效的 PCI 带宽。为了获取更好的 PCI 效能，可将此项设为较高的值。此项的设置范围为 32 ～ 248，以 32 为单位递增。

PCI IDE BusMaster（PCI IDE 总线控制），如果将此项设定为 Enabled，那么 PCI 总线的 IDE 控制器将有总线控制能力。此项设定值有 Disabled、Enabled。

Primary Graphics Adaptor（主图形适配器），此项用于指定哪片 VGA 卡是主图形适配卡。此项设定值有 PCI、AGP、PCI Slot1 IRQ、PCI Slot2/5 IRQ、PCI Slot3/6 IRQ、PCI Slot4 IRQ。

7. 计算机当前状态（PC Health Status）

PC Health Status 选项主要用于显示系统自动检测的电压、温度及风扇转速等相关参数，并设定在超负荷时发出警报和自动关机，以防止故障发生。

8. 频率 / 电压控制（Frequency/Voltage Control）

用户通过 Frequency/Voltage Control 选项可以调整 CPU 的电压、外频、倍频，完成 CPU 超频，从而提升 CPU 性能。

9. 载入保守默认值（Load Fail-Safe Defaults）

当系统安装后不太稳定时，可打开 Load Fail-Safe Defaults 功能。此时系统将取消一些高效能的操作模式设定，并处在最保守状态下。使用该选项容易找到主板的安全值和除去主板的错误。

10. 载入最大化默认值（Load Optimized Defaults）

Load Optimized Defaults 为 BIOS 出厂的设定值。如果选择该项，系统将会以最佳化的模式运行。

11. 设置管理员密码（Set Supervisor Password）

Set Supervisor Password 选项功能为设定超级管理员密码，在开机和进入 BIOS 时都需要输入密码。

12. 设置用户密码（Set User Password）

Set User Password 选项功能为设定一般用户密码，只在进入 BIOS 的时候才需要输入密码。

13. 保存设置后退出（Save & Exit Setup）

Save & Exit Setup 选项用于储存设定值，离开设置主界面。

14. 不保存设置退出（Exit Without Saving）

Exit Without Saving 选项表示不储存设定值，直接离开设置主界面。

3.2 硬盘分区与格式化

3.2.1 硬盘的分区格式

硬盘分区是指通过设置硬盘的各项物理参数，指定硬盘主引导记录（Master Boot Record，MBR）和引导记录备份的存放位置。

磁盘分区是使用分区编辑器（Partition Editor）在磁盘上划分几个逻辑部分，将盘片划分为数个分区，有利于将不同类的目录与文件存储进不同的分区。分区越多，文件的性质被分得越细。但分区太多会造成麻烦。分区的空间管理、访问许可与目录搜索的方式依属于安装在分区上的文件系统。当改变文件大小的能力依属于安装在分区上的文件系统时，需要谨慎地考虑分区的大小。

硬盘在分区后，会形成 3 种形式的分区状态，即主分区、扩展分区和非 DOS 分区。本书只讨论前两种形式的分区状态。

主分区是一个比较单纯的分区，通常位于硬盘最前面的一块区域中，用于构成逻辑 C 磁盘。其中的主引导程序是它的一部分，主引导程序主要用于检测硬盘分区的正确性，以及确定活动分区。

严格来讲扩展分区不是一个实际意义的分区，仅仅是一个指向下一个分区的指针，这种指针结构将形成一个单向链表。这样在主引导扇区中除主分区外，仅需要存储一个被称为扩展分区的分区数据，通过这个扩展分区的数据就可以找到下一个分区（实际上是下一个逻辑磁盘）的起始位置，根据此起始位置类推即可找到所有分区。

磁盘分区格式分为 Windows 系统中的 FAT16、FAT32、NTFS 文件格式和 Linux 系统中的 Ext2、Ext3、Linuxswap 文件格式。

1. FAT16

熟悉计算机的人对 FAT16 硬盘分区格式最熟悉不过了，大多教程都是通过这种分区格式认识和踏入计算机门槛的。FAT16 采用 16 位的文件分配表，支持的最大分区为 2GB，曾是应用最为广泛和获得操作系统支持最多的一种磁盘分区格式，几乎所有操作系统都支持 FAT16 分区格式。从 DOS、Windows 3x、Windows 95、Windows 97 到 Windows 98、Windows NT、Windows 2000、Windows XP 及 Windows Vista 和 Windows 7 的非系统分区，一些流行的 Linux 都支持这种分区格式。

但是 FAT16 分区格式最大的缺点就是硬盘的实际利用效率低。因为 DOS 系统和 Windows 系统中的磁盘文件的分配是以簇为单位的，而且一个簇只分配给一个文件使用，不管这个文件占用整个簇的容量是多少。而且每个簇的大小由硬盘分区的大小来决定，分区越大，每个簇的大小越大。例如，1GB 的硬盘若只分一个区，那么簇的大小是 32KB，也就是说，即使一个文件的大小为 1B，存储时也要占 32KB 的硬盘空间，这样就造成了磁盘空间的极大浪费。FAT16 分区格式支持的分区越大，磁盘上每个簇的容量越大，造成的磁盘空间浪费越大。随着当前主流硬盘的容量越来越大，这种缺点变得越来越突出。为了克服 FAT16 分区格式的这个弱点，微软公司在 Windows 97 操作系统中推出了一种全新的磁盘分区格式，即 FAT32。

2. FAT32

FAT32 分区格式采用的是 32 位的文件分配表，这使其对磁盘的管理能力大大增强，突破了 FAT16 分区格式对每一个分区的容量只有 2GB 的限制。运用 FAT32 分区格式后，用户可以将一个大的硬盘定义成一个分区，而不必分为几个分区使用，大大方便了用户对硬盘的管理工作。而且，FAT32 还具有一个最大的优点：在一个不超过 8GB 的分区中，FAT32 分区格式的每个簇容量都固定为 4KB，与 FAT16 分区格式相比，这种分区格式大大地减少了硬盘空间的浪费，提高了硬盘利用效率。但是，FAT32 分区格式的单个文件不能超过 4GB。

支持 FAT32 磁盘分区格式的操作系统有 Windows 97、Windows 98、Windows 2000、Windows XP、Windows Vista、Windows 7、Windows 8 等。但是，这种分区格式也有缺点，首

先是采用 FAT32 格式分区的磁盘，由于文件分配表的扩大，运行速度比采用 FAT16 格式分区的硬盘要慢。另外，由于 DOS 系统和某些早期的应用软件不支持这种分区格式，所以采用这种分区格式后，就无法再使用 DOS 系统和某些旧的应用软件了。

3. NTFS

NTFS 是一种新兴的磁盘格式，早期只在 Windows NT 系统中常用，但随着安全性的提高，在 Windows Vista 和 Windows 7 系统中也开始使用这种格式，并且在 Windows Vista 和 Windows 7 中只能使用 NTFS 作为系统分区格式。NTFS 分区格式显著的优点是安全性和稳定性极其出色，在使用中不易产生文件碎片，这对硬盘的空间利用及软件的运行速度都有好处，而且单个文件的大小可以超过 4GB。它能对用户的操作进行记录，通过对用户权限进行非常严格的限制，每个用户只能按照系统赋予的权限进行操作，充分保护了网络系统与数据的安全。

4. Ext2

Ext2 是 GNU 和 Linux 系统中标准的文件系统，是 Linux 系统中使用最多的一种文件系统，是专门为 Linux 系统设计的，拥有极快的速度和极小的 CPU 占用率。Ext2 既可以用于标准的块设备（如硬盘），也可以用于软盘等移动存储设备。

5. Ext3

Ext3 是 Ext2 的下一代，其在保存 Ext2 的格式的基础上，添加了日志功能。Ext3 是一种日志式文件系统（Journal File System），最大的特点是可将整个磁盘的写入动作完整地记录在磁盘的某个区域上，以便有需要时回溯追踪。当在某个过程中断时，系统可以根据这些记录直接回溯并重整被中断的部分，且重整速度相当快。Ext2 分区格式被广泛应用在 Linux 系统中。

6. Linuxswap

Linuxswap 是 Linux 系统中一种专门用于交换分区的 swap 文件系统。Linux 系统将整个分区作为交换空间。一般这个 swap 格式的交换分区是主内存的 2 倍，在内存不够时，Linux 系统会将部分数据写到交换分区上。

3.2.2 硬盘的分区方法

本书使用 PartitionMagic 软件对硬盘进行分区。一般来说，Windows 操作系统都支持这种类型的工具软件。

PartitionMagic 软件启动画面如图 3.6 所示。PartitionMagic 软件打开界面如图 3.7 所示界面。

图 3.6　PartitionMagic 软件启动画面

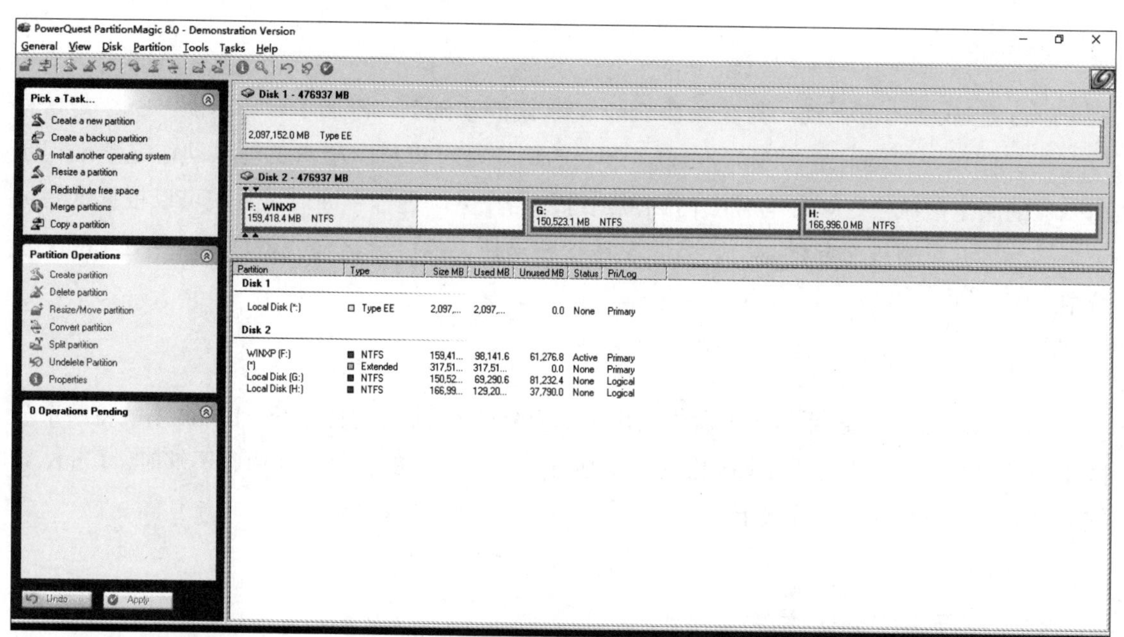

图 3.7　PartitionMagic 软件打开界面

一般情况下，磁盘阵列会以图形方式来显示，每个磁盘分区会用矩形来表示，并分别用紫色条形框进行着重显示，右击磁盘分区，会出现如图 3.8 所示界面。

在弹出的快捷菜单中，选择 Resize/Move... 选项，将出现对应磁盘分区的对话框（见图 3.9）。通过拖动对话框中的矩形或者在相应文本框中输入数字，选择自己需要的大小。

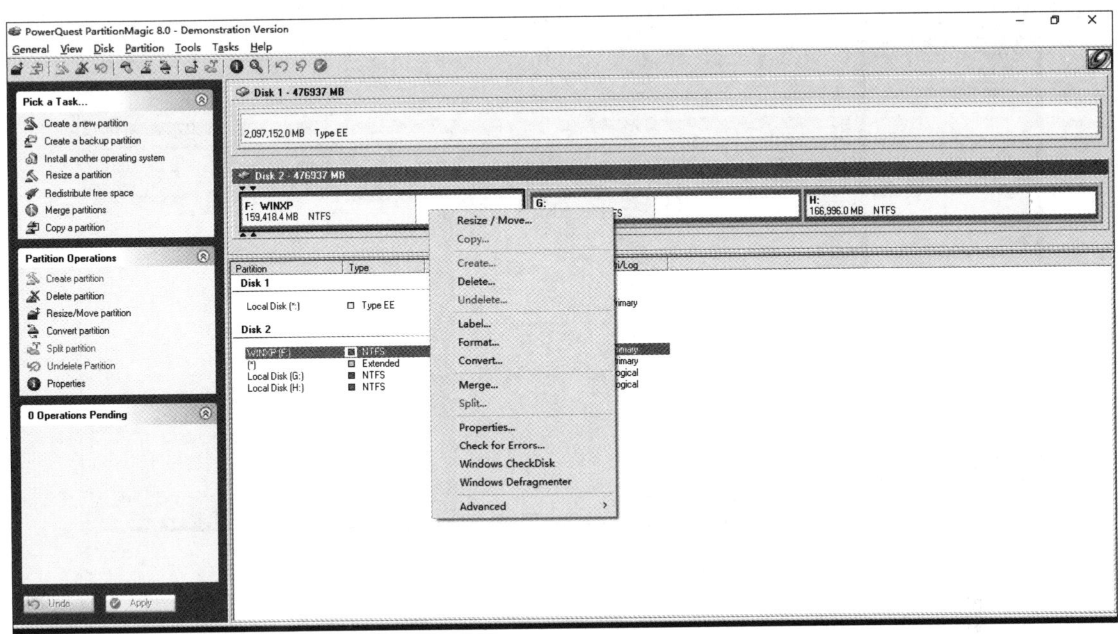

图 3.8 右击磁盘分区

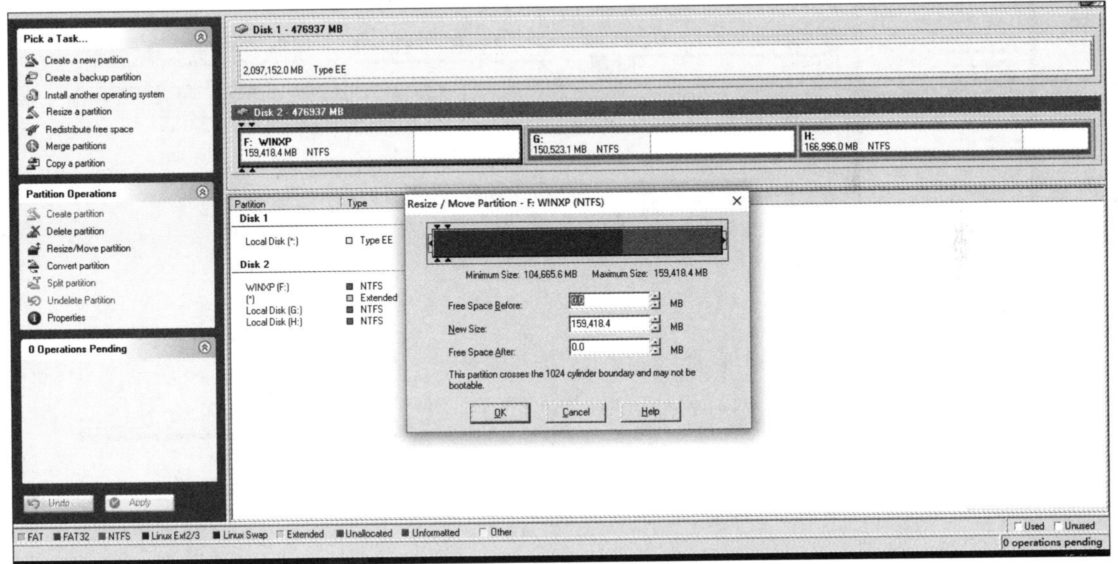

图 3.9 Resize/Move Partition–F：WINXP(NTFS) 对话框

图 3.10 为 PartitionMagic 软件分区操作。

单击 OK 按钮，该操作会显示在左下角的 Operations Pending 窗格中。当所有相关操作完成后，软件将弹出执行该操作还是放弃该操作的提示框。选择执行便可以实施相关操作，否则，将放弃相关操作（见图 3.11）。

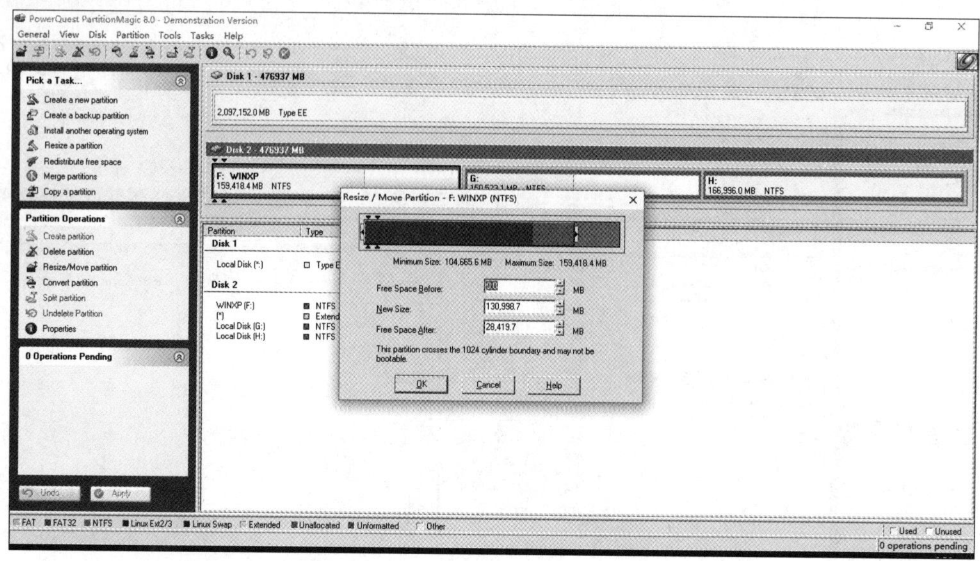

图 3.10　PartitionMagic 软件分区操作

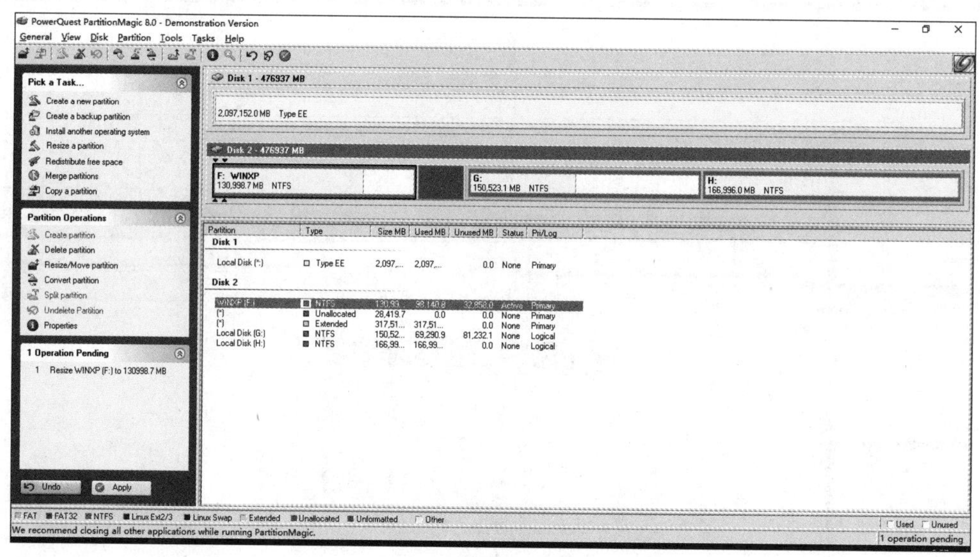

图 3.11　PartitionMagic 分区完成

3.2.3　硬盘的格式化

格式化（format）是指对磁盘或磁盘中的分区进行初始化的操作，这种操作通常会导致现有磁盘或分区中的所有文件被清除。格式化通常分为低级格式化和高级格式化。如果没有特别指明，对硬盘的格式化通常是指高级格式化，对软盘的格式化则同时包括低级格式化和高级格式化。

低级格式化：其作用是划分磁盘的磁道和扇区，建立主引导记录，为每个扇区标注地址和扇区头标志，并以系统能够识别的方式进行数据编码。低级格式化又称低层格式化或物理格式化（Physical Format），部分硬盘制造厂商也将其称为初始化。随着应用CHS编址方法、频率调制（FM）、改进频率调制（MFM）等编码方案的磁盘的出现，低级格式化被用于指代对磁盘进行划分柱面、磁道、扇区的操作。目前，随着软盘逐渐退出日常应用，应用新的编址方法和接口的磁盘的出现，这个词已经失去了原本的含义。大多数硬盘制造商将低级格式化定义为创建硬盘扇区，使硬盘具备存储能力的操作。现在，人们对低级格式化存在一定误解，在多数情况下，低级格式化是指硬盘的填零操作。

对一张标准的大小为1.44MB的软盘进行低级格式化将在软盘上创建160个磁道（每面80个），每个磁道有18个扇区，每个扇区有512B位组；共计1474560B位组。需要注意的是：软盘的低级格式化通常是系统所内置支持的。在一般情况下，对软盘进行的格式化操作包含低级格式化操作和高级格式化操作两部分。

高级格式化：其作用是在逻辑盘上建立DOS引导记录、文件分配表FAT和根目录表，同时还可以装入系统启动文件。高级格式化又称逻辑格式化，是指根据用户选定的文件系统（如FAT12、FAT16、FAT32、exFAT、NTFS、Ext2、Ext3等），在磁盘的特定区域写入特定数据，以达到初始化磁盘或磁盘分区、清除原磁盘或磁盘分区中所有文件的操作。高级格式化包括对主引导记录中的分区表相应的区域进行重写；根据用户选定的文件系统，在分区中划出一片用于存放文件分配表、目录表等用于文件管理的磁盘空间。

现在的硬盘在出厂时已经进行了低级格式化，因此本书只对硬盘的高级格式化进行介绍。

在PartitionMagic软件中右击某个需要格式化的分区，在弹出的快捷菜单中选择Format选项（见图3.12）。

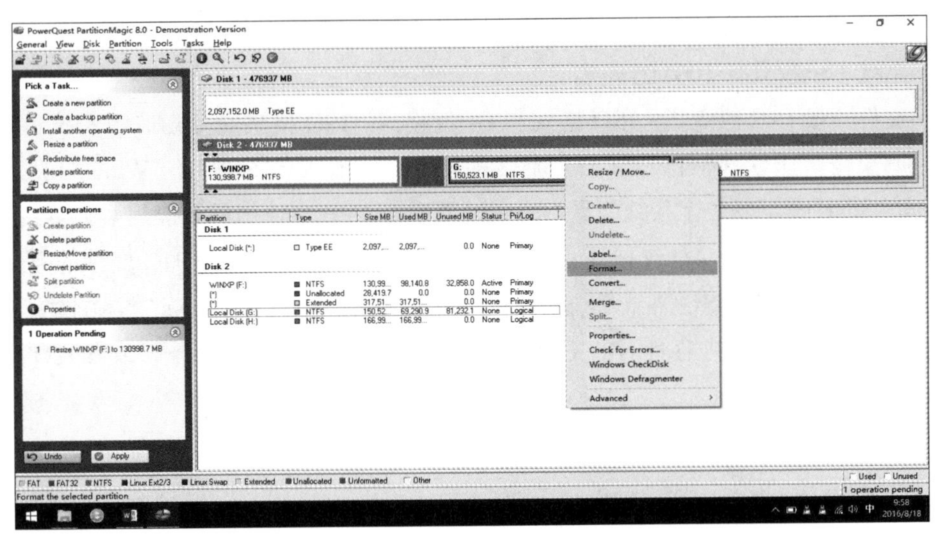

图3.12 选择Format选项

在Format Partition对话框中将Partition Type设置为NTFS，单击OK按钮，即可保存该设置，如图3.13所示。完成所有相关操作后，软件将弹出执行该操作还是放弃该操作的提示框。选

择执行便可以实施相关操作，否则，将放弃相关操作。

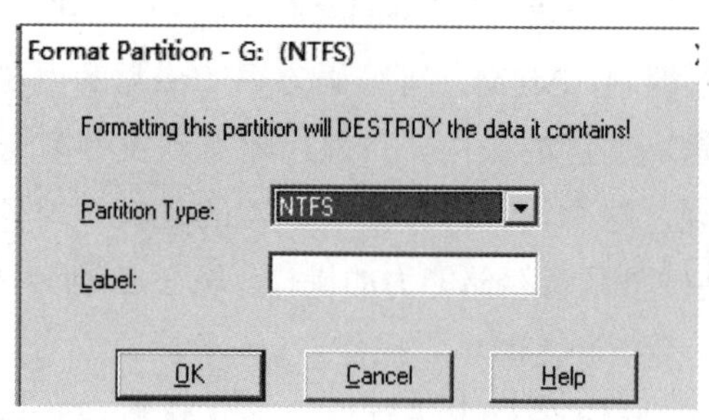

图 3.13　Format Partition 对话框

3.3　U 盘启动盘的制作

3.3.1　U 盘启动盘的概念

以往在对系统进行维护时，常常把各种工具都集成在光盘上，但是如今很多计算机都不再配置光驱了，这使得工具光盘有了相当大的局限性，并且携带不方便。随着 U 盘的普及和容量的增大，我们可以把很多称手的工具软件存放在 U 盘中。如果 U 盘也具备启动引导功能，那么就可以极大地提高工作效率。如何把 U 盘制作成系统引导盘呢？在解答这个问题前，我们先了解如下两个知识

“WinPE”中的“Win”表示 Windows；“PE”表示微小，简单来说就是一个微小的 Windows 系统，一般只有 100MB 左右。

系统文件一般有两种格式：ISO 格式和 GHO 格式。ISO 格式又分为原版系统和 Ghost 封装系统。如果用解压软件 WinRAR 解压后，解压文件中有大于 600MB（Win7 一般为 2GB）的 GHO 文件的系统，那么该系统就是 Ghost 封装系统，PE 文件中的智能组装计算机 PE 版软件可以直接支持还原安装。如果解压后的文件中没有大于 600MB 的 GHO 文件的系统，那么该系统就是原版式系统。ISO 格式系统要用安装 Windows XP 或 Windows 7 的方法安装，详细步骤请看相关教程。下文内容针对的主要是 Ghost 封装系统，即 GHO 系统或者 ISO 格式内含 GHO 格式的系统的情况。

3.3.2　制作 U 盘启动盘的详细步骤

1. 制作前的软件、硬件准备

（1）U 盘一个（建议使用大小在 8GB 以上的 U 盘）。

（2）下载 U 盘安装系统的软件。

（3）下载需要安装的 Ghost 系统。

2. 用 U 盘安装系统的软件制作启动盘

运行程序前请关闭杀毒软件和安全类软件（本软件涉及对可移动磁盘的读写操作，部分杀毒软件的误报会导致程序出错）。U 盘安装系统的相关软件下载完成之后在 Windows XP 系统下直接双击 U 盘安装系统运行即可。如果是 Windows 10、Windows 7 或 Windows 8 系统，则需要通过右击，在弹出的快捷菜单中选择“以管理员身份运行”，进入 U 盘装系统，下载并运行程序（V5.0 UD+ISO 二合一版）（见图 3.14）。

图 3.14　U 盘启动盘制作工具

插入 U 盘之后单击“一键制作启动 U 盘”按钮，程序会提示是否继续，确认所选 U 盘无重要数据后，单击“确定”按钮开始制作（见图 3.15）。

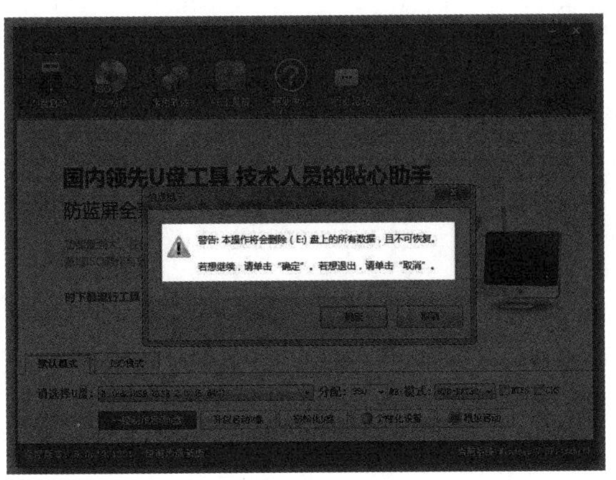

图 3.15　U 盘启动盘制作确定画面

制作过程中不要进行其他操作，以免制作失败，制作过程中可能会出现短时间的停顿，耐心等待几秒即可。当提示制作完成时（见图 3.16），安全删除 U 盘，拔出 U 盘后再重新插入即可完成 U 盘启动盘的制作。

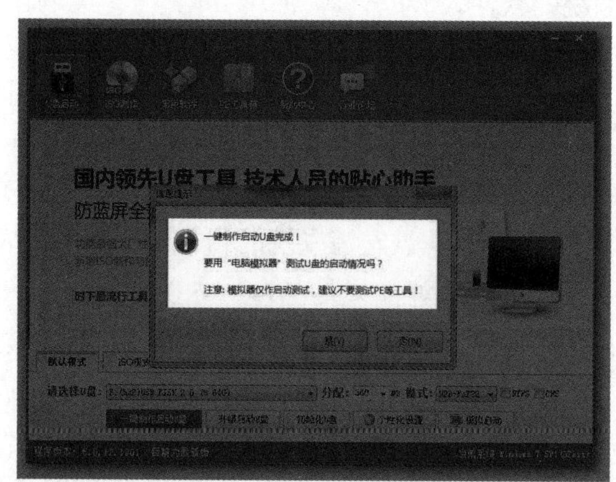

图 3.16　U 盘启动盘制作完成

3. 下载需要的 GHO 文件并复制到 U 盘中

将下载的 GHO 文件或 Ghost 的 ISO 镜像文件复制到 U 盘中的 GHO 文件夹中。如果只是重装系统盘，不需要格式化计算机上的其他分区，也可以把 GHO 或者 ISO 放在硬盘系统盘之外的分区中（见图 3.17）。

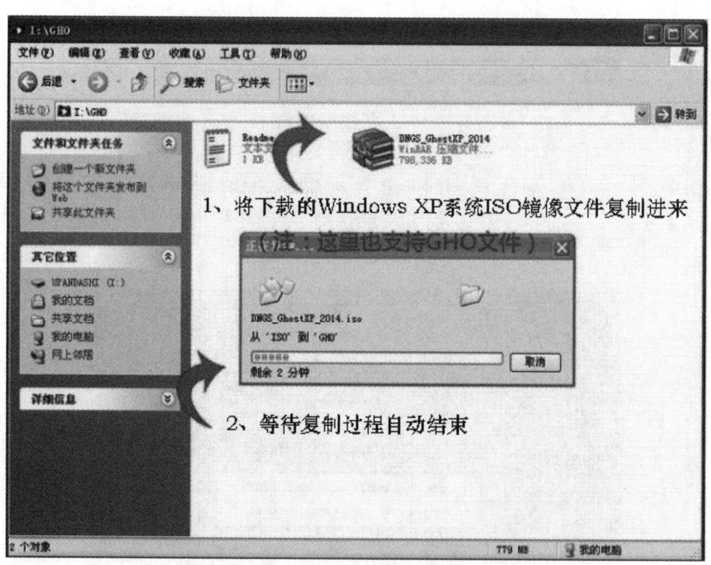

图 3.17　复制 ISO 镜像文件

3.4　VMware 虚拟机的设置

VMware 虚拟机是一个软件，安装后可用来创建虚拟机。在虚拟机上安装系统，应用软件后，所有应用的操作就像在真实的计算机上操作一样。因此，可以利用虚拟机学习安装操作系统，用 Ghost 进行分区、格式化，测试各种软件或病毒验证，甚至组建网络等操作。

3.4.1 创建虚拟机

在 VMware 虚拟机首页单击“创建新的虚拟机”，系统默认的配置类型是“典型”，本书选择“自定义”安装，如图 3.18 ～图 3.19 所示。单击“下一步”按钮，在弹出的对话框中选择虚拟机硬件的兼容性，如图 3.20 所示。

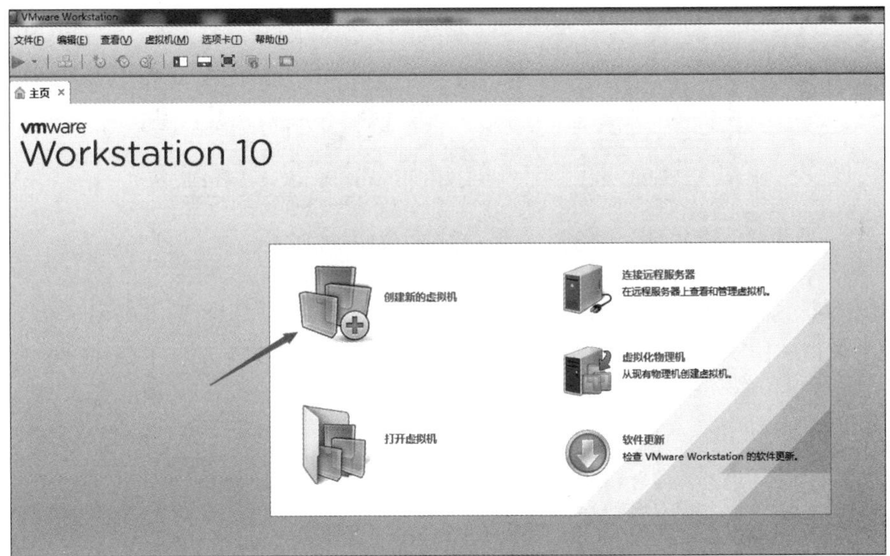

图 3.18 VMware 虚拟机首页

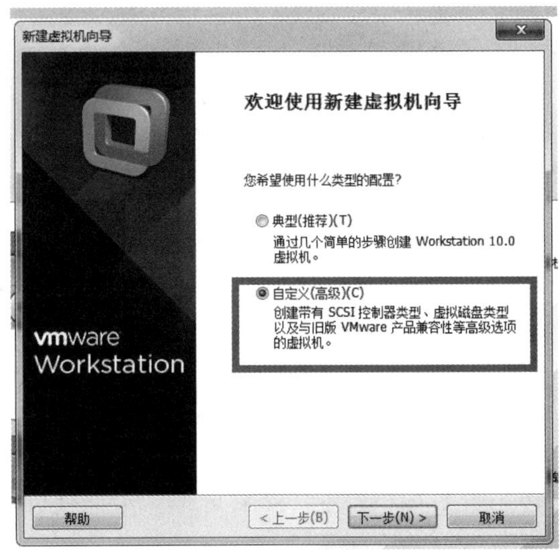

图 3.19 选择虚拟机配置类型

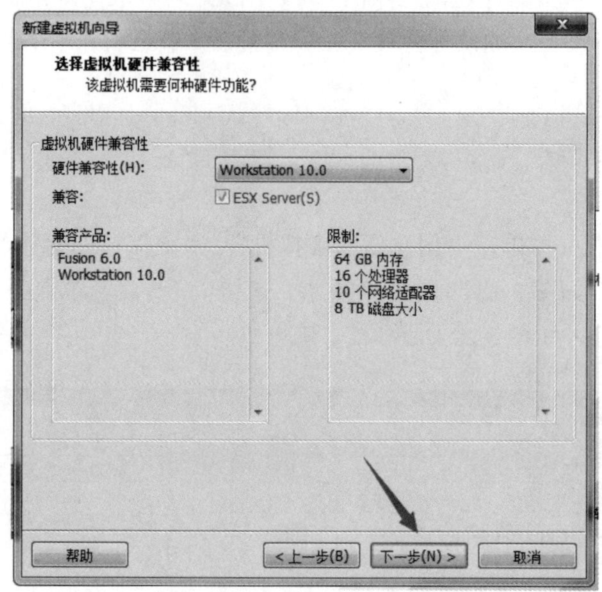

图 3.20　选择虚拟机硬件兼容性

在设置安装来源时，把下载好的系统文件放在指定路径，然后选择“稍后安装操作系统”单选按钮，再单击“下一步”按钮，在“安装程序光盘映像文件”下拉列表中选择下载好的文件，如图 3.21 所示。

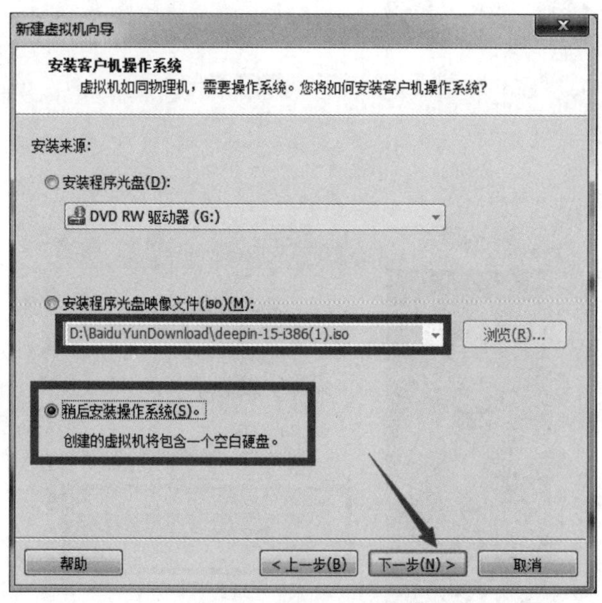

图 3.21　选择安装来源

选择正确的客户机操作系统名称和版本，然后选择一个保存位置，最好不要保存在系统盘中，如图 3.22 和图 3.23 所示。

图 3.22 选择“客户机操作系统”和“版本”

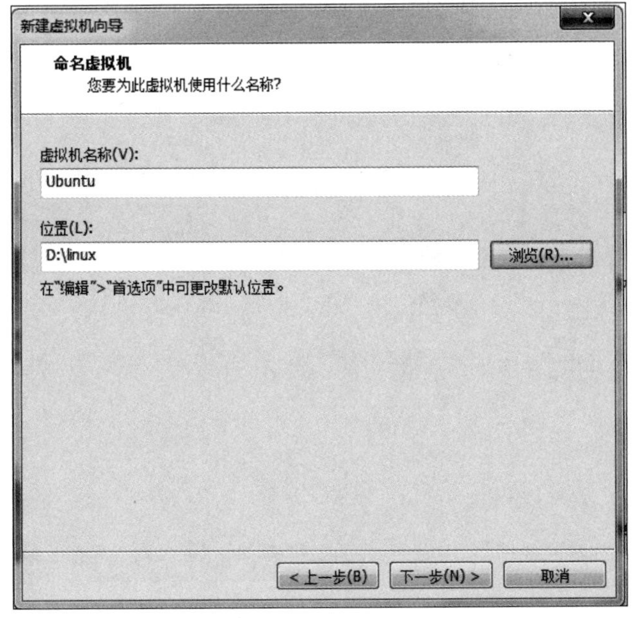

图 3.23 设置“虚拟机名称”并选择保存位置

在“处理器配置”界面中，将“每个处理器的核心数量”设置为“2”，如图 3.24 所示。

单击“下一步”按钮，在弹出的对话框中将“此虚拟机的内存”设置为“1024”，如图 3.25 所示。

图 3.24 “处理器配置”界面

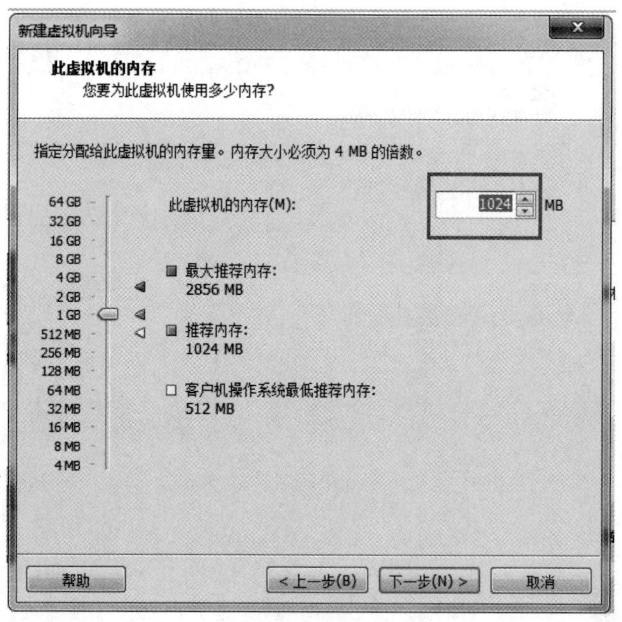

图 3.25 设置“此虚拟机的内存”

在后面的设置中选择使用网络地址转换，然后依次按默认设置。继续单击“下一步”按钮，在弹出的“选择 I/O 控制器类型”界面中选择“LSI Logic”单选按钮，如图 3.26 所示。

在“指定磁盘容量”页面中选择“将虚拟磁盘拆分成多个文件”单选按钮，如图 3.27 所示。

单击“下一步”按钮，在弹出的界面中选择自定义硬件，单击“浏览”按钮导入下载好的镜像文件。导入之后，单击“完成”按钮就建好了一个新的虚拟器。

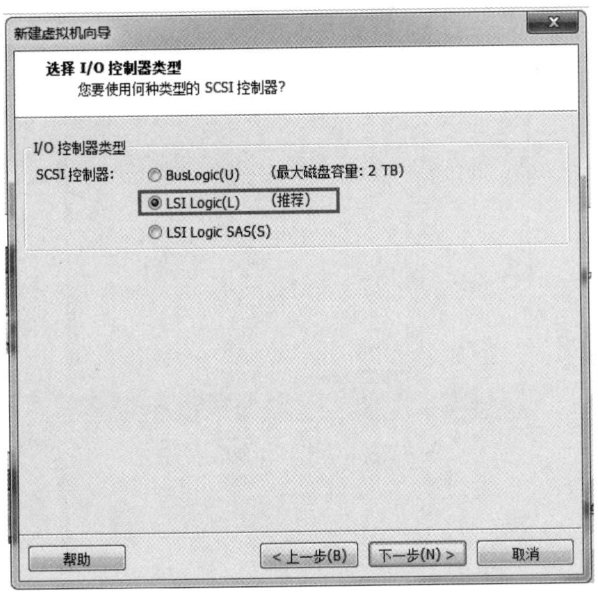

图 3.26 设置 I/O 控制器

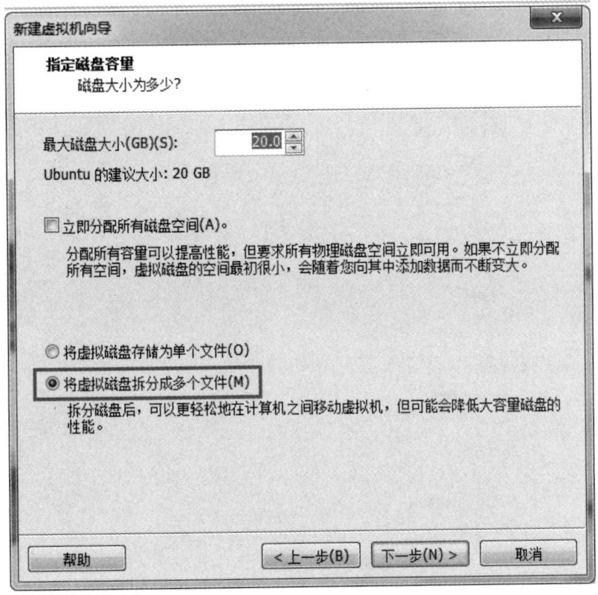

图 3.27 创建虚拟磁盘

3.4.2 设置虚拟机启动项

虚拟机新建完成后，打开虚拟机设置选项，单击“添加”按钮，如图 3.28 所示，打开“添加硬件向导”对话框。在“硬件类型”界面中，选择“硬盘”选项，然后单击“下一步”按钮，如图 3.29 所示。在弹出的“选择磁盘类型”界面中选择“SCSI”单选按钮，如图 3.30 所示。

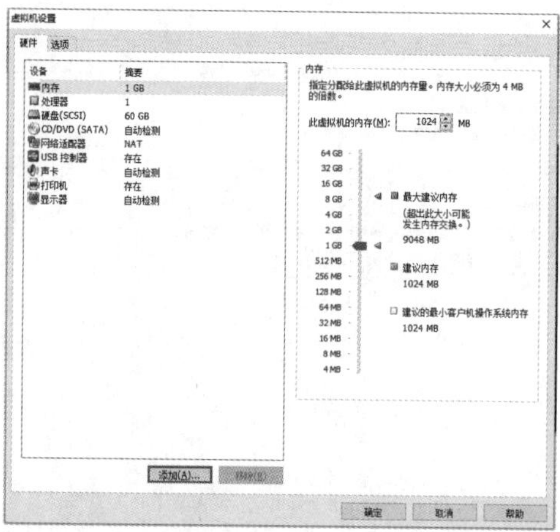

图 3.28　单击“添加”按钮

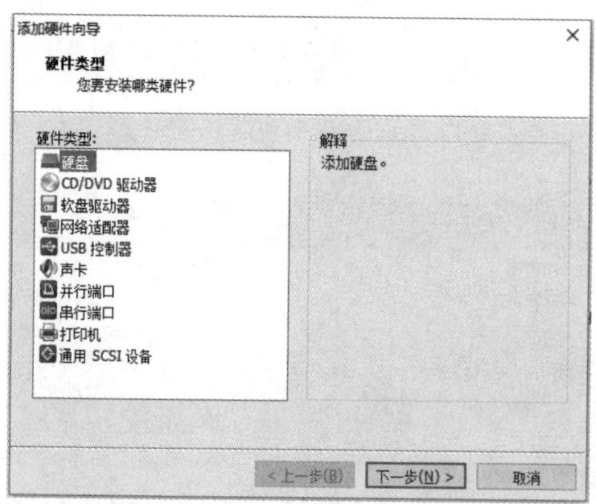

图 3.29　“硬件类型”界面

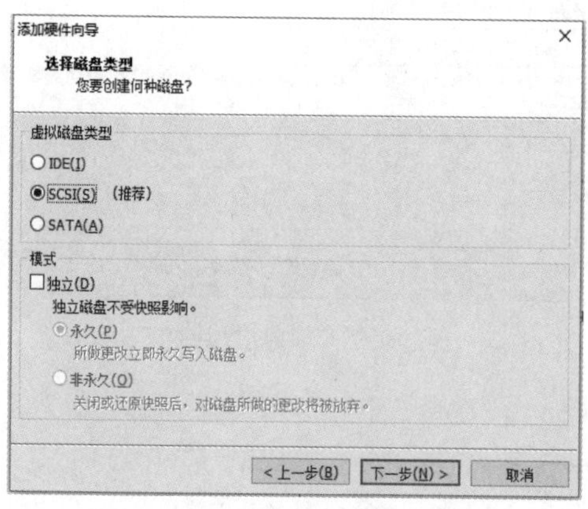

图 3.30　“选择磁盘类型”界面

在“选择磁盘”界面中选择“使用物理磁盘”单选按钮，如图3.31所示。单击“下一步”按钮，在弹出的“选择物理磁盘”界面中，将“设备”设置为“PhysicalDrive1”，如图3.32所示。单击“下一步”按钮，在弹出的页面中将U盘设置为虚拟机的物理磁盘，然后依次单击“下一步”按钮直至完成。

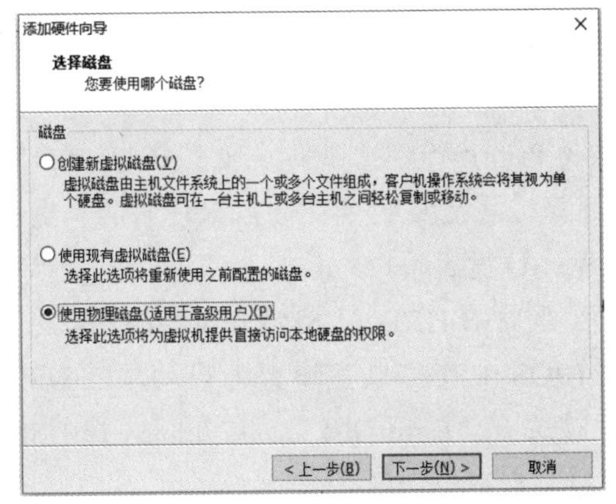

图 3.31 “选择磁盘”界面

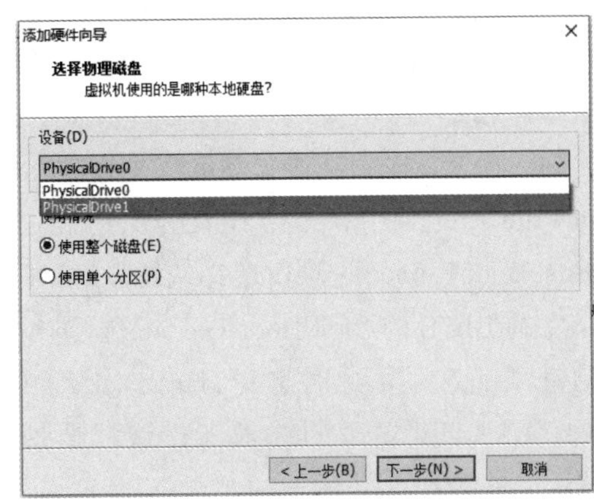

图 3.32 “选择物理磁盘”界面

3.5 操作系统的安装

3.5.1 设置 U 盘启动项

U 盘启动过程中最关键的一步就是设置 U 盘启动，本书以特定型号的计算机为例进行演示，鉴于不同计算机拥有不同的 BIOS，所以设置 U 盘启动各有差异，所以下文的设置可能不适用于所有计算机。

总体来讲，设置计算机从 U 盘启动共有两种方法。第一种方法是利用启动项按键来选择 U 盘启动；第二种方法是进入 BIOS，将 U 盘设置为第一启动项。下面对其进行具体介绍。

第一种方法：利用启动项按键选择 U 盘启动。一般的品牌机（如联想），无论台式机还是笔记本电脑，选择启动项的键都是 F12，开机的时候按下 F12 键会弹出启动项选择界面，从中可以选择计算机的启动项，一般可供选择的启动项有光驱、硬盘、网络、可移动磁盘（U 盘）。如果对英文不是很熟悉，那么确定各个选项代表什么就比较困难，我们可以通过 USB 字样快速选择 U 盘启动。

以上操作是以联想的计算机为例进行的，其余品牌机或者部分组组装计算机也有按键选择启动项的功能，其中，惠普笔记本电脑的选择启动项按键为 F9，戴尔笔记本电脑的选择启动项按键为 F12，部分组组装计算机的选择启动项按键为 F8。一般情况下，也就这几种按键。有些计算机在开机的时候在计算机屏幕下方会显示哪个键可以用来设置启动选项，有些计算机不显示。对于在开机时不显示启动项选择键的计算机，就需要进入 BIOS 界面开启 F12 的 Boot Menu 功能。还有一些计算机是没有按键选择启动项功能的，对于这种计算机只能通过第二种方法来设置 U 盘启动项。

第二种方法：这种方法没有统一的步骤，因为不同版本的 BIOS 相应的 U 盘启动项设置是不同的。总的来说，第二种方法可分为两种情况。

一种情况是没有硬盘启动优先级 Hard Disk Boot Priority 选项，直接在 First Boot Device 选项中选择从 U 盘启动。

另一种情况是存在硬盘启动优先级 Hard Disk Boot Priority 选项，此时，必须在 Hard Disk Boot Priority 选项中将 U 盘设置为优先启动设备，计算机是把 U 盘当作硬盘来使用的。然后在 First Boot Device 选项内选择从硬盘 Hard Disk 或者从 U 盘启动。

有的 BIOS 的 First Boot Device 选项内没有类似于 USB-HDD、USB-ZIP 的将 U 盘设置为启动项的选项，此时选择 Hard Disk 即可。有的 BIOS 中有将 U 盘设置为启动项的 USB-HDD、USB-ZIP 之类的选项，在这种情况下既可以选择“Hard Disk”，也可以选择 USB-HDD、USB-ZIP 之类的选项。

设置计算机从 U 盘启动的步骤如下。

（1）开机根据相应的功能按键进入 BIOS 界面，然后选择 Hard Drive 选项将 U 盘设置为第一启动项，如图 3.33 所示。

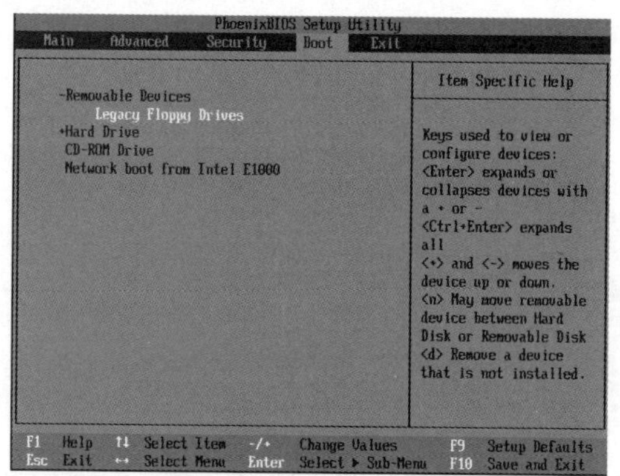

图 3.33　设置 U 盘为第一启动项

（2）在 Exit 界面中，选择 Save Changes 选项，在弹出的提示框中，选择 Yes 选项，如图 3.34 所示。退出 BIOS，重新启动计算机。

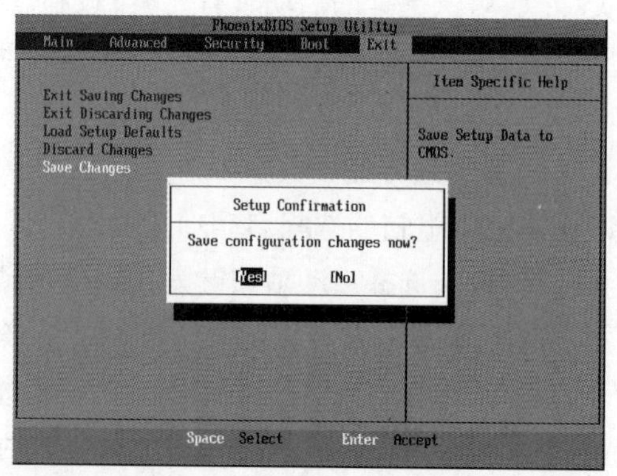

图 3.34　保存修改并退出

3.5.2 进入 Windows PE 操作系统

利用 U 盘启动盘制作工具制作完成的启动 U 盘内部集成的 Windows PE 系统，在启动时会自动检测 U 盘中的 GHO 目录下的 GHO 或者 ISO 镜像文件名称，操作者自动进行安装即可。在 Windows PE 系统中自动安装程序的功能设计思路如下。

进入 Windows PE 桌面后会自动搜索 U 盘中是否存在名为 GHO 的文件夹，如果存在，则继续检测此 GHO 文件夹下的 GHO 和 ISO 镜像文件，然后弹出安装提示界面，安装完毕后将弹出重启提示框。

注：此处的 ISO 镜像文件并非安装的系统镜像文件。

如果想使用本地硬盘中的 GHO 文件进行系统恢复，那么可以单击程序主界面上的更多按钮进行浏览和选择。

如果使用的是未解压出 GHO 文件的 Ghost 版本的 ISO 文件，程序会自动识别和提取 ISO 内的 GHO 文件。

（1）计算机重启后将进入 U 盘启动界面，选择第一个选项或者第二个选项进入 Windows PE 系统，如图 3.35 所示。

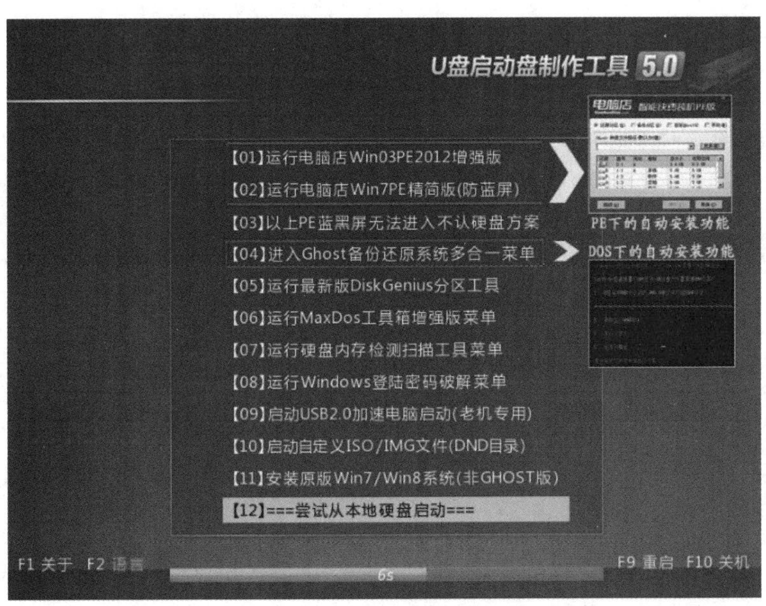

图 3.35 U 盘启动盘选项

（2）进入 Windows PE 系统后，将自动弹出安装界面，选择安装位置，如图 3.36 所示。

（3）选择“确定”按钮后，系统会自动进行分区、格式化，并进入 Ghost 快速安装系统，如图 3.37 所示。

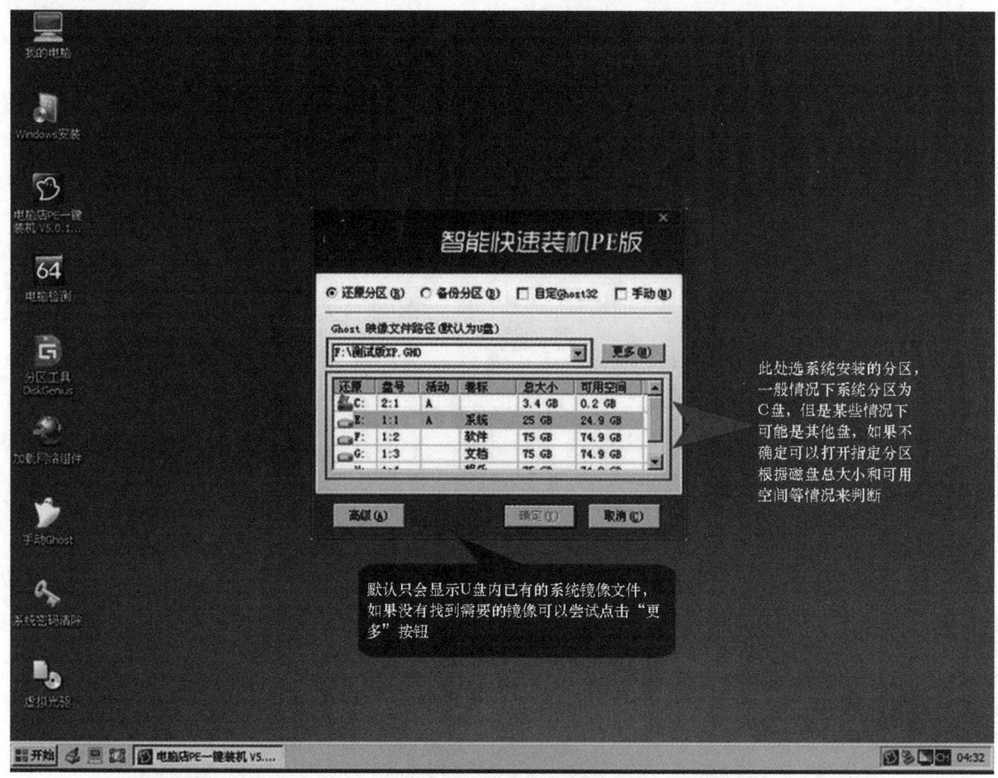

图 3.36　选择安装位置

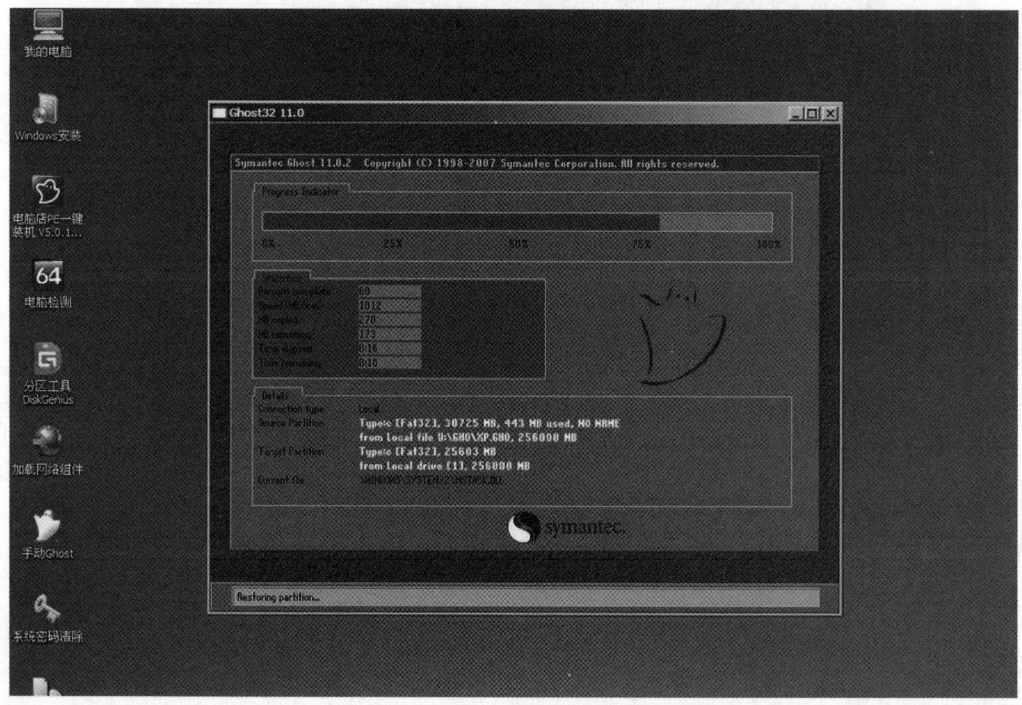

图 3.37　Ghost 快速安装系统

（4）安装完成后，单击弹出的提示框中的“是”按钮（见图 3.38）。重启计算机后，再次选择从硬盘启动。

图 3.38　重启提示框

3.5.3　安装 Windows 7 操作系统

重启计算机，进入等待安装程序从光驱启动界面，程序启动可能需要一些时间，如图 3.39 所示。

图 3.39　安装程序启动界面

阅读许可条款，选择“我接受许可条款”复选框，如图 3.40 所示。

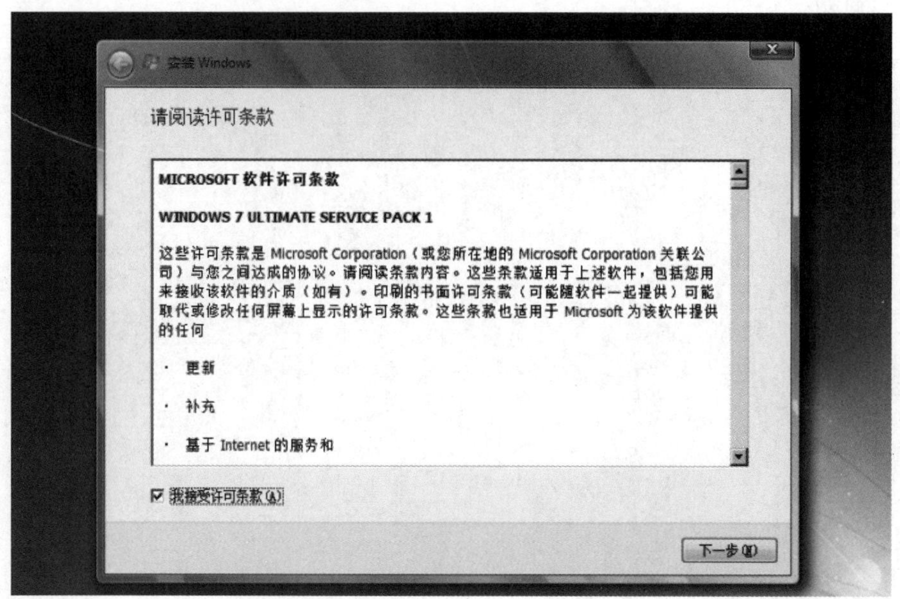

图 3.40　接受许可条款

单击“下一步”按钮，在弹出的界面中选择“自定义”选项，如图 3.41 所示。

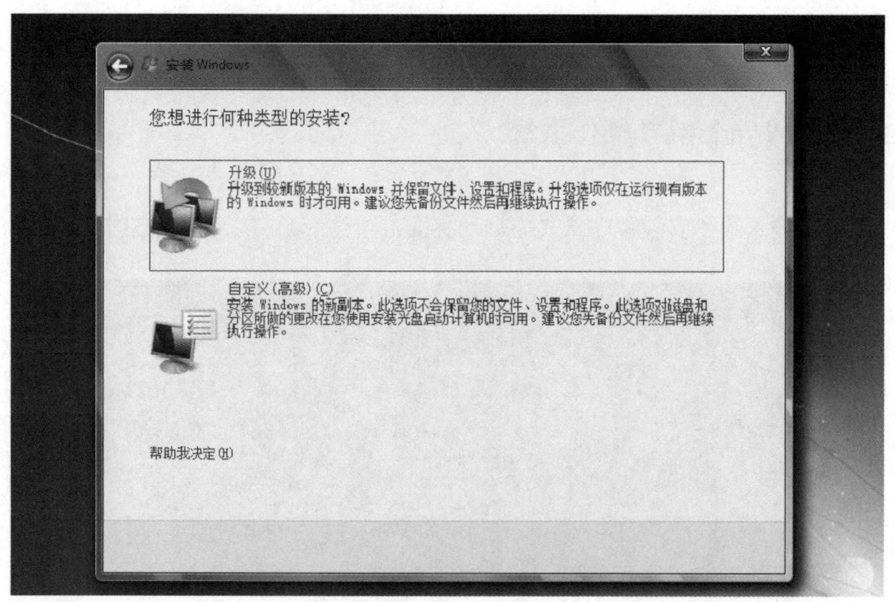

图 3.41　选择“自定义”选项

单击“下一步”按钮，在弹出的界面中单击“驱动器选项”超链接，如图 3.42 所示。

在弹出的界面中，单击“新建”超链接，可以新建分区。若希望保留磁盘原有分区，则无须进行此步操作。单击“格式化”超链接，将对所需分区进行格式化。单击“下一步”按钮，进入正在安装 Windows 界面，安装完毕后，将自动进入 Windows 7 启动界面（见图 3.43）。

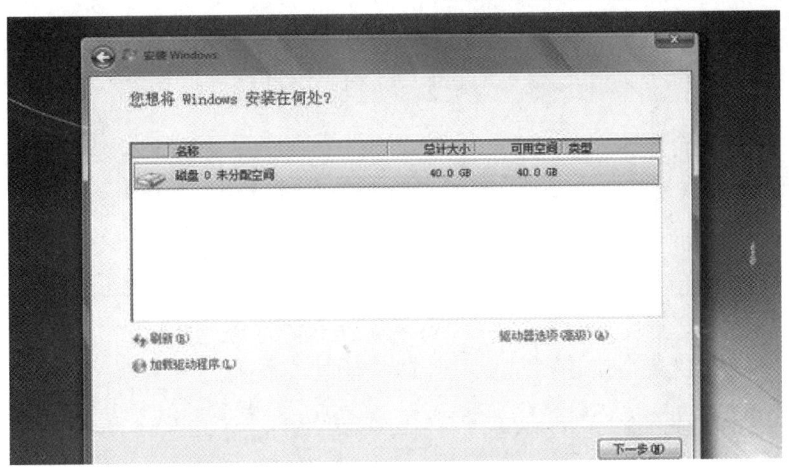

图 3.42　单击“驱动器选项”超链接

图 3.43　进入 Windows 7 启动界面

等待 Windows 7 操作系统安装程序为首次运行计算机做准备，如图 3.44 所示。

图 3.44　等待 Windows 7 操作系统安装程序为首次运行计算机做准备

准备完成后，在弹出的对话框中设置系统的用户名和计算机名称，设置完成后，单击“下一步”按钮，如图 3.45 所示。

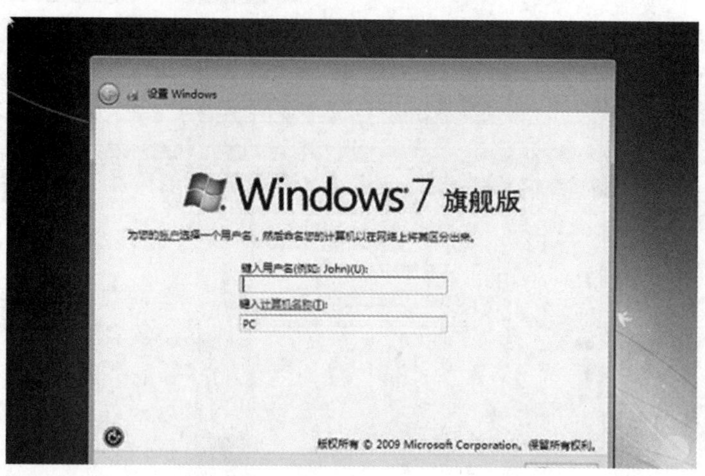

图 3.45　设置系统用户名和计算机名称

在弹出的界面中，输入 Windows 产品密钥，激活 Windows 7 操作系统。单击“下一步”按钮，在弹出的界面中，设置系统时间和日期，一般保持默认即可，单击“下一步”按钮，直至完成设置。完成设置后将进入 Windows 7 欢迎界面，如图 3.46 所示。

图 3.46　Windows 7 欢迎界面

桌面程序加载完成，进入系统桌面，Windows 7 操作系统安装完成。桌面程序加载界面如图 3.47 所示。

图 3.47　桌面程序加载界面

3.5.4 安装 Windows 8 操作系统

重启计算机，进入安装程序载入界面，如图 3.48 所示。

设置准备就绪后，弹出如图 3.49 所示的“个性化”界面。

图 3.48 安装程序载入界面

图 3.49 “个性化”界面

拖动滑块设置主题颜色，在“电脑名称”文本框中输入本机名称。

单击“下一步”按钮，打开“快速设置”界面，如图 3.50 所示，单击“自定义”按钮。

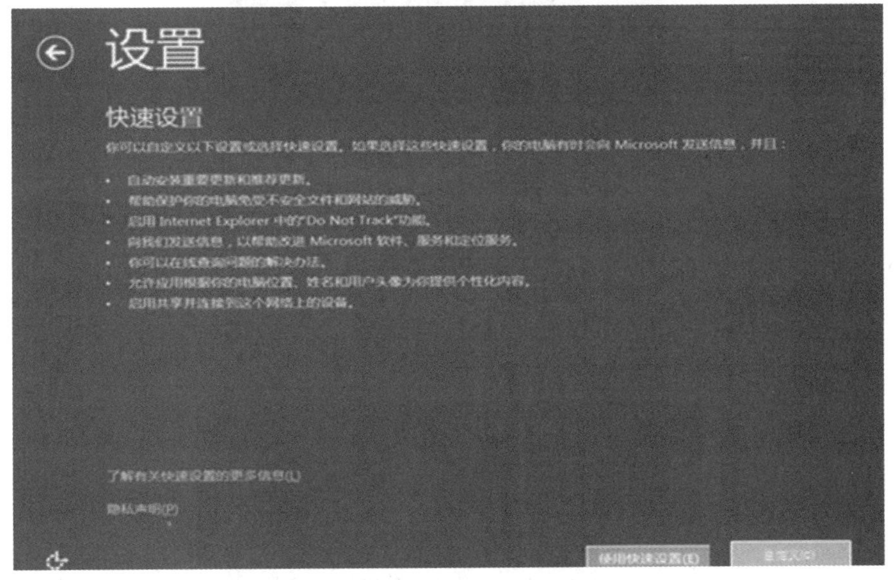

图 3.50 选择自定义设置

在“登录到电脑”界面，单击“不使用 Microsoft 账户登录”超链接，在弹出的界面中设置用户名和密码，如图 3.51 所示。

图 3.51　设置用户名和密码

单击“完成”按钮，完成设置。系统进入 Windows 操作系统演示界面，如图 3.52 所示。

图 3.52　Windows 操作系统演示界面

完成 Windows 系统操作演示后，将弹出如图 3.53 所示的准备界面。

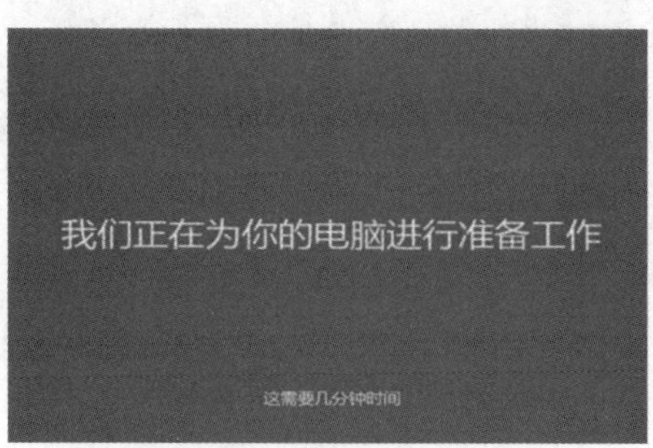

图 3.53　开始准备工作

准备工作完成之后，登录 Windows 8 操作系统，如图 3.54 所示。

图 3.54 登录成功

3.5.5 安装 Windows 10 操作系统

开启计算机，进入 Windows 10 安装界面，如图 3.55 所示。

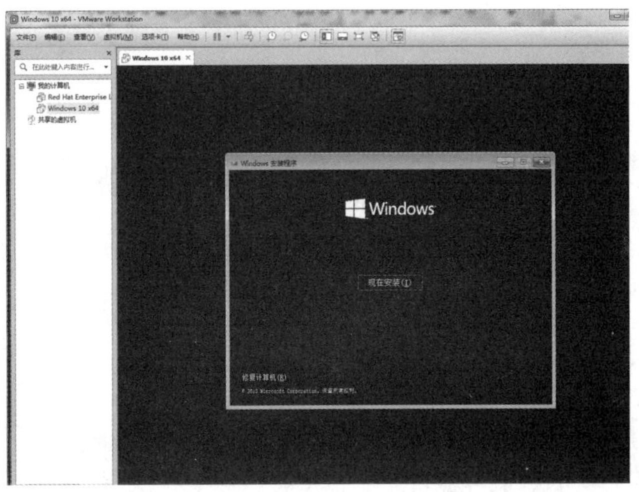

图 3.55 Win10 安装画面

单击“现在安装”按钮，进入“许可条款”界面，如图 3.56 所示。

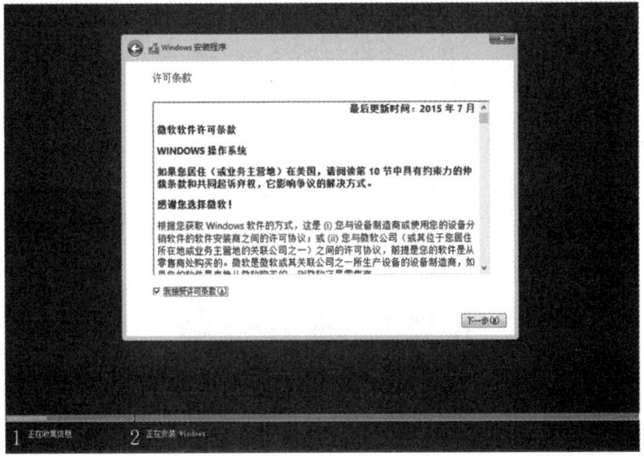

图 3.56 阅读许可条款

单击，“下一步”按钮选择新建的磁盘，单击“格式化”图标，进行格式化，如图 3.57 所示。

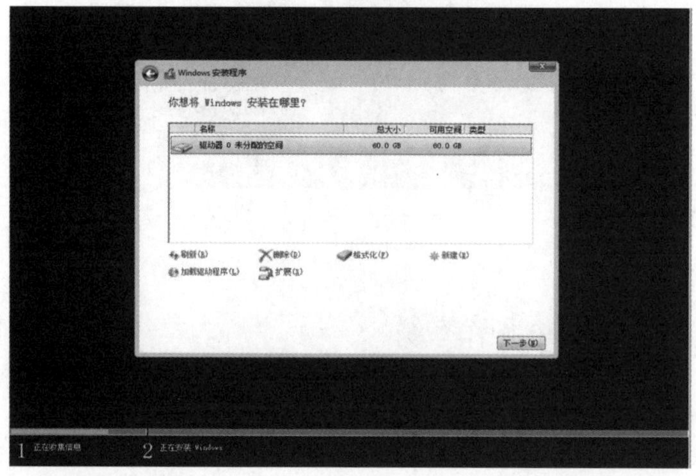

图 3.57　格式化磁盘

单击“下一步”按钮进入正式安装 Windows10 操作系统的程序准备阶段，如图 3.58 所示。

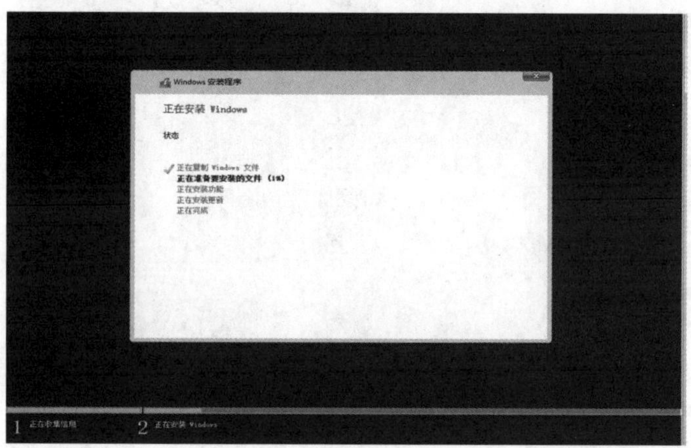

图 3.58　安装 Windows 10 操作系统的程序准备阶段界面

程序安装完成后，在弹出的界面中选择“快速设置”按钮，根据导向完成账户创建、用户名命名和密码设置。单击“完成”按钮后弹出如图 3.59 所示的准备界面。

图 3.59　Windows 10 操作系统准备界面

重启计算机后，若能出现如图 3.60 所示桌面，则证明已经初步完成安装。

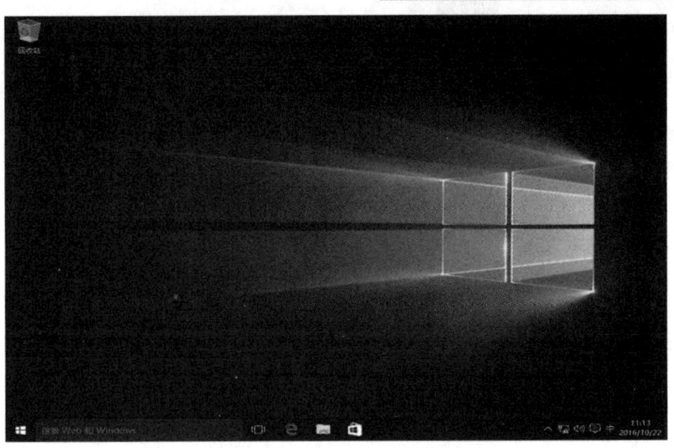

图 3.60 Windows 10 初步安装完成桌面

3.5.6 安装 Linux 操作系统

本节以安装 Red Hat Enterprise Linux 5 为例，来讲解 Linux 操作系统的安装。设置好 VMware 虚拟机及 Linux 5 的镜像文件后开始安装。

（1）开启 Linux 虚拟机后，将进入如图 3.61 所示的系统检测界面。

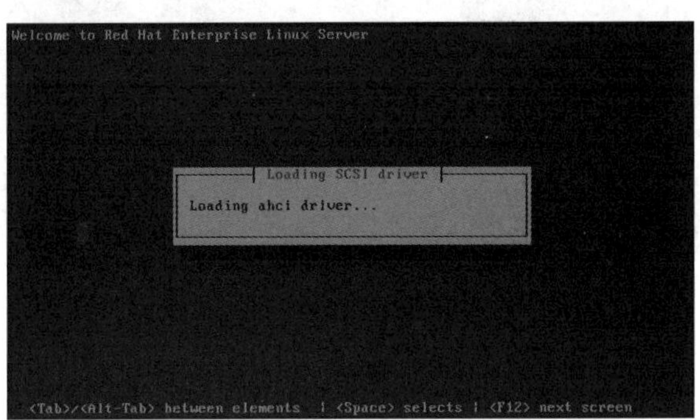

图 3.61 系统检测界面

（2）检测完毕后，进入 Linux 格式化界面，如图 3.62 所示。

图 3.62 Linux 格式化界面

（3）完成格式化后，系统进入 Linux 安装界面，安装需要 10 ～ 15min，如图 3.63 所示。

图 3.63　Linux 安装界面

（4）安装完成后，重启计算机将进入如图 3.64 所示的 Linux 启动界面。

```
Starting udev:                                                    [  OK  ]
Loading default keymap (us):                                      [  OK  ]
Setting hostname localhost.localdomain:                           [  OK  ]
No devices found
Setting up Logical Volume Management:                             [  OK  ]
Checking filesystems
/: clean, 90193/4643968 files, 638691/4640776 blocks
/boot: clean, 35/76304 files, 25715/305200 blocks
                                                                  [  OK  ]
Remounting root filesystem in read-write mode:                    [  OK  ]
Mounting local filesystems:                                       [  OK  ]
Enabling local filesystem quotas:                                 [  OK  ]
Enabling /etc/fstab swaps:                                        [  OK  ]
INIT: Entering runlevel: 5
Entering non-interactive startup
Applying Intel CPU microcode update:                              [  OK  ]
Starting background readahead:                                    [  OK  ]
Checking for hardware changes^[                                   [  OK  ]
Applying ip6tables firewall rules:                                [  OK  ]
^[^AApplying iptables firewall rules:                             [  OK  ]
Loading additional iptables modules: ip_conntrack_netbios_n[  OK  ]
Starting mcstransd:                                               [  OK  ]
Bringing up loopback interface:                                   [  OK  ]
Bringing up interface eth0:
Determining IP information for eth0..._
```

图 3.64　Linux 启动界面

（5）系统启动完成后将看到如图 3.65 所示的 Linux 操作系统界面。

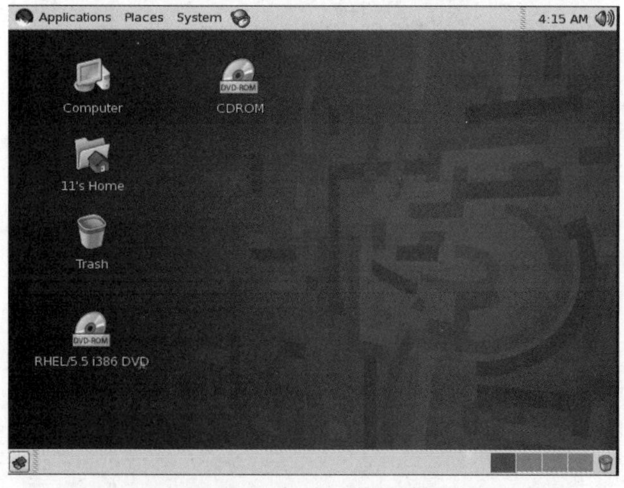

图 3.65　Linux 操作系统界面

单元测试

一、选择题

1．关于 BIOS 的说法，错误的是（　　）。

A．BIOS 是连通软件程序和硬件设备之间的枢纽

B．BIOS 是英文 Basic Input Output System 的简称，即基本输入输出系统

C．BIOS 和 CMOS 是相同的概念

D．目前市面上流行的主板 BIOS 主要有 Phoenix-Award BIOS 和 AMI BIOS

2．如果是组装计算机，并且是 Phoenix-Award 或 AMI 的 BIOS 设置程序，按（　　）键就可以进入 BIOS 设置界面。

A．F2　　B．Del　　C．Esc　　D．F10

3．在 Advanced BIOS Features 选项中，可以设置（　　）。

A．Date 和 Time　　B．IDE 和 SATA　　C．Halt on　　D．First Boot Device

4．硬盘的数据传输率是衡量硬盘速度的一个重要参数，它是指计算机从硬盘中准确找到相应的数据并传送到内存的速率，分为内部传输速率和外部传输速率，其中，内部传输速率是指（　　）。

A．硬盘的高速缓存到内存

B．CPU 到 Cache

C．内存到 CPU

D．硬盘的磁头到硬盘的高速缓存

5．ROM 的意思是（　　）。

A．软盘驱动器　　B．随机存储器　　C．硬盘驱动器　　D．只读存储器

6．在计算机系统中（　　）的存储容量最大。

A．内存　　B．软盘　　C．硬盘　　D．光盘

7．开机后，计算机首先进行设备检测，该检测称为（　　）。

A．启动系统　　B．设备检测　　C．开机　　D．系统自检

8．目前对于大多数计算机来讲，要想使用 BIOS 对 CMOS 参数进行设置，开机后，应按下的键是（　　）。

A．Ctrl　　B．Shift　　C．空格　　D．Del

9．操作系统是现代计算机必不可少的系统软件之一，下列关于操作系统的叙述错误的是（　　）。

A．Linux 操作系统是由美国 Linux 公司开发的

B．UNIX 操作系统是一种多用户分时操作系统，可用于计算机

C．目前 Windows XP 操作系统有多个不同版本

D．Windows Server 2003 操作系统属于网络操作系统

10．操作系统是（　　）。

A．CPU 与主板之间接口　　B．用户与软件之间接口

C．用户与硬件之间接口　　D．内存与外存之间接口

11．Windows XP 操作系统可以支持多个工作站共享网络上的打印机，下面的叙述中错误的是（　　）。

A．需要打印的文件，按“先来先服务”的顺序存放在打印队列中

B．用户可查看打印队列的排队顺序

C．用户可暂停正在打印机上打印的打印任务

D．用户不能终止正在打印机上打印的打印任务

12．计算机上运行的 Windows 10 操作系统属于（　　）。

A．单用户单任务系统　　B．单用户多任务系统

C．多用户多任务系统　　D．实时系统

13．下列操作系统产品中，（　　）是一种“自由软件”，其源代码向世人公开。

A．DOS　　B．Windows　　C．UNIX　　D．Linux

二、简答题

1．简述从按下计算机 Power 键到进入操作系统的整个过程。

2．描述对操作系统维护的常用操作。

3．如果让你去 DIY 一台计算机，你会如何考虑？

4．只读存储器和随机存储器有什么区别？

第四章　驱动程序及常用软件的安装与计算机病毒的防治

4.1　驱动程序的含义及其安装

操作系统安装好后，或许会出现没有声音、图像显示效果差等现象，其原因是未安装驱动程序。没有安装驱动程序的硬件不能工作在最佳状态，因此需要给每个硬件安装驱动程序，并及时更新。那么应该如何为硬件安装或更新驱动程序呢？

4.1.1　驱动程序的含义

驱动程序一般是指设备驱动程序(Device Driver)，是一种使计算机和设备通信的特殊程序，相当于硬件的接口。操作系统只有通过这个接口，才能控制硬件设备的工作。如果某个设备的驱动程序未能正确安装，那么就不能正常工作。因此，驱动程序常被比喻为“硬件的灵魂”“硬件的主宰”“硬件与系统间的桥梁”等。

驱动程序在系统中具有十分重要的地位，一般当操作系统安装完毕后，首要任务便是安装硬件设备的驱动程序。不过，并不需要安装所有硬件设备的驱动程序，如硬盘、显示屏、光驱等就不需要安装驱动程序，而显卡、声卡、扫描仪、摄像头、MODEM（调制解调器）等就需要安装驱动程序。另外，不同版本的操作系统对硬件设备的支持是不同的，一般情况下操作系统的版本越高其支持的硬件设备越多。

驱动程序可以界定为官方正式版、微软 WHQL 认证版、第三方驱动程序、发烧友修改版、测试版。

1. 官方正式版

官方正式版驱动程序是指按照芯片厂商的设计研发出来的，经过反复测试、修正，最终通过官方渠道发布出来的正式版驱动程序，又名公版驱动。通常官方正式版驱动程序的发布

方式包括官方网站发布及硬件产品附带光盘这两种方式。稳定性和兼容性好是官方正式版驱动程序最大的优点，同时也是区别于发烧友修改版驱动程序与测试版驱动程序的显著特征。对于普通用户来说，推荐使用官方正式版驱动程序；对于喜欢尝鲜、体现个性的用户，推荐使用发烧友修改版驱动程序及测试版驱动程序。

2. 微软 WHQL 认证版

WHQL 是 Windows Hardware Quality Lab 的缩写，中文解释为 Windows 硬件质量实验室。WHQL 是微软对各硬件厂商驱动程序的一个认证，用于测试驱动程序与操作系统的相容性及稳定性。也就是说，通过了 WHQL 认证的驱动程序与 Windows 系统基本上不存在兼容性的问题。

3. 第三方驱动程序

第三方驱动程序一般是指硬件产品厂商（OEM）发布的基于官方版驱动程序优化的驱动程序。第三方驱动程序具有良好的稳定性和兼容性，其基于官方正式版驱动程序优化，比官方正式版拥有更加完善的功能和更加强劲的整体性能。因此，对于品牌机用户来说，推荐首选第三方驱动程序，其次才是官方正式版驱动程序；对于组装计算机用户来说，第三方驱动程序的选择可能相对复杂，因此推荐首选官方正式版驱动程序。

4. 发烧友修改版

提到发烧友，首先会联想到显卡，这是为什么呢？因为一直以来，发烧友通常都被用来形容游戏爱好者。这也正好和发烧友修改版驱动程序的诞生典故相符，因为发烧友修改版驱动程序最先出现的就是显卡驱动程序。由于众多发烧友对游戏的狂热，其对于显卡性能的期望比较高。厂商所发布的显卡驱动往往不能满足游戏爱好者的需求，因此经修改过的可以满足游戏爱好者更多功能性需求的显卡驱动程序应运而生。发烧友修改版驱动程序又名改版驱动程序，是指经修改过的驱动程序，但不专指经修改过的驱动程序。

5. 测试版

测试版驱动程序是指处于测试阶段，还没有正式发布的驱动程序。这样的驱动程序往往具有稳定性不够、与系统的兼容性不够等缺陷。尝鲜和风险总是同时存在的，所以使用测试版驱动程序的用户要做好出现故障的心理准备。

用户可以通过“设备管理器”来检查各类驱动程序是否安装完成并已经被启用，如图 4.1 所示。

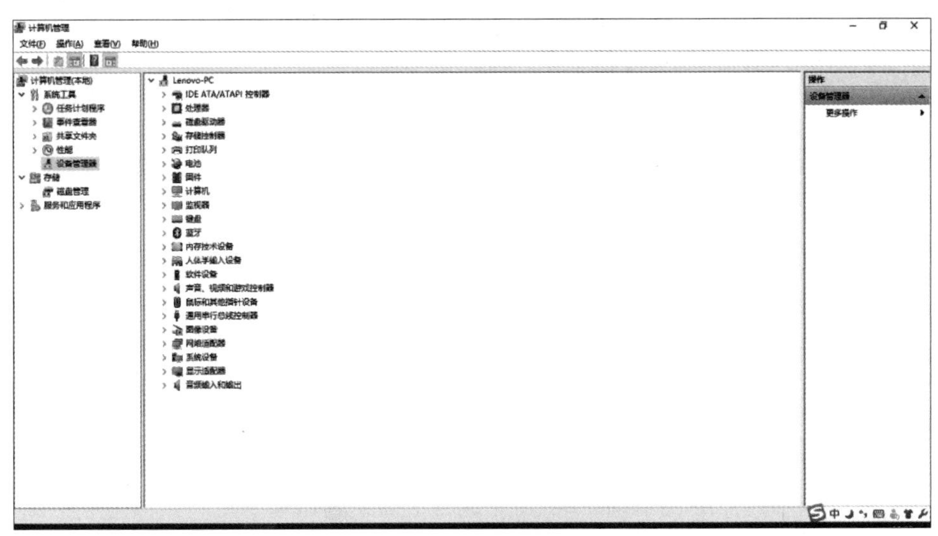

图 4.1 “设备管理器”界面

4.1.2 驱动程序的安装

驱动程序的第一种安装方式是通过设备管理器进行安装，如果该设备未被系统识别，则设备名称旁边会出现黄色或者红色标记。在相应的设备上右击，弹出如图 4.2 所示快捷菜单，选择“更新驱动程序软件”命令，进入选择搜索驱动程序方式界面。在该界面中既可以选择自动搜索，也可以选择指定位置搜索，按照要求选择相应的选项便可以安装相应的驱动程序。“浏览计算机上的驱动程序文件”界面如图 4.3 所示。

图 4.2 选择“更新驱动程序软件”命令

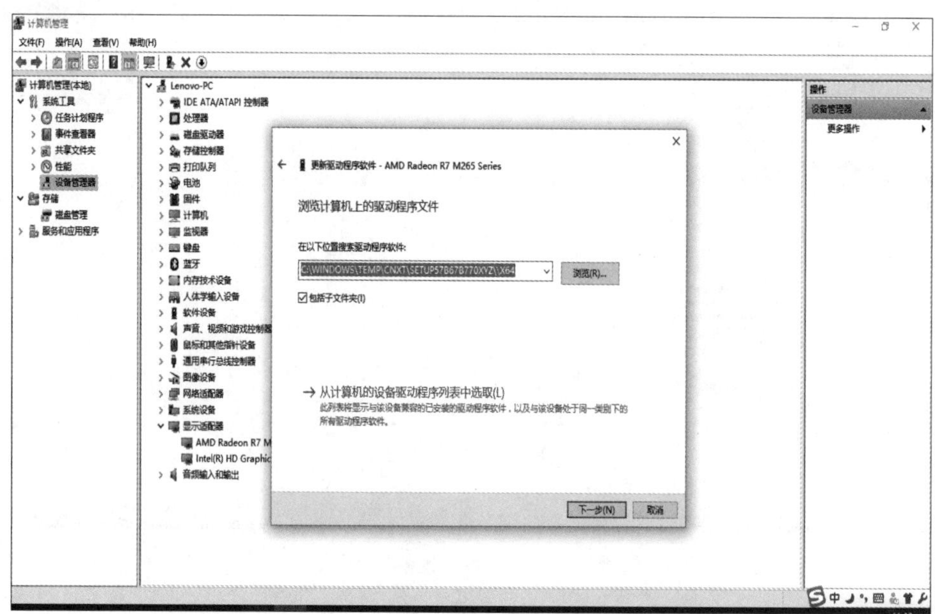

图 4.3 “浏览计算机上的驱动程序文件”界面

驱动程序的第二种安装方式是登录各硬件厂商的官网下载驱动安装程序，如图 4.4 所示。

图 4.4 硬件厂商官方网站

驱动程序的第三种安装方式是最方便的安装方法，即下载相关的驱动精灵或者鲁大师的驱动管理软件。“360 驱动大师”界面如图 4.5 所示，单击“驱动安装”按钮，软件会自动检测计算机硬件，并给出这些设备的驱动安装详细条目，用户可以选择相应的驱动进行下载和安装。该方式不仅简单快捷，而且可以将所有硬件设备的驱动程序“一网打尽”。

图 4.5 “360 驱动大师”界面

4.2 常用应用软件的安装

安装完操作系统和相应的驱动程序之后，一般还需要安装各种类型的应用软件，以满足各种类型需求。应用软件就是在操作系统界面上开发的各种程序语言，一般可以分为办公软件、杀毒软件、下载软件、计算机检测软件等。现阶段安装应用软件的方法都是从互联网上下载安装包后进行安装。

4.2.1 安装 Office 系列软件

Office 2016 对于喜欢微软办公软件的用户很有吸引力，能够在 Windows 10 操作系统中使用最新版的 Office 软件也是一大幸事。登录 Office 官网下载 Office 2016 专业版安装包，打开安装包进行安装。Office 2016 的安装过程如图 4.6 ～图 4.8 所示。

图 4.6 Office 2016 的安装过程（1）

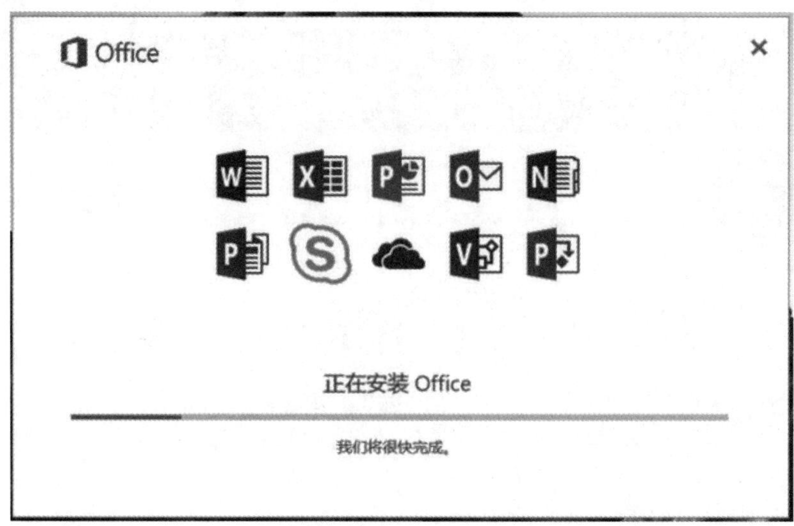

图 4.7　Office 2016 的安装过程（2）

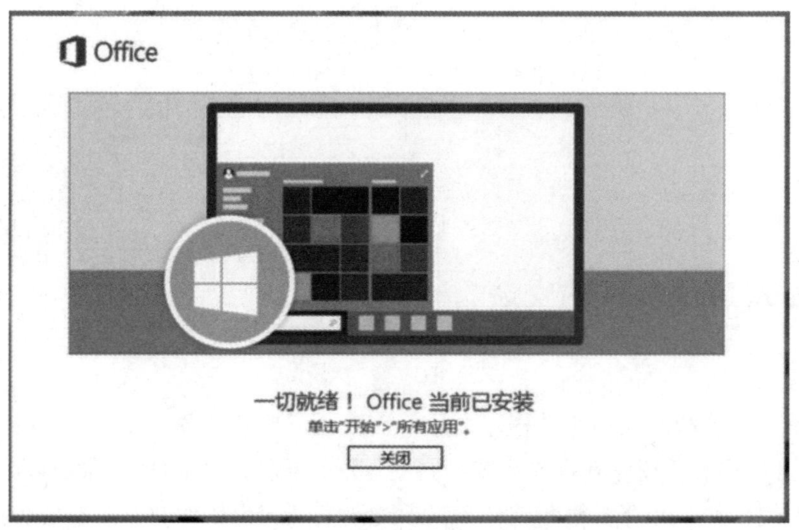

图 4.8　Office 2016 的安装过程（3）

4.2.2　安装 360 系列杀毒软件

360 杀毒是 360 安全中心出品的一款免费的云安全杀毒软件。它整合了五大领先查杀引擎，即国际知名的 BitDefender 病毒查杀引擎、小红伞病毒查杀引擎、360 云查杀引擎、360 主动防御引擎及 360 第二代 QVM 人工智能引擎，为用户带来了安全、专业、有效、新颖的查杀防护体验。艾瑞咨询的数据显示，截至 2019 年，360 杀毒月用户已突破 4.7 亿人，稳居安全查杀软件市场份额前列。

本节以安装 360 杀毒和 360 安全卫士为例进行说明。登录 360 官网，下载相应的安装包，安装后就可以使用 360 杀毒软件了。360 杀毒界面如图 4.9 所示。

图 4.9 “360 杀毒”界面

360 安全卫士的安装步骤与 360 杀毒的安装步骤类似，安装完 360 安全卫士后，双击 360 安全卫士图标，就可以使用该软件了。“360 安全卫士”界面如图 4.10 所示。

图 4.10 “360 安全卫士”界面

4.2.3 安装下载软件

本节以安装迅雷软件为例进行讲解。登录迅雷官网，下载迅雷软件安装包，打开安装包后，单击“一键安装”按钮，如图 4.11 所示。

图 4.11　一键安装迅雷软件

安装完成后，就可以使用迅雷软件了。迅雷界面如图 4.12 所示。

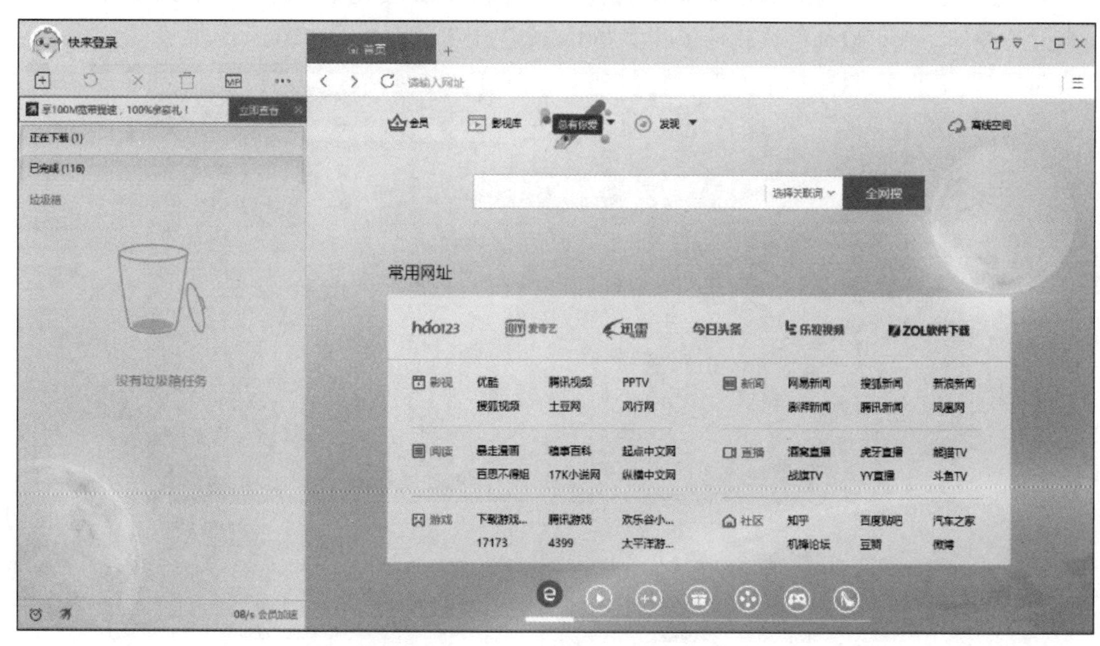

图 4.12　“迅雷”界面

4.2.4　安装计算机检测软件

本节以安装鲁大师软件为例进行讲解。登录鲁大师官网，下载鲁大师软件安装包，打开安装包后，单击“开始安装”按钮，如图 4.13 所示。

图 4.13 安装鲁大师软件

安装完成后，打开鲁大师软件，单击“立即体验”按钮，即可开始检测计算机。“鲁大师”界面如图 4.14 所示。

图 4.14 “鲁大师”界面

4.3 计算机病毒的防范和处理

计算机病毒（Computer Virus）是编制者在计算机程序中插入的能破坏计算机功能或者数据，能影响计算机的使用，能自我复制的一段计算机指令或者程序代码。

计算机病毒具有传播性、隐蔽性、感染性、潜伏性、可激发性、表现性及破坏性。计算机病毒的生命周期为：开发期→传染期→潜伏期→发作期→发现期→消化期→消亡期。

计算机病毒是一个程序，是一段可执行代码。它就像生物病毒一样，具有自我繁殖、互相传染及激活再生等生物病毒特征。计算机病毒有独特的复制能力，能够快速蔓延，难以根除。它们能附着在各种类型的文件上，当文件被复制或从一个用户传送给另一个用户时，就会随同文件蔓延。

4.3.1 计算机病毒的传播方式

随着网络的高速发展，计算机病毒从以前的通过软盘、U 盘、盗版游戏光碟等硬件传播，发展为现在的主要通过网络传播，走上了高速传播之路。网络成为计算机病毒的第一传播途径。

网络是人们日常生活中不可缺少的一部分，不仅可以提高人们的工作效率，而且其使用成本也在日益下降，所以网络逐步被人们接受并得到广泛使用。由于发送商务来往的电子邮件，以及浏览网页、下载软件、即时通信软件、网络游戏等，都是通过互联网这种媒介进行的，因此电子邮件、网页等也是常见的病毒传播途径。

1. 通过电子邮件进行传播

病毒附着在电子邮件中，一旦用户打开邮件，病毒就会被激活并感染计算机。常见的电子邮件病毒一般都是通过 E-mail 自动上传至 FTP 和 Web，从而使病毒在网络中传播的。

2. 利用操作系统漏洞进行传播

操作系统固有的一些设计缺陷被恶意利用后，可执行任意代码，这些缺陷就是系统漏洞。病毒往往利用系统漏洞进入系统，以达到传播的目的。

3. 通过即时通信软件进行传播

有时候频繁地打开通过即时通信软件传来的网址、来历不明的邮件及附件等，会导致网络病毒进入计算机。现在有很多木马病毒可以通过即时通信软件进行传播，一旦在线好友中有一人的计算机感染了病毒，那么其他在线好友都有可能遭到病毒的入侵。

4. 通过网页进行传播

网页病毒主要是利用软件或系统操作平台等的安全漏洞，通过执行嵌入在网页 HTML 超文本标记语言内的 Java Applet、Java Script 和 ActiveX 的可自动执行的代码程序来传播的。因网页病毒可强行修改用户操作系统的注册表设置及系统实用配置程序，能够给用户的操作系统带来不同程度的破坏。病毒拦截界面如图 4.15 所示，病毒发作漫画如图 4.16 所示。

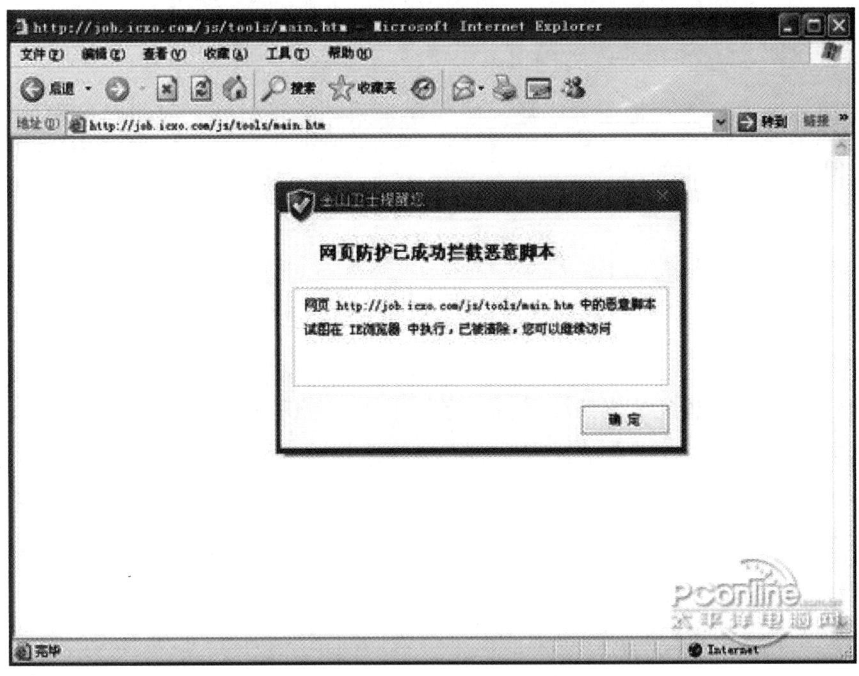

图 4.15 病毒拦截界面

图 4.16 病毒发作漫画

5. 通过移动存储设备进行传播

移动存储设备包括常见的光盘、移动硬盘、U 盘（含数码相机、MP3 等）。光盘的存储容量大，所以大多数软件都刻录在光盘上，以便互相传递。盗版光盘上的软件和游戏都是非法复制的，是传播计算机病毒的主要途径。U 盘因其超大空间的存储量，成为使用最广泛、最频繁的移动存储介质，这也为计算机病毒的寄生提供了更宽裕的空间。因此 U 盘成了病毒传播的又一大途径。

6. 通过不可移动的计算机硬件设备进行传播

计算机病毒通过不可移动的计算机硬件设备进行传播即通过专用集成电路芯片（ASIC）进行传播。这种计算机病毒虽然极少，但破坏力极强，目前并没有较好的检测手段。

7. 通过点对点通信系统和无线通道进行传播

虽然这种传播途径还不是十分广泛，但是在未来的信息时代，其很可能与网络传播途径成为计算机病毒扩散的两大主要途径。

4.3.2 计算机病毒的防范

无论是新手还是熟手，杀毒软件和网络防火墙都是必需的。在上网前或在计算机启动后马上运行这些软件，就好像给你的计算机“穿”上了一层厚厚的“保护衣”，就算不能完全杜绝网络病毒的袭击，但可以把大部分网络病毒“拒之门外”。目前市场上的杀毒软件非常多，功能也十分接近，大家可以根据需要购买正版的杀毒软件，也可以在网上下载免费的杀毒软件，但千万不要使用一些破解的杀毒软件，以免因小失大。安装杀毒软件后，要坚持定期更新病毒库和杀毒程序，以最大限度地发挥软件应有的功效，为计算机带来“铁桶”般的保护。

网络病毒之所以得以泛滥，在很大程度上与人们的惰性和侥幸心理有关。当文件下载后，最好立即用杀毒软件扫描一遍，不要怕麻烦，即使文件是 Flash、MP3、文本文件格式的也不能掉以轻心，因为现在已经有病毒可以藏身在这些容易被大家忽视的文件中了。

很多用户被网页病毒袭击是因为访问了不良站点，所以不要去浏览这类网页。另外，在论坛、聊天室等地方看到某个 URL 时，千万要小心，以免不幸“遇害”，也可以尝试使用以下步骤加以防范。

（1）打开杀毒软件和网络防火墙。

（2）把“Internet”选项的安全级别设为“高”。

（3）尽量使用以 IE 为内核的浏览器，然后在浏览器中新建一个空白标签，并关闭 Java Applet、ActiveX 后再输入 URL。

虽然目前网上的“免费午餐”越来越少，但仍有一些网站坚持向网民们提供免费的在线查毒服务。对于没有安装查毒软件又担心会受到网络病毒袭击的用户，可以利用在线查毒服务为自己的计算机进行体检。

（1）各网站的在线查毒服务有所不同，使用前要仔细阅读相关说明再进行操作。

（2）由于查毒时需要调用浏览器的 ActiveX 控件，因此查毒前要先检查 IE 的“Internet”选项的“安全”界面中的此功能是否打开，并相应降低安全级别（一般设置为“中等”即可）。

在发现“你中奖了”“打开附件会有意外惊喜”这些信息或类似广告的邮件标题时，最好马上把该邮件删掉。对于形迹可疑的邮件（特别是 HTML 格式的），不要随便打开，如果是熟悉的朋友发来的，可以先与对方核实后再进行处理。同时，有必要采取如下措施来预防邮件病毒。

（1）尽量不要将 Outlook 作为邮件客户端，可用 Foxmail 等；可以用文本方式书写和阅读邮件，以防潜伏在 HTML 中的病毒。

（2）多使用远程邮箱功能。利用远程邮箱的预览功能（查看邮件的标题和部分正文），可以及时找出垃圾邮件和可疑邮件。

（3）不要在 Web 邮箱中直接阅读可疑邮件。这种阅读方法与浏览网页的原理一样，需要执行一些脚本或 Applet 才能显示信息，有一定危险性。

当前各种各样的安全漏洞给网络病毒开了方便之门（其中 IE 和 PHP 脚本语言的漏洞最多），所以平时除了注意及时对系统软件和网络软件进行必要的升级，还要尽快为各种漏洞打上最新的补丁。检测漏洞的简易方法就是直接使用系统中自带的“Update”功能，对计算机进行一次“全身检查”并打上安全补丁。当然也可以使用其他软件对计算机进行安全检测（如东方卫士的系统漏洞检测精灵），以便及早发现漏洞。

网络病毒要对计算机进行破坏，总要调用系统文件的执行程序（如 at.exe、delete.exe、deltree.exe 等）。根据这个特点，可以通过对这些危险文件改名、改后缀名、更换存放目录、用软件进行加密保护等方法进行防范。

为了保证计算机内重要数据的安全，定时备份是必不可少的。如果能做好备份工作，即使计算机受到了网络病毒的全面破坏，也能把损失减至最小。当然，前提条件是必须保证备份的数据没被病毒感染。另外，尽量把备份文件存放到移动硬盘或隐藏分区中，以免“全军覆没”。

4.3.3 计算机病毒的处理

1. 不要重启

一般情况下，当发现有异常进程、不明程序运行，或者计算机运行速度明显变慢、IE 经常询问是否运行某些 ActiveX 控件、调试脚本等时，计算机就有可能已经中毒了。

很多人在计算机中毒后，认为要先重新启动计算机，其实这种做法是错误的。当计算机中毒后，如果重新启动计算机，那么极有可能造成更大的损失。

2. 立即断开网络

计算机病毒发作后不仅会让计算机运行速度变慢，还会破坏硬盘上的数据，同时还可能向外发送个人信息、病毒等，使危害进一步扩大。因此，发现计算机中毒后，首先要做的就是断开网络。

断开网络的方法有很多，最直接的方法就是拔下网线。不过在实际应用中，并不需要这样做。如果计算机安装了防火墙，那么可以在防火墙中直接断开网络；如果计算机没有安装防火墙，那么可以右击“网上邻居”图标，在弹出的快捷菜单中选择“属性”选项，在弹出的窗口中单击“本地连接”图标，在弹出的界面中单击“禁用”按钮即可；如果是拨号用户，那么只需要断开拨号连接或者关闭 MODEM 设备即可。

3. 备份重要文件

如果计算机中保存了重要的数据、邮件、文档，那么在断开网络后应该立即将其备份到其他设备上，如移动硬盘、光盘等。尽管要备份的这些文件可能包含病毒，但这比用杀毒软件查毒时将其删除的损失小得多。病毒在发作后，很有可能无法进入系统，因此计算机中毒后及时备份重要文件是减轻损失的重要做法。

4. 全面杀毒

在没有后顾之忧后，就可以查杀病毒了。查杀应该包括两部分，一部分是在 Windows 系统下进行全面杀毒，另一部分是在 DOS 下进行杀毒。目前，主流的杀毒软件一般都能直接制作 DOS 下的杀毒盘。在杀毒时，建议用户先对杀毒软件进行必要的设置。例如，扫描压缩包中的文件、扫描电子邮件、对包含病毒的文件的处理方式等，其中对包含病毒的文件的处理方式可以被设置为“清除病毒”或“隔离”，并不是只有“删除文件”这一个选择，这样做的目的是防止重要的文件因为误操作被删除。

5. 更改重要资料设定

由于很多时候病毒都以窃取用户个人资料为目的，因此在进行了全面杀毒操作之后，必须重新设置一些重要的个人资料，如 QQ、E-mail 账户密码。尤其是在查杀病毒发现病毒是木马程序时，更需要进行这项操作。

6. 检查网上邻居

如果是局域网用户，在处理了自己计算机的病毒之后，还要检查一下网络上其他计算机是否同样传染了病毒。因为很多病毒发作后会向局域网中的其他计算机发起攻击。如果不及时清理其他计算机中的病毒，那么极有可能再次被传染。

检查的方法除了在局域网中的每台计算机上进行全面的病毒清除，还可以安装病毒防火墙。如果网络上有其他计算机中了病毒，那么病毒防火墙就会阻拦攻击，只需要打开其拦截的日志，即可知道是哪个 IP 地址发出的病毒数据库，根据 IP 地址找出相应的计算机，并按上述方法进行处理即可。

7. 硬件方面的病毒处理

（1）被病毒破坏的 BIOS 或 CMOS，需要找寻相同类型的主板，然后用热插拔的方法进行恢复。此方法存在极大危险性，最好请专业技术人员进行恢复。

（2）被病毒破坏的硬盘引导区或主引导扇区，可以尝试用杀毒软件等硬盘修复工具进行修复。

单元测试

一、填空题

1．常用的测试及维护软件有________、________及________。

2．计算机病毒实际上是某种具有破坏作用的________。

3．计算机病毒可以分为________、________和________。

4．宏病毒具有________、________、________等特点。

5．目前杀毒软件一般都具备两种功能，一方面可以________，另一方面可以进行________。

6．计算机软件是指为了________、________和________计算机系统所编制的各种程序的总和。

7．计算机软件可以分为________和一般________。

二、简答题

1．简述计算机病毒对计算机系统可能产生的影响。

2．为了避免感染计算机病毒，在平时使用过程中要注意哪些问题？

第五章　笔记本电脑的结构认知与保养

本章介绍了笔记本电脑的外部结构、内部结构、接口和配件，笔记本电脑的选购技巧等，以及拆装笔记本电脑的方法及保养和升级笔记本电脑的方法。

5.1　认识笔记本电脑

随着计算机技术的迅速发展，笔记本电脑的性能得到了大幅提升，价格也在逐步下降。笔记本电脑以其小巧轻便、便于携带等优点，受到越来越多用户的喜爱，成为用户学习和工作中不可缺少的一部分。本节主要介绍了笔记本电脑的结构、接口及配件，让读者对笔记本电脑有了一个整体认识。

微课视频

5.1.1　初步了解笔记本电脑

1. 笔记本电脑简介

笔记本电脑是一种体积小、重量轻的便携式计算机，有着与台式机类似的结构（显示屏、键盘、鼠标、CPU、内存和硬盘），但价格比具有相同计算能力和存储容量的台式机高一些。与台式机相比，笔记本电脑具有非常明显的优势，其最突出的优势是体积小、重量轻、携带方便。一般说来，便携性是笔记本电脑相对于台式机最大的优势。

大多数学生都很喜欢笔记本电脑，因为笔记本电脑不会占据很多空间，而且可以在校园的任何角落里使用。笔记本电脑平均重量约为 2kg，一些超轻型笔记本电脑的重量只有 1kg 左右。一台入门级笔记本电脑的价格最低约为 1000 元，一台使用触摸屏独立显卡的高性能笔记本电脑的价格可能在 20000 元以上。

戴尔（DELL）灵越 5557 7628S 笔记本电脑如图 5.1 所示。

图 5.1 戴尔（DELL）灵越 5557 7628S 笔记本电脑

戴尔（DELL）灵越 5557 7628S 笔记本电脑的规格参数如表 5.1 所示。

表 5.1 戴尔（DELL）灵越 5557 7628S 笔记本电脑的规格参数

平台	Intel
操作系统	Windows 10
处理器核心	双核
内存 / 硬盘	4G DDR3L 1600/500GB
显卡	独立显卡（2GB）
屏幕	15.6 英寸（1920 像素 ×1080 像素）LED 背光
接口	读卡器、USB 2.0、HDMI、RJ-45、音频接口
内置麦克风	有
键盘	全尺寸键盘
触摸板	多点触控
网络摄像头	有，720P
电池	3 芯锂离子电池
续航时间	2 ～ 5h
电源适配器	65W AC 适配器
净重	2 ～ 2.5kg

2. 笔记本电脑的分类

目前，市场上比较知名的笔记本电脑品牌主要有华硕、戴尔、联想、三星和苹果。表 5.2 列出了目前主流的十大笔记本电脑品牌及其介绍。

表 5.2 目前主流的十大笔记本电脑品牌及其介绍

品牌名	品牌介绍
苹果（Mac）	始于 1976 年，美国公司，全球高端计算机与音视频便携媒体制造商，全球市值较大的大型跨国企业集团
联想（Lenovo）	始于 1984 年，上市公司，世界 500 强企业，全球领先计算机制造商，极富创新性的国际化科技公司
华硕（ASUS）	始于 1989 年，中国台湾公司，消费型笔记本电脑品牌，全球大型主板 / 显卡生产商，领先的 3C 解决方案提供商
ThinkPad	始于 1992 年，原 IBM 旗下便携式电脑品牌，现由联想收购，因其坚固和可靠的特性在业界享有很高的声誉
戴尔（DELL）	始于 1984 年，美国公司，全球大型的 IT 产品及服务提供商，大型跨国企业
惠普（HP）	始创于 1939 年，美国公司，世界 500 强企业，大型跨国企业，世界知名计算机及办公设备制造商
宏碁（Acer）	始于 1976 年，中国台湾公司，全球知名个人计算机品牌，世界著名计算机及移动设备制造商
三星（SAMSUNG）	始于 1938 年，韩国公司，世界 500 强企业，涉及电子、金融、机械、化学等众多领域的大型跨国公司
东芝（Toshiba）	始于 1875 年，日本公司，世界品牌 500 强，大型跨国企业集团，日本大型半导体制造商
神舟（Hasee）	以 IT/IA 为主业，以计算机技术开发为核心，集研发、生产、销售为一体的高科技企业

从产品的实用和性能上来区分，笔记本电脑产品主要可以分为商务型、时尚型、多媒体应用型和特殊用途型。

（1）商务型。

商务型笔记本电脑的特点是便携性强、使用安全、性能稳定。基于其使用要求，此类产品采用了大量的最新技术（如指纹识别等），外观比较单一。商务笔记本电脑配置的散热硬件更为先进，硬盘数据搭载了最大限度的安全处理技术。商务型笔记本电脑的代表是联想的 ThinkPad 系列。

（2）时尚型。

时尚型笔记本电脑的特点为外观优美、注重时尚、个性化气息浓重。时尚型笔记本电脑的代表是索尼、苹果。

（3）多媒体应用型。

多媒体应用型笔记本电脑的特点为配置较强、影音效果出众、显卡较好、屏幕较大，这种类型的笔记本电脑的价格更高一些。

（4）特殊用途型。

特殊用途型笔记本电脑是服务于专业人士的，可以在酷暑、严寒、低气压、战争等恶劣环境下使用的。特殊用途型笔记本电脑大多比较笨重，并且十分昂贵。

除此之外，学生的笔记本电脑大多主要用于教育、娱乐，有较高的性价比要求；发烧级的笔记本电脑爱好者不仅追求高品质，而且对齐全的设备接口的要求很高。

随着技术的发展，平板电脑得到了越来越广泛的应用，如苹果公司的 iPad、微软公司的 Surface 等。这些平板电脑将屏幕和主机集成在一起，具有更好的便携性。

3. 笔记本电脑的发展趋势

极致轻薄是笔记本电脑的发展趋势，即体积越来越小、重量越来越轻，而功能却越来越强大。一般来说，13.3 英寸、14 英寸和 15.6 英寸的笔记本电脑的标准重量分别为 1.8kg、2.0kg、2.3kg，在此标准下的笔记本电脑属于轻薄型笔记本电脑，而在此标准上的笔记本电脑属于“重量超标”。对于那些每天都需要背着笔记本电脑上下班，或需要经常外出移动办公的用户而言，拥有更“骨感”身材的轻薄笔记本电脑更受其青睐。表 5.3 列出了三款轻薄型笔记本电脑参数。

表 5.3 三款轻薄型笔记本电脑参数

参数对比	联想 IdeaPad 500S-14	华硕 U303UB	ThinkPad X1 Carbon2015
屏幕	14 英寸（1920 像素 ×1080 像素）	13.3 英寸 IPS（1920 像素 ×1080 像素）	14 英寸 FHD（2560 像素 ×1440 像素）
处理器	酷睿 i5-6200U	酷睿 i5-6200U	酷睿双核 i7-5500U
内存 / 硬盘	4GB DDR 3/500GB ＋ 8GB 混合硬盘	4GB DDR 3/500GB	8GB DDR 3 1600/500GB SSD
显卡	独立显卡 NVIDIA 940MB（2GB DDR 3）	独立显卡 NVIDIA 940MB（2GB DDR 3）	集成显卡 Intel GMA HD（共享内存容量）
接口	读卡器、USB 3.0×2、USB 2.0、HDMI、RJ-45、音频接口	读卡器、USB 3.0×3、HDMI、miniDP、音频接口	读卡器、USB 3.0×2、HDMI、miniDP、音频接口
体积	340mm×240mm×19.8mm	323mm×223mm×19.2mm	340mm×240mm×17.7mm
重量	1.7kg	1.45kg	1.25kg

另外，未来笔记本电脑将实现多屏和无线自由连接。有些笔记本电脑用户需要同时在两块屏幕上从事不同的工作内容，如今他们大多是通过外接显示屏满足该需求的。未来笔记本电脑一个键盘底座上搭配着 2 块、3 块，甚至 4 块显示屏，而每块显示屏都能让用户得到更高效的体验。

无线连接技术已经得到广泛应用，从互联网到 I/O 设备（如无线鼠标），无线无处不在。比如，未来笔记本电脑将实现无线充电；只要笔记本电脑的外接显示屏启动，放置在桌面上的鼠标和键盘也将被触发。“无线充电”就是采用电磁感应技术，通过初级和次级线圈感应产生电流，从而将能量从传输端转移到接收端的过程。2014 年推出的戴尔 Latitude Z（S833600CN）笔记本电脑内置了电源线圈，并且配有无线感应充电基座，电能就是通过电磁感应现象从充电基座传送到笔记本电脑内部的电源线圈并且存储在电池中的。可惜的是，由于昂贵的价格，这款笔记本电脑目前已经停产。

5.1.2 认识笔记本电脑的外部结构

笔记本电脑的外部结构主要有外壳材质、液晶显示屏、键盘和触摸板。本节将介绍笔记本电脑外部结构的基础知识，包括认识笔记本电脑外壳材质、液晶显示屏、键盘及触摸板。

1. 认识笔记本电脑的外壳材质

用户在购买笔记本电脑时，一般都非常在乎笔记本电脑的外观，但往往忽略了笔记本电脑外壳的材质。笔记本电脑外壳最主要的功能是保护笔记本电脑，由于用户在使用笔记本电脑的过程中，笔记本电脑会不可避免地受到一些外力的冲击，如果笔记本电脑外壳的材质不够坚硬，则可能造成屏幕弯曲，缩短屏幕的使用寿命。除了此项功能，笔记本电脑的外壳还具有散热和装饰的作用。笔记本电脑的外壳如图 5.2 所示。

不同型号的笔记本电脑的外壳采用的材质一般不同。现在市场上主要用于制造笔记本电脑外壳的材料有 ABS 工程塑料、铝镁合金（PC）、聚碳酸酯及碳纤维钛复合材料等，下面将分别对其进行详细介绍。

图 5.2 笔记本电脑的外壳

1）ABS 工程塑料

ABS 工程塑料即工程塑料合金，一般用于制作低端笔记本电脑的外壳。ABS 工程塑料具有以下 4 个特点。

（1）综合性能较好，抗冲击强度较高，化学稳定性、电气性能良好。

（2）可做出双色塑件，可进行表面镀铬和喷漆处理。

（3）可以分为高抗冲、高耐热、阻燃等级别。

（4）单位体积的质量比较大，导热性能不好。

2）铝镁合金

铝镁合金的主要原料是铝，其通过掺入少量的镁或其他金属材料来加强硬度。由于主体为金属材料，所以其导热性能和强度较好。铝镁合金质坚、量轻、密度低、散热性较好、抗压性较强，能充分满足产品高度集成化、轻薄化、微型化、抗摔、散热和电磁屏蔽的要求。其硬度是传统塑料的数倍，但重量只有后者的 1/3，常被用来制作中高档超薄或尺寸较小的笔记本电脑外壳。

铝镁合金的缺点是不够坚固耐磨，使用久了会显得颜色暗淡；如果不小心划伤表面，那么划痕将相当明显；成本较高；成型比 ABS 工程塑料困难，需要使用冲压或压铸工艺，所以一般只用铝镁合金材质制作笔记本电脑顶盖，很少使用铝镁合金制造整个外壳。

3）聚碳酸酯

聚碳酸酯材料是分子链中含碳酸酯的一类高分子化合物的总称。聚碳酸酯是一种新型的热塑性塑料，被誉为透明金属。

聚碳酸酯的特点是刚硬且有韧性，具有高抗冲击性、高尺寸稳定性、宽范围使用温度、良好的绝缘性及耐热性，主要用来替代金属及其他合金制作耐冲击、高强度的零部件。

4）碳纤维钛复合材料

碳纤维钛复合材料是一种复合型材料，在铝镁合金材料的基础上加入了 2% ～ 3% 的钛颗粒及 10% ～ 15% 的碳纤维，是目前市面上最好的外壳材质之一。只有少数品牌的高端笔记本电脑外壳使用了这种材料。碳纤维钛复合材料具有导热性好、强度高的特点，其强度是铝镁合金材质的 3 ～ 4 倍。

在相同的强度条件下，使用碳纤维钛复合材料制成的外壳厚度只有铝镁合金外壳厚度的 1/2。由于对碳纤维钛复合材料制成的笔记本电脑外壳进行喷漆比较困难，所以其颜色比较单调。使用此种材料的笔记本电脑的制造成本很高，模具焊接工艺要求较高，成品率较低（一般不到 60%）。

2. 辨别笔记本电脑外壳材质的方法

一般笔记本电脑外壳的内表面都有材料编码标记，但用户在购买笔记本电脑时不可能看到该标记，所以用户可以通过看、听、摸的方法来识别笔记本电脑外壳材质。

1）色质

不管笔记本电脑的外壳采用的是哪种材料，其表面都会有不同颜色的喷漆或不同的磨砂效果。如果笔记本电脑用的是金属色喷漆，那么不同材质的笔记本电脑外壳从外观上几乎看不出什么差别，因此不能从色质上进行区分。不要看到银白色就认为该笔记本电脑的外壳材质是铝镁合金或者聚碳酸酯材料，也不要看到黑色的就认为该笔记本电脑的外壳材质不是铝镁合金。

试一试：查看自己的笔记本电脑的外壳属于哪种材料。

2）声音

通过听敲击笔记本电脑的外壳发出的声音，分辨笔记本电脑的外壳是 PC+ABS 材料、聚碳酸酯材料，还是铝镁合金。用小块金属物体，如一个铜质或铝质钥匙轻轻敲击外壳，PC+ABS 材料或聚碳酸酯材料发出的声音比较沉，而铝镁合金发出的声音则比较脆。此外，敲击笔记本电脑外壳边缘部分的时候会有明显的金属碰撞声。另外，用手指轻轻敲击笔记本电脑外壳，铝合金与 PC+ABS 材料、PC-GF（聚碳酸酯加玻璃纤维）材料也是有区别的。用手指敲击笔记本电脑外壳时，如果笔记本电脑外壳是铝镁合金材质的，则能感觉到细微的对手指的反冲击，并且会听到很清脆的声音；如果笔记本电脑外壳是 PC+ABS 材料或 PC 材料的，则会感到有些弹性，发出的声音也较低沉。

试一试：轻轻敲击自己的笔记本电脑的外壳，听听是什么声音。

3）触觉

触觉也是一种区分 PC-GF 材料、PC+ABS 材料及铝镁合金的方法，但没有通过声音判断

准确。用手触摸 PC-GF 材料和 PC+ABS 材料时，除了磨砂的感觉，几乎没有其他的感觉，特别是 PC+ABS 材料；而铝镁合金除了磨砂的感觉，还有明显的冰凉感觉（前提是在关机的状态下）。如果是在开机很久的情况下，则需要通过触摸笔记本电脑顶盖的中央位置来区分 PC-GF 材料、PC+ABS 材料及铝合金材质。

试一试：触摸自己的笔记本电脑的顶盖中央位置，试试有没有冰凉或磨砂的感觉。

4）边缘

在通过前面介绍的方法无法确定笔记本电脑外壳材质的情况下，可以通过观察笔记本电脑外壳的边缘来辨别笔记本电脑外壳的材质。由于生产商只能针对笔记本电脑外壳的外表面进行喷漆，因此可以通过观察露出的内表面的边缘部分进一步确定笔记本电脑外壳的材质。其查看方法为将电池取出，如果可以可将光驱也取出，此时在这些组件的边缘处就可以看到外壳内表面的真实材质。PC+ABS 材料的特点是有明显的塑料质感；PC-GF 材料看上去表面很光滑，像有金属层；而铝镁合金则有金属色质。不过，这种方法并不适用于所有机型，有的笔记本电脑的制造工艺非常细致，在所有边缘露出内表面的地方都会衬上很薄的锡箔纸，或者薄如纸的铝合金片。

试一试：观察自己的笔记本电脑露出的内表面的边缘判断其材质。

3. 认识笔记本电脑的液晶显示屏

液晶显示屏是笔记本电脑中最脆弱也是最昂贵的部件，它具有功耗小、无辐射及无眩晕等优点，并且液晶显示屏不需要独立的供电电源。下面将详细介绍笔记本电脑液晶显示屏的基础知识。

1）长宽比例

按照液晶显示屏长宽比例的不同，普通液晶显示屏可以分为宽屏液晶显示屏和普屏液晶显示屏。

宽屏液晶显示屏的宽度与高度比例有 16 ∶ 9、16 ∶ 10 等，可视面积比普屏液晶显示屏增大了约 20%，如图 5.3 所示。

图 5.3　宽屏液晶显示屏

普屏液晶显示屏也被称为传统液晶显示屏，其宽度与高度比例为 4 ∶ 3，可视面积比宽屏液晶显示屏少 20%，如图 5.4 所示。

图 5.4　普屏液晶显示屏

2）屏幕尺寸

笔记本电脑的屏幕尺寸是指笔记本电脑屏幕对角线的尺寸，一般用英寸来表示。为了适应不同人群的消费能力和使用习惯，笔记本电脑的液晶显示屏的尺寸比台式机液晶显示屏的尺寸小很多。

笔记本电脑采用的液晶显示屏尺寸由该机型的市场定位来决定，屏幕的尺寸决定了笔记本电脑的重量。按照使用类型，液晶显示屏可以分为以下 3 类。

（1）超轻薄型：该类型的笔记本电脑大多采用的是 13 英寸以下的液晶显示屏，如 10.1 英寸、11 英寸、11.6 英寸、12.5 英寸和 13.3 英寸等。11.6 英寸的笔记本电脑如图 5.5 所示。

图 5.5　11.6 英寸的笔记本电脑

（2）性能移动兼顾型：该类型的笔记本电脑最常见的屏幕尺寸有 14 英寸、15 英寸和 15.6 英寸，此类笔记本电脑既注重性能又注重便携性。15.6 英寸的笔记本电脑如图 5.6 所示。

图 5.6　15.6 英寸的笔记本电脑

（3）多媒体娱乐型：该类型的笔记本电脑的屏幕尺寸都较大，一般为 15.6 英寸、17.3 英寸、18.4 英寸，该类型的笔记本电脑的定位为台式机替代品。17.3 英寸的笔记本电脑如图 5.7 所示。

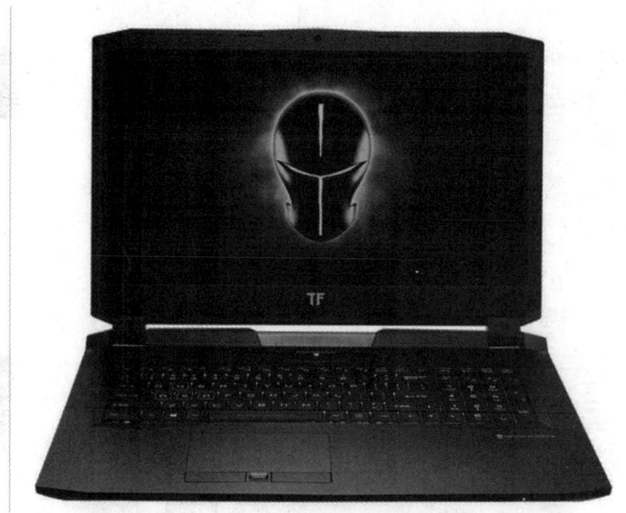

图 5.7　17.3 英寸的笔记本电脑

3）屏幕分辨率

分辨率是笔记本电脑的液晶显示屏的重要指标，受液晶显示屏成像原理的限制，液晶显示屏上的每个点都是实际存在的。也就是说，液晶显示屏只有一个最佳分辨率，在其他分辨率下图像质量都会有所下降。现在大多笔记本电脑的液晶显示屏的分辨率能达到 1366 像素 ×768 像素，一些高端产品甚至采用了 1920 像素 ×1080 像素的分辨率。

注： 用户需要将自己的笔记本电脑的分辨率调到眼睛最舒适度的数值，以免损伤眼睛。

4）可视角度

笔记本电脑液晶显示屏的可视角度，是指视线与屏幕法线在多少度夹角以内用户可以看清屏幕上显示的内容，如果超过这个可视角度，观察屏幕则会出现偏色或亮度变低等问题。在视线与屏幕法线的夹角变大时，图像会失真，整个视觉效果会很差，因此液晶显示屏的可视范围越大越好。

4. 认识笔记本电脑的键盘

键盘是笔记本电脑主要的输入工具，通过键盘不仅可以输入数字、中文、英文及各种特殊字符，还可以执行各种命令。

笔记本电脑的键盘一般为83键或86键，比台式机的键盘少了小键盘及一些重复的控制键。不同品牌的笔记本电脑的键盘可能有不同的布局，其中变化最大的按键主要有Shift、Alt、Ctrl、Enter、Backspace和Space等。

由于笔记本电脑的键盘比台式机的键盘薄很多，而且其体积更小，所以其底部的橡胶变形空间非常有限。为了保证在这么小的空间内键体上下滑动顺畅，需要打破传统台式机键盘的设计理念，用全新的思维设计出全新的架构。因此，笔记本电脑的键盘采用了剪刀式支撑架结构。笔记本电脑的键盘如图5.8所示。

图5.8 笔记本电脑的键盘

5. 认识笔记本电脑的触摸板

触摸板是目前被广泛采用的笔记本电脑控制设备，由一块压感板和两个按钮组成。其中，压感板能够感应手指运行的轨迹，两个按钮的功能相当于鼠标的左右按键。触摸板的工作原理是当手指接触到压感板时，电磁感应板能感应手指的移动轨迹并做出反应，从而控制屏幕上指针的位置。笔记本电脑的触摸板如图5.9所示。

图5.9 笔记本电脑的触摸板

触摸板具有无机械磨损、指针移动范围大且迅速、控制精度较高，以及操作方便等优点。触摸板的内部具有电子感应结构，用户在使用时，要注意保持手指的干燥和干净；在维修保养笔记本电脑时，不可自己拆卸触摸板，需要请专业维修人员进行拆卸。

5.1.3 认识笔记本电脑的内部结构

现在市场上的笔记本电脑的种类非常多，包括全内置型、光软互换型、超轻薄型、宽屏型等。不管是哪一种类型的笔记本电脑，其内部的基本结构大体相同。

打开笔记本电脑盖板，最先看到的就是主板，它是计算机硬件中最大的一块电路板。主板上安装着 CPU、内存、总线、I/O 控制器等部件。除此之外，笔记本电脑内部还有硬盘、电池、散热器和光驱等组成部件。笔记本电脑的内部构造如图 5.10 所示。下文我们对这些主要组成部件进行简单介绍。

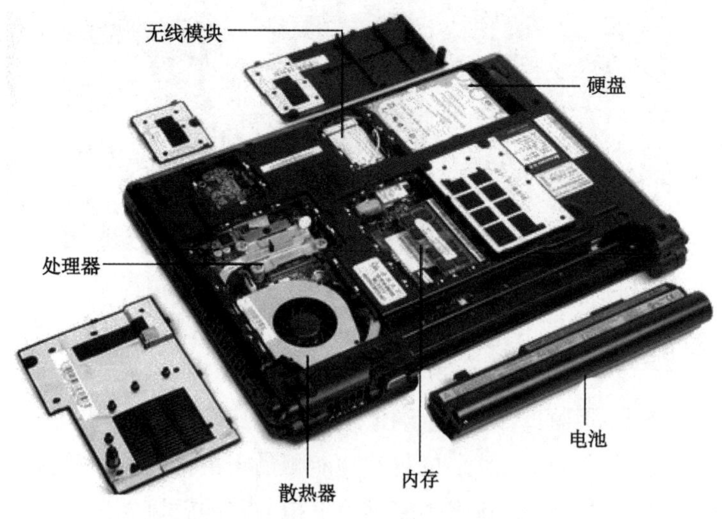

图 5.10　笔记本电脑的内部构造

1. 主板

和台式机主板功能相同，笔记本电脑的主板是各个部件运行的平台，用来整合各个部件，使它们相对独立却又不孤立地存在，各有“分工”却又相互“合作”，共同维持计算机的正常运行。

笔记本电脑追求便携性但受散热性能的影响，其体积和重量都有比较严格的控制，因此，笔记本电脑主板集成度和性能比非常高，制造工艺也比较复杂。另外，设计布局也十分精密、紧凑，相对于台式机的主板来说，笔记本电脑的主板为 6 ～ 10 层甚至更多层的结构。层数越多，主板的稳定性越好。不同型号的笔记本电脑的主板的设计结构不尽相同。华硕笔记本电脑的主板如图 5.11 所示。

图 5.11 华硕笔记本电脑的主板

如图 5.11 所示的主板除了内存、显卡及 CPU 等插槽，还有 USB 接口和电源接口等。笔记本电脑主板最核心的组成部分是主板芯片组，主板芯片组承担着主板上所有元器件相互沟通的责任，所以芯片组的性能直接影响着整块主板的性能，进而影响着整台计算机的性能。芯片组一般由两块超大规模的集成电路组成：北桥芯片和南桥芯片。北桥芯片是存储控制中心，负责 CPU、内存和 AGP 等高速设备之间的通信，与南桥互连；南桥芯片负责 I/O 接口、PCI、USB 等低速设备，以及 BIOS、音频和网络等周边设备之间的通信。其中，北桥芯片起着主导作用。

2. 移动 CPU

早期的笔记本电脑直接使用的是台式机的 CPU。随着 CPU 主频的提高，笔记本电脑因其空间狭窄不能迅速散发 CPU 产生的热量，而且其电池也无法负担台式机 CPU 庞大的耗电量。因此，出现了专门用于笔记本电脑的 CPU——移动 CPU，该 CPU 在追求性能的同时，也追求低热量和低耗电。由于集成了独特的电源管理技术和采用了更高的纳米精度，移动 CPU 的制造工艺比同时代台式机的 CPU 更先进。

目前，市场上生产移动 CPU 的厂家主要有 Intel 公司和 AMD 公司。

（1）Intel 公司的移动 CPU。

Intel 公司是世界上最大的 CPU 生产商，也是销量最多的移动 CPU 制造商。无论是在台式机领域还是在笔记本电脑领域，目前 Intel 公司的 64 位微处理器芯片占据着市场的绝大部分份额。酷睿（Core）系列 CPU 芯片是当前 Intel 公司的主流 CPU 产品，前几年的酷睿 2 双核（Core 2 Duo）、酷睿 2 至尊（Core 2 Extreme）和酷睿 2 四核（Core 2 Quad）等均已停产，现在的产品系列是 Core i3、Core i5、Core i7，它们面向商业应用和中高端消费应用领域。

Intel 酷睿 i7 3612QM 移动 CPU 如图 5.12 所示。

图 5.12　Intel 酷睿 i7 3612QM 移动 CPU

（2）AMD 公司的移动 CPU。

Intel 公司的竞争对手 AMD 公司是一家既生产 CPU 芯片，又生产芯片组、GPU 和闪存芯片的跨国公司。该公司生产的 CPU 芯片有 Athlon Ⅱ（速龙）、Opteron（皓龙）、Phenom（弈龙）和 Fusion（AMD APU）等多种系列，它们均采用 64 位架构，与 Intel 公司生产的 CPU 保持二进制兼容，实际运行性能并不逊色，且价格比较实惠。在同等价位笔记本之间，AMD 公司的 CPU 的成本相对要低一些。也就是说，在相同的价格下，AMD 公司笔记本电脑的其他硬件配置要稍高一些，这主要体现在显卡方面。Intel 公司与 AMD 公司之间的竞争促进了处理器技术的发展。

AMD A6-3600 移动 CPU 如图 5.13 所示。

图 5.13　AMD A6–3600 移动 CPU

3. 显卡

显卡又称图形卡或视频采集卡，是集成在主板中的小型电路板，是笔记本电脑硬件系统的重要组成部分。显卡一般会含有图形处理单元（Graphics Processing Unit，GPU）和专用的显示内存（一般称为显存），显卡可以存储正在处理而未被显示的屏幕图像。显卡性能的好坏直接关系到计算机运行快速的动作类游戏应用、图形密集型应用时的流畅度。

目前，市场上的笔记本电脑显卡主要分为集成显卡和独立显卡。其中，集成显卡主要应用于超薄型笔记本电脑或中低端笔记本电脑。但随着相关技术的提高，越来越多的笔记本电脑已经将独立显卡列为标准配置。

（1）集成显卡。

集成显卡将显卡集成在主板芯片组中，没有独立的显存，要占用部分内存容量作为显存，在处理性能方面不如独立显卡，但具有价格低、兼容性好和升级成本低等优点，能满足一般用户日常办公及多媒体娱乐的需求，更适合不使用笔记本电脑玩大型 3D 游戏的用户。

（2）独立显卡。

独立显卡中不仅配置了高性能的负责处理高速图像和绘制图形的 GPU，还配置了专门的用于存储正在处理而未被显示的屏幕图像的显示存储器，具有出众的图形处理性能，大大扩展了笔记本电脑的应用范围。由于独立显卡占用的系统资源相对较少，因此对系统整体性能的影响也比较小。但是独立显卡会使主板发热量增大，需要给主板提供强劲的电能和有效的温控技术，才能保证显卡正常工作。笔记本电脑的独立显卡如图 5.14 所示。

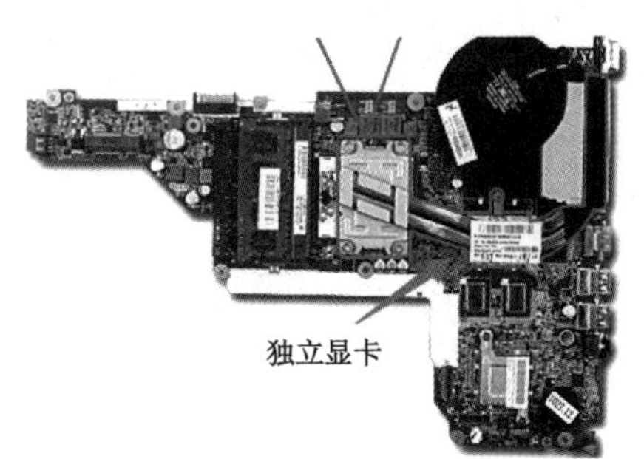

图 5.14 笔记本电脑的独立显卡

4. 内存

和台式机的内存相比，笔记本电脑的内存采用了优良的组件和先进的工艺，具有小巧、容量大、速度快、耗电低及散热性好等特点。

内存的接口类型是根据内存金手指上导电触片的数量（针脚数）来划分的。不同导电触片数量的内存采用的接口类型也有所不同。不同类型接口的内存在工作频率、传输率、工作方式、工作电压等方面有所差异，使用范围也不尽相同。

笔记本电脑的内存一般采用 SO-DIMM 接口，根据内存的工作方式，可以将笔记本内存分为 DDR2 SDRAM、DDR3 SDRAM 和 DDR4 SDRAM，其中，DDR3 SDRAM 为目前主流的笔记本电脑内存，如图 5.15 所示。

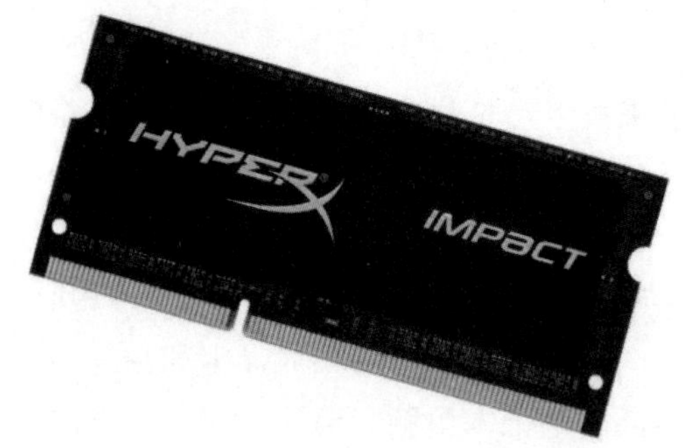

图 5.15　笔记本电脑内存 IMPACT 8GB DDR3 2133

内存容量通常是指随机存储器的容量，是内存的关键参数。内存容量以 GB 为单位，一般都是 2 的整数次方倍，内存容量越大，越有利于系统运行。系统中内存的数量等于插在主板内存插槽上所有内存容量的总和，内存容量的上限一般由主板芯片组和内存插槽数目决定。不同的主板芯片组可以支持的内存容量不同。

5. 光驱

笔记本电脑的光驱和台式机的光驱的工作原理基本相同，但由于笔记本电脑结构特殊，笔记本电脑的光驱和台式机的光驱之间有许多不同之处。笔记本电脑的光驱有体积小、功耗低、支持热插拔及噪声大等特点，如图 5.16 所示。

图 5.16　笔记本电脑的光驱

根据光驱的不同用途，可以将笔记本电脑的光驱分为 DVD 光驱、COMBO 光驱、DVD 刻录机及外置光驱。

（1）DVD 光驱。

DVD 光驱是一种可以读取 DVD 光盘的光驱，不仅兼容 DVD-ROM、DVD-R、DVD-Video 和 CD-ROM 等常见光盘格式，对 CD-R/RW、CD-I、Video-CD 和 CD-G 等光盘格式也提供了很好的支持。

（2）COMBO 光驱。

COMBO 光驱是一种集 CD 刻录、CD-ROM 和 DVD-ROM 读取于一体的多功能光驱，外形与普通的 DVD 光驱一样，如图 5.17 所示。

图 5.17　COMBO 光驱

（3）DVD 刻录机。

DVD 刻录机可分为 DVD+R、DVD-R、DVD+RW、DVD-RW 和 DVD-RAM，其外观与普通光驱差不多，在前置面板上通常都清楚地标着写入、复写和读取 3 种速度。笔记本电脑的内置 DVD 刻录机如图 5.18 所示。

图 5.18　笔记本电脑的内置 DVD 刻录机

（4）外置光驱。

一些轻薄型笔记本电脑为了减小体积采用了光驱外置的办法，即将光驱作为一个相对独立的部件与笔记本电脑分开。在需要使用光驱时，通过数据线将光驱与笔记本电脑的外置接口相连；不用时，将光驱单独收起来，这样可以使笔记本电脑更便于携带。外置光驱如图 5.19 所示。

图 5.19　外置光驱

注: 根据光驱放置方式的不同，笔记本电脑光驱的接口可分为不同类型，如内置光驱接口、USB 2.0/3.0 接口和 IEEE 1394 接口等。

5.1.4　认识笔记本电脑的接口和配件

随着笔记本电脑的功能越来越强大，笔记本电脑上的接口越来越多，与笔记本电脑相关的配件日渐丰富，这些配件大大扩展了笔记本电脑的应用范围，提高了工作效率。

1. 笔记本电脑的接口

在笔记本电脑主机的后面和左右两侧有一些形状各异的接口，这些接口的多少，直接决定了该笔记本电脑扩展能力的强弱。笔记本电脑的接口一般包括 VGA 接口、USB 接口、RJ-45 网线接口、读卡器接口、HDMI 接口、电源接口、E-SATA 接口、音频输入 / 输出接口等。下面将对笔记本电脑的接口及各接口的作用进行介绍。

（1）VGA 接口。

VGA 接口是一种 D 形接口，用于输出模拟信号，共有 15 个针脚。虽然液晶显示屏能够直接接收数字信号，但为了与 VGA 接口显卡相匹配，很多产品都采用了这种接口，如图 5.20 所示。

图 5.20　VGA 接口

（2）USB 接口。

USB 接口即“通用串行总线”，是一种常见的即插即用设备的接口，支持热插拔。USB 接口在笔记本电脑上主要用来连接鼠标、键盘、U 盘、移动硬盘及其他数码产品，如图 5.21 所示。

图 5.21　USB 接口

注：用户在笔记本电脑上的 USB 接口上插入 U 盘、鼠标及移动硬盘等 I/O 设备时，应平稳地将 USB 插头插入接口中。

（3）RJ-45 网线接口。

RJ-45 网线接口用于连接宽带上网的网线，如图 5.22 所示。

图 5.22 RJ-45 接口

（4）读卡器接口。

读卡器接口用于插入读卡器，读取储存卡内的数据，如数码相机中的 SD 卡、手机中的存储卡等，如图 5.23 所示。

图 5.23 读卡器接口

（5）HDMI 接口。

HDMI 接口是高清晰度多媒体接口，该接口能高品质地传输未经压缩的高清视频和多声道音频数据，最高数据传输速率为 5Gbit/s，如图 5.24 所示。

图 5.24 HDMI 接口

（6）电源接口。

电源接口主要用于连接电源适配器，为笔记本电脑提供工作时所需的电能，如图 5.25 所示。

图 5.25　电源接口

（7）E-SATA 接口。

E-SATA 接口是标准 SATA 接口的延伸，可以用来连接具有 E-SATA 端口的硬盘和光驱等外接设备，如图 5.26 所示。

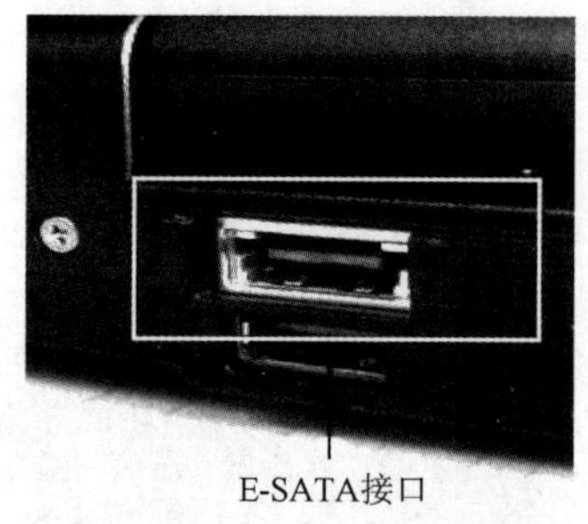

图 5.26　E-SATA 接口

（8）音频输入 / 输出接口。

音频输入接口是用于连接麦克风等音频输入设备的接口，一般该接口旁边会有一个麦克风图标；音频输出接口是用于连接耳机等音频输出设备的接口，一般该接口通常旁边会有一个耳机图标。音频输入 / 输出接口如图 5.27 所示。

图 5.27　音频输入 / 输出接口

2. 笔记本电脑的配件

随着用户需求的增加，笔记本电脑的配件日益丰富，如视频采集卡、蓝牙适配器、扩展坞、笔记本电脑包、笔记本电脑散热器、耳机等。下面对笔记本电脑常用的配件进行介绍。

（1）视频采集卡。

视频采集卡又称视频卡，按照用途可以将其分为广播级视频采集卡、专业级视频采集卡和民用级视频采集卡 3 种类型。

视频采集卡用于将模拟摄像机、录像机、电视机等输出的视频数据或者视频音频的混合数据输入笔记本电脑，并将其转换成笔记本电脑可以识别的数字数据存储在笔记本电脑中。USB 视频采集卡外形小巧美观，功能强劲，携带方便，即插即用，支持热插拔，拥有先进的 USB 2.0 高速接口，不需要外接电源，性能稳定，兼容性好，可捕捉高品质动态及静态画面，支持内置 USB 2.0 接口的笔记本电脑。USB 视频采集卡如图 5.28 所示。

图 5.28 USB 视频采集卡

（2）蓝牙适配器。

目前，许多笔记本电脑都配备了蓝牙适配器，对于没有配备蓝牙适配器的笔记本电脑，可以通过外接蓝牙适配器来建立蓝牙连接。目前，外接蓝牙适配器的接口主要有 PCMCIA 式接口、CF 卡式接口和 USB 接口式 3 种类型，如图 5.29 所示。

图 5.29 蓝牙适配器

注：蓝牙适配器是为了使各种数码产品能使用蓝牙设备的接口转换器。蓝牙适配器采用了全球通用的短距离无线连接技术，使用了与微波、遥控器，以及部分民用无线通信器材相同的 2.4GHz 免付费、免申请的无线电频段。为了避免此频段电子装置众多造成的相互干扰，蓝牙适配器采用了 1600 次高难度跳频及加密保密技术。

（3）扩展坞。

扩展坞是笔记本电脑的一种外接底座，主要用于扩展笔记本电脑的功能。笔记本电脑受自身大小的限制，各种接口的数量较少，因此能实现的功能有限。扩展坞为笔记本电脑提供了更多设备接口，与笔记本电脑配合使用可以实现更多功能。笔记本电脑通过扩展坞的接口和插槽，可以连接多种外接设备，如驱动器、大屏幕显示屏、键盘、打印机和扫描仪等。扩展坞如图 5.30 所示。

图 5.30　扩展坞

（4）笔记本电脑包。

笔记本电脑包用于放置笔记本电脑，方便用户外出携带。一般来说，一个好的笔记本电脑包应该能与笔记本电脑贴合，为笔记本电脑提供良好的保护。笔记本电脑包使用的材料必须有一定的防水能力，在雨天也可以为笔记本电脑提供很好的保护；同时必须有良好的抗震性能，以便在不小心跌落时将破坏程度降低到最小。笔记本电脑包如图 5.31 所示。

图 5.31　笔记本电脑背包

（5）笔记本电脑散热器。

笔记本电脑散热器可以将笔记本电脑底部的热量吹散，并吸入冷空气，增加笔记本电脑底部的空气流动，如图 5.32 所示。

图 5.32　笔记本电脑散热器

（6）耳机。

耳机是个人音响，它的选择因人而异。耳机的用途、使用时间、使用场所，以及用户的个人喜好、音质要求都是选购一副适合自己的耳机时要考虑的因素。耳机如图 5.33 所示。

图 5.33 耳机

5.2 选购笔记本电脑

5.2.1 选购笔记本电脑前的准备

购买笔记本电脑的过程并不简单。在购买笔记本电脑前，需要对笔记本电脑进行充分了解。一般而言，需要经历初步了解笔记本电脑的性能和价格、决定预算并严格执行、列出所需笔记本电脑的用途和选择最合适的商家四个步骤。

第一步，初步了解笔记本电脑的性能和价格。用户可以通过线上商店或实体商店大致了解笔记本电脑的性能和价格。如图 5.34 所示是一款戴尔笔记本电脑的宣传广告。

图 5.34 戴尔（DELL）Vostro 14VR-1528B 笔记本电脑

第二步，决定预算并严格执行。笔记本电脑的售价从 1000 多元到上万元不等。按价格的不同大致可以将笔记本电脑分为三类。

售价高于 10000 元的笔记本电脑相当于“豪华汽车”，属于高端笔记本电脑。这类笔记本电脑一般拥有一个或多个快速处理器、数量众多的 RAM 及大容量的硬盘，包括顶级的部件，而且性能是价格较低的笔记本电脑无法比拟的。游戏发烧友和需要经常做视频编辑的人可能需要这种高端笔记本电脑。

售价在 4000 ～ 10000 元的笔记本电脑相当于“四驱轿车”，属于主流笔记本电脑，大多消费者都会选择这个价格范围内的笔记本电脑。主流笔记本电脑与高端笔记本电脑相比，处理器运行速度没有那么快，但是能满足一般用户的需求。

在笔记本电脑行业中，低于 4000 元的笔记本电脑相当于“小型汽车”，属于经济型笔记本电脑。这类笔记本电脑使用的技术都是一两年前的，所以处理器运行速度、内存容量及硬盘容量的指标都比较低。经济型笔记本电脑所装备的部件与几年前的高端笔记本电脑的部件一样，能满足多数日常应用。

第三步，列出所需笔记本电脑的用途。笔记本电脑可以完成很多任务，将所有需要使用笔记本电脑处理的任务都列出来是不可能的，但建议在选购笔记本电脑前将笔记本电脑的主要用途列出来。这样做可以帮助用户确定自己对笔记本电脑性能的需求。

第四步，选择最合适的商家。笔记本电脑的商家有很多，如戴尔、联想、苹果等。大多数公司会在官网或电商网站在线销售计算机，在相应品牌的官网上可以定制笔记本电脑的配置和功能，然后得到一个报价。各笔记本电脑品牌的实体专卖店里也有笔记本电脑在出售。建议货比三家，再决定购买。另外，在做最后的决定前，还需要提出以下问题。

新笔记本电脑能否享受售后服务？

售后服务能持续多久？

怎样联系售后服务？

售后服务是否免费？

售后服务人员是否有丰富的经验？

质保的持续期有多长？

在一般情况下，维修需要花费多长时间？

5.2.2 选购笔记本电脑的实战技巧

1. 了解商家的销售手段

购买笔记本电脑前要了解商家的销售手段，防止上当受骗或买到不适合自己的产品。商家的销售手段一般有强硬推荐、投其所好和降价少配件等。

强硬推荐是指在用户挑选笔记本电脑时，销售员将用户带到该店的“主推产品”前，一直强调“主推产品”的优越性、扩展性等优点，并强调非常适合用户，常常将用户提出的不足说成是不需要的，用诡辩等方法打乱用户的购买计划，使用户盲目地购买他们的“主推产品”。

对于这种销售手段，用户可以提前在旁边观察其他用户的咨询情况。如果对所有用户，销售员都尽量推荐一种机型，且不论用户提什么要求，都说这款机型非常适合，则说明不适合在此处购买。另外，在选购笔记本电脑时，要严格按照自己的计划方案购买。

投其所好是指销售员在了解用户最关心的问题后，给用户重点推荐一款只符合其中一两条需求的产品的销售手段。如果用户希望选购价格便宜，但能满足基本需要、品质较好的产品，销售员将给用户推荐价格低、配置与用户要求相当，但却是不知名小厂的产品。从价格和功能上来看，小厂的产品可以满足用户的需求，但其性能和稳定性一般无法与知名大厂商相提并论。如果用户购买了小厂的产品，可能会发现其与自己的需求相差很大，因此在选购时要全方面权衡。

降价少配件是指销售员降低产品价格，但暗中未提供重要配件，然后利用价格吸引用户购买的销售手段。面对这样的商家，用户一定要事先做好充分的市场调查，提前了解想购买的产品的各方面的情况，尽量做到了如指掌。另外，在向销售员咨询产品信息时，要各个方面都问到，如果销售员有含糊其词的地方，切不可放过，一定要弄清楚。

2. 鉴别水货与行货

水货是指通过非正常途径进出口和销售的货物，行货是指通过正常途径进出口和销售的货物。产品是行货还是水货与产地无关，只与销售区域有关。行货笔记本电脑都通过了长城认证，由品牌公司提供保修服务，操作系统都配备有当地语言。要鉴别笔记本电脑是行货还是水货，可以通过以下六点来分析。

（1）价格。

在一般情况下，水货笔记本电脑的价格比行货低，越高端的机型的价格差越大。同一品牌型号的行货笔记本电脑，不同商家的销售价格相差不会超过 300 元。因此，可以通过价格的差异来判断产品是行货还是水货。通过产品价格判断产品是行货还是水货，需要对要购买的机型在某个时间段的市场价格有一个大致了解，用户可以到官网查找指定机型的参考价格，如果所买产品的价格与官网上的参考价格相差悬殊，那么该产品就有可能是水货。

（2）编号。

大多数厂商为了对不同国家和地区销售的相同型号的产品加以区别，会给该机型额外标记一个附属编号，用户可以通过查看附属编号来判断该机型的销售区域。

（3）序列号。

检查笔记本电脑的外包装箱、保修卡、机身底部铭牌和 BIOS 上的序列号是否一致，如果不一致，则说明这台笔记本电脑有问题。

试一试：查看自己的笔记本电脑各处的序列号是否一致。

（4）标签。

行货笔记本电脑的机身背面一般都会有一个黄色的 CCIB 标签，也有部分笔记本电脑上会贴有其他标签来证明其行货身份。

（5）随机程序和资料。

查看随机程序和资料是最直观的一种鉴别产品是行货还是水货的方法。如果产品是水货，那么原厂的预装操作系统和软件不会是简体中文版的。行货随机附送的光盘较多，一般

有 2 ～ 6 张。这些光盘都是由光盘的生产线统一刻录印刷的，印刷比较精美。水货随机附送的光盘可能是英文或者日文的，也可能是商家自己刻录的，光盘的数量可能较少。行货的随机资料印刷相当精致，字体清楚，纸张质地好，语言为简体中文或多国语言。水货的随机资料采用的语言多为英文、日文或非简体中文，或者是商家提供的一套自己印刷的、质量较差的随机资料。

（6）网上验证。

鉴别水货和行货最根本的方法就是登录该品牌的官方网站，通过相应的查询系统来检测笔记本电脑的序列号。用户登录指定页面，输入机身背部的序列号，网站将反馈给用户该序列号对应的笔记本电脑是否存在、出厂配置、各个硬件部分的编号、保修开始日期，以及销售区域等详细信息。用户通过相应信息可以判断该机是否为水货。用户还可以通过拨打生产厂商广告上公布的免费电话，来判断所购买的笔记本电脑是否为水货。

3. 鉴别样机与翻新机

在笔记本电脑市场中也有很多以次充好的产品，这些产品中大多数都是样机和翻新机，下面将介绍鉴别样机和翻新机的方法。

（1）鉴别样机的方法。

走进电脑城的笔记本电脑专卖店，首先映入眼帘的是一排排摆放整齐、崭新漂亮的样机。这些样机存在较大的隐患，在购买笔记本电脑时应该仔细查看，分辨购买的笔记本电脑是不是样机。鉴别产品是否是样机的方法有以下 4 种。

① 仔细观察键盘缝隙出风口和屏幕边框中有没有较多的灰尘。使用过的笔记本电脑的风扇是不可能不转的，只要风扇运转，就会带入灰尘。

② 检查键盘键帽和鼠标是否有磨损的痕迹。使用过一段时间的笔记本电脑，其键盘键帽和鼠标的表面会发亮。

③ 拆下电池，检查被电池盖住的机器背面有没有指纹。在一般情况下，笔记本电脑的背面会采用金属镀层，只要被手指触摸过就会留下手指印，而且很难擦掉。

④ 检查操作系统是否还是未解包的状态，原厂的操作系统都处于未解包状态的，开机后会自动进入注册画面，或者进入操作系统但用户只有输入注册码后才可以正常运行，否则将一直处于未注册的 OEM 状态。

（2）鉴别翻新机的方法。

① 检查机器表面。笔记本电脑在很多地方（如键盘附近）进行了磨砂处理，这些地方如果经常与人体接触，就会变得光滑发亮，一般很难翻新。

② 检查固定螺钉。一般商家收购的旧笔记本电脑都会有一些问题，商家在维修和翻新笔记本电脑时就必须对其进行拆卸，这样一些螺钉上就会留下比较明显的痕迹。如果在螺钉上发现这种痕迹，那么该笔记本电脑一定有问题。

③ 检查 LCD 显示屏的表面。观察 LCD 显示屏上是否有细小的磨损痕迹。因为 LCD 表面很薄，无法进行打磨，上面的磨损很难清除。

④ 检查表面的气味儿。刚开封的笔记本电脑会有工业用的清洗液的味道，而手工翻新的

笔记本电脑，由于使用了民用清洁剂，笔记本电脑会有一种淡淡的香味儿，表面摸起来有一些滑腻。

⑤ 检查序列号。一般笔记本电脑序列号位于底部的标签上，检查该标签是否有涂改、重贴的痕迹。开机进入笔记本电脑主板 BIOS 设置界面，检查 BIOS 中的序列号和机身上的序列号及包装箱上的序列号是否一致，如果这几个号码不相同，则证明该笔记本电脑有可能是翻新机。

⑥ 检查电池。新笔记本电脑的电池充电次数不超过 3 次，电池中的电量不会高于 3%。如果电池电量太高或者充放电次数太多，则说明该笔记本电脑已经被使用较长时间，可能是翻新笔记本电脑。

⑦ 检查随机附件。这些附件包括驱动光盘、说明书、保修卡等，商家在出售翻新笔记本电脑时，很难把这些附件收集完整，特别是产品说明书（一般都是商家自己印制的），很容易识别出来。如果附件不齐，那么该笔记本电脑就可能是翻新机。

5.2.3 检查与验收笔记本电脑

如果用户已经确定了笔记本电脑的品牌和机型，那么在取货时不仅需要对检查笔记本电脑的外包装、序列号、装箱清单和外观进行检查，还需要进行开机检查。本节将介绍检查与验收笔记本电脑的操作方法。

1. 检查外包装

笔记本电脑的外包装如图 5.35 所示。检查外部包装是购买笔记本电脑最基本的检查步骤。未开启过的笔记本电脑外包装，在开封处通常会有一张笔记本电脑生产厂家的贴纸。

图 5.35 笔记本电脑的外包装

检查笔记本电脑外包装时需要注意以下两点。

（1）注意检查原厂贴纸有没有破损，是否已被经销商改贴为自己的胶带贴纸。

（2）检查笔记本电脑外包装的底部是否有重贴的痕迹。

试一试：查看自己的笔记本电脑的外包装。

2. 检查序列号

图 5.36　笔记本电脑机身背面的序列号

如果笔记本电脑的外包装箱正常，就可以打开包装箱，轻轻取出笔记本电脑，仔细核对笔记本电脑机身背面的序列号，如图 5.36 所示。

查看该序列号是否与包装箱和保修单上的序列号一致。如果不一致，那么该笔记本电脑有可能是水货。在检查序列号时，还要检查该序列号是否有被涂改或重贴的痕迹。

3. 核对装箱清单

如果序列号检查一致，则开始核对装箱清单。包装箱内有产品清单，可以对照产品清单逐一进行检查，如果发现产品不齐全，可以当场与销售员进行交涉。笔记本电脑附件通常有主机、电池、电源适配器、电源线、清洁布、用户手册、应用指南、说明书、驱动光盘和保修单等，各商家随机赠送的物品有所不同。

试一试：核对自己的笔记本电脑的产品清单。

4. 检查笔记本电脑的外观

外观是购买笔记本电脑时最基本的检查内容，在拆开外包装取出笔记本电脑时，需要对笔记本电脑外壳进行以下三方面的检查。

（1）检查笔记本电脑的外壳有无划伤、掉漆，确保外壳完好无损。

（2）检查转轴处是否有裂痕及松动的情况。

（3）检查模具是否有咬合不紧的情况或者边缝是否粗糙。

5. 开机检查笔记本电脑

检查完笔记本电脑的外观后，可以通电开机，进一步检查笔记本电脑的各项功能是否完好。具体检查步骤如下。

步骤一：把笔记本电脑放置平稳，接通电源，启动笔记本电脑。在启动过程中仔细倾听硬盘和光驱等部件有无异常响声，若有则说明该笔记本电脑有问题。当使用新笔记本电脑进入系统时会出现提示用户注册的信息，如果没有此信息，则说明该笔记本电脑被人用过或者安装了非正版的操作系统。

步骤二：在测试键盘和鼠标时，可以通过输入文字，试试键盘的手感，并查看键盘功能是否良好，鼠标是否灵活准确。

步骤三：在测试笔记本电脑光驱时，首先要检查光驱里是否有过多的灰尘，然后用几张不同的光盘测试光驱的读盘能力，查看光驱是否挑盘。

步骤四：打开笔记本电脑中的音乐文件，测试笔记本电脑的音效，检查音箱是否能正常工作。

步骤五：打开笔记本电脑的电池管理软件，查看电池的充电次数或者循环次数，一般新笔记本电脑的充电次数不超过 3 次。

5.2.4 测试笔记本电脑

为了更加准确地辨别购买的笔记本电脑的质量是否可靠，还需要借助软件对笔记本电脑进行测试，使用测试软件可以检查笔记本电脑的 CPU 和内存等部件是否正常。本测试主要包含对笔记本电脑的 CPU、内存、硬盘、电池和液晶显示屏的测试。

1. 测试笔记本电脑的 CPU

大部分笔记本电脑采用的是 Intel 公司生产的 CPU，虽然 CPU 的规格不能篡改，但有的笔记本电脑厂商将工程测试处理器当作标准的处理器出售，而这种工程测试处理器很有可能存在稳定性和发热量方面的问题。在测试笔记本电脑的 CPU 时一般使用专业的测试软件，如鲁大师。

鲁大师是新一代系统工具，是免费的，能轻松辨别笔记本电脑硬件的真伪，保护笔记本电脑稳定运行，优化和清理系统，提升笔记本电脑的运行速度。

在需要测试的笔记本电脑中打开鲁大师，执行“硬件检测”→“处理器信息”命令，即可查看当前笔记本电脑的 CPU 的详细信息，如图 5.37 所示。

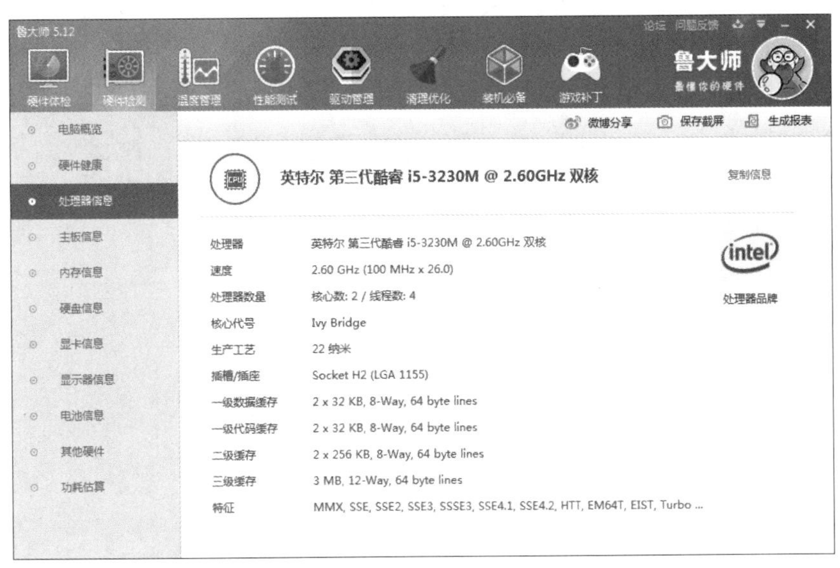

图 5.37 CPU 的详细信息

注：在“鲁大师”界面中的“处理器信息”选项卡中，各主要选项的含义如下。

处理器：当前 CPU 的名称。

速度：显示当前 CPU 的主频，对于同系列微处理器，主频越高就代表计算机的运行速度越快。

处理器数量：当前 CPU 的核心数与线程数。

核心代号：当前CPU的代号，即CPU的核心类型。

生产工艺：当前CPU的生产工艺的级别。

插槽/插座：当前CPU的插槽类型。

一级数据缓存：当前CPU的一级数据缓存。

一级代码缓存：与一级数据缓存相同。

二级缓存：当前CPU的二级缓存。

三级缓存：当前CPU的三级缓存。

特征：当前CPU的其他技术特征。

2. 测试笔记本电脑的内存

MemTest是一款常见的内存检测工具。它不仅可以检测内存稳定度，还可以检测内存储存与检索资料的能力，以及当前机器正在使用的内存是否值得信赖。

使用MemTest测试笔记本电脑内存的具体操作步骤如下：启动MemTest，打开“MemTest”窗口，保持默认设置。单击“开始测试”按钮，弹出信息提示对话框，单击“确定”按钮，开始测试内存。如果测试的覆盖范围达到100%后仍无错误，则表示内存问题不大。“MemTest”开始测试内存界面如图5.38所示。

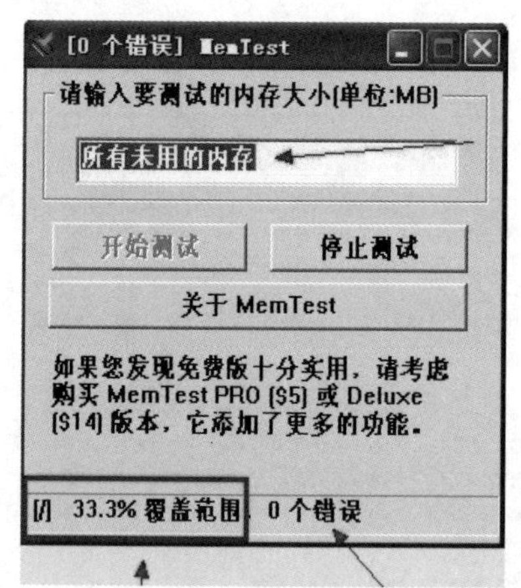

图5.38 “MemTest”开始测试内存界面

试一试：测试自己的笔记本电脑的内存。

3. 测试笔记本电脑的硬盘

在测试笔记本电脑硬盘时，需要注意的是硬盘是否存在坏道。用户使用相应的软件（如HD Tune）可以检测出磁盘有无坏道。

使用HD Tune可以检测出硬盘的传输率、突发数据传输率、数据存取时间、CPU使用率、硬盘健康状态、硬盘温度及可以扫描磁盘等功能，具体操作步骤如下。

启动HD Tune，打开“HD Tune”窗口，在菜单栏下方显示的是当前计算机所安装的硬盘的版本、型号、容量和温度，如图5.39所示。

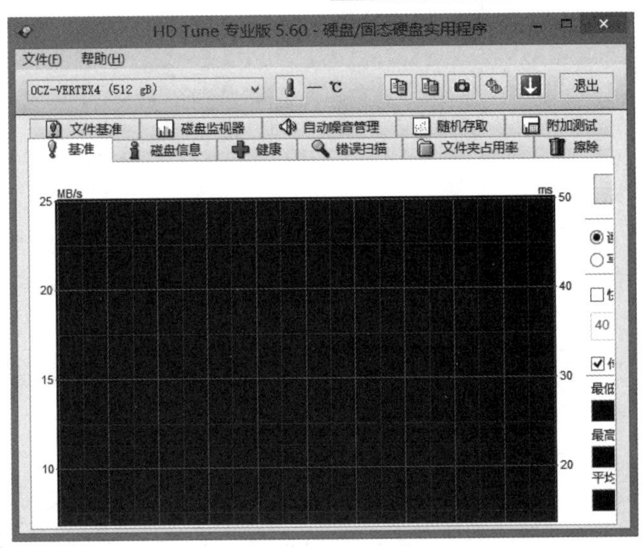

图 5.39 “HD Tune”窗口

单击“文件基准”选项卡，将“磁盘”选项设置为 D 盘，单击“开始”按钮，开始检测硬盘的文件基准性能。检测完毕后，可通过图表查看驱动器的读取速度和写入速度，如图 5.40 所示。

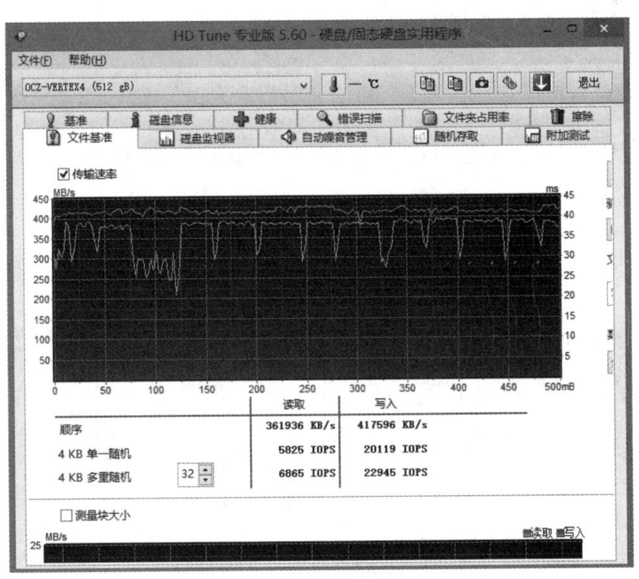

图 5.40 检测结果

试一试：测试自己的笔记本电脑的硬盘。

4. 测试笔记本电脑的电池

电池的使用时间是笔记本电脑的关键指标之一，因此，在购买笔记本电脑时必须对其进行测试，以便了解笔记本电脑电池在最大负荷、最小负荷或在其他常见情况下的使用时间。

可利用主板监控程序测试笔记本电脑电池。在测试前，需把电池充满电并拔下电源线，

启动主板监控程序，将其设置为每分钟向报表文件中写入一次信息（如 CPU 的频率）。当电池的电量耗尽后，通过报表文件可以看到测试的开始时间和结束时间，两个时间的差值就是电池的工作时间。

5. 测试笔记本电脑的液晶显示屏

液晶显示屏是笔记本电脑的重要部件，如果笔记本电脑的液晶显示屏上有几个“坏点”，那么在今后的使用过程中，会给用户造成视觉上的干扰。所以在购买笔记本电脑时，最好对笔记本电脑的液晶显示屏进行彻底检测。

利用专业的液晶显示屏测试软件，可以方便地检测笔记本电脑显示屏的灰度、对比度、亮度、色彩、聚集等常规项目。比较常用的测试软件是 DisplayX。

使用 DisplayX 测试液晶显示屏的具体操作步骤如下。

启动 DisplayX，打开“DisplayX”窗口，如图 5.41 所示。

图 5.41 “DisplayX”窗口

单击“常规单项测试”选项，开始测试显示屏的对比度，其界面如图 5.42 所示。

图 5.42 测试显示屏对比度的界面

在窗口中再次单击鼠标左键，进入显示屏的对比度测试阶段，如图 5.43 所示。

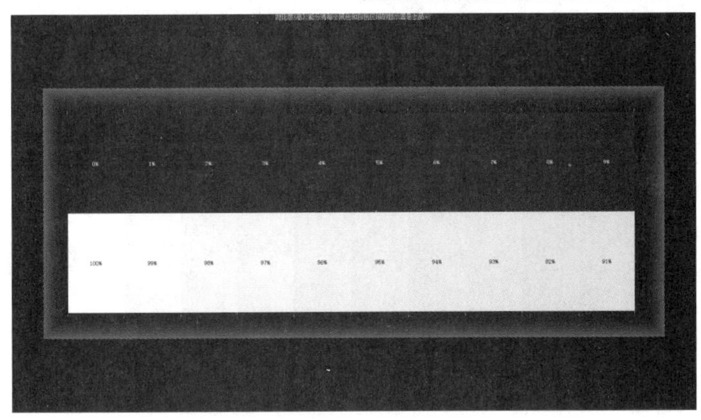

图 5.43 测试显示屏的对比度

在窗口中再次单击鼠标左键，进入显示屏的灰度测试阶段，如图 5.44 所示，颜色的过渡越平滑越好。

图 5.44 测试显示屏的灰度

在窗口中单击鼠标左键，进入 256 级灰度测试阶段，如图 5.45 所示。

图 5.45 测试灰度还原能力

在窗口中单击鼠标左键，进入呼吸效应测试阶段，如图 5.46 所示。

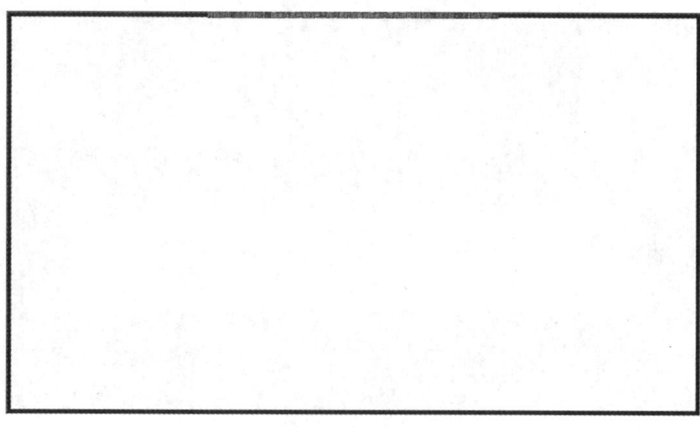

图 5.46　测试呼吸效应

在窗口中单击鼠标左键，进入几何形状测试阶段，观察圆形和正方形，如图 5.47 所示。

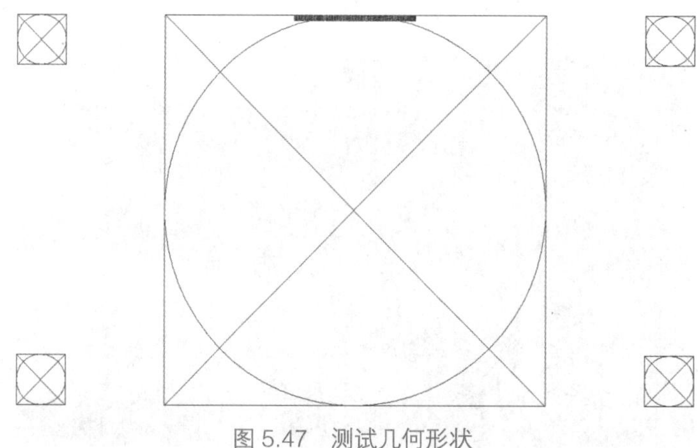

图 5.47　测试几何形状

在窗口中单击鼠标左键，进入会聚测试阶段，观察各个位置上的文字是否清晰，如图 5.48 所示。

图 5.48　测试会聚

在窗口中单击鼠标左键，进入色彩测试阶段，观察颜色的鲜艳度和通透性，如图 5.49 所示。

图 5.49 测试显示屏的色彩

在窗口中单击鼠标左键，进入纯色测试阶段，仔细观察纯色画面是否有坏点，如图 5.50 所示。

图 5.50 测试显示屏的纯色

注： 测试纯色的主要目的是检测 LCD 屏幕中的坏点。在测试时，在窗口中单击鼠标左键可改变测试画面的颜色，画面会依次切换至黑色、红色、绿色、蓝色、洋红色、黄色、青色、白色和灰色等 9 种颜色。

在窗口中单击鼠标左键，进入交错测试阶段，观察画面是否存在干扰现象，如图 5.51 所示。

图 5.51 测试显示屏交错

在窗口中单击鼠标左键，进入锐利测试阶段，观察每条线是否清晰，如图 5.52 所示。结

束反自动返回“DisplayX”窗口，显示屏性能检测完成。

图 5.52　测试显示屏锐利

5.3　笔记本电脑的拆装

随着笔记本电脑的普及，很多用户都想自己动手拆装笔记本电脑，但是拆装笔记本电脑是有风险的，几乎每个品牌的笔记本电脑都有“因自行拆卸造成的故障均不在保修范围内”的提示。这是因为笔记本电脑体积小巧，构造非常精密，如果贸然拆卸，很可能导致笔记本电脑不能工作或者损坏部件。但是学会拆装笔记本电脑首先可以帮助用户判断笔记本电脑的质量。在一般情况下，一线品牌的笔记本电脑的内部的连线是整整齐齐的，且做工很精细；而其他一些品牌的笔记本电脑的内部，要么连线混乱，要么做工粗糙。其次通过拆卸笔记本电脑，了解笔记本电脑的结构，在笔记本电脑需要进行简单的升级或者遇到一些小故障时，就不必假手于人了。当你在拆开笔记本电脑后，会发现它虽然精密，但是在结构上与台式机并无二致。

本书结合笔记本电脑仿真模拟系统，让用户能够身临其境地使用和拆装笔记本，为了让读者更好地理解笔记本电脑的内外部的结构装配，下文将图文并茂地展示整个笔记本电脑的拆装过程。

微课视频

5.3.1　笔记本拆装虚拟教学与考核系统演示

（1）打开笔记本拆装虚拟教学与考核系统，进入其主界面（见图 5.53）。

图 5.53　笔记本拆装虚拟教学与考核系统主界面

（2）单击“进入系统”按钮后，输入相应账号密码，进入人物界面，如图 5.54 所示。

图 5.54　人物界面

（3）操作角色步行至实验室，如图 5.55 所示。

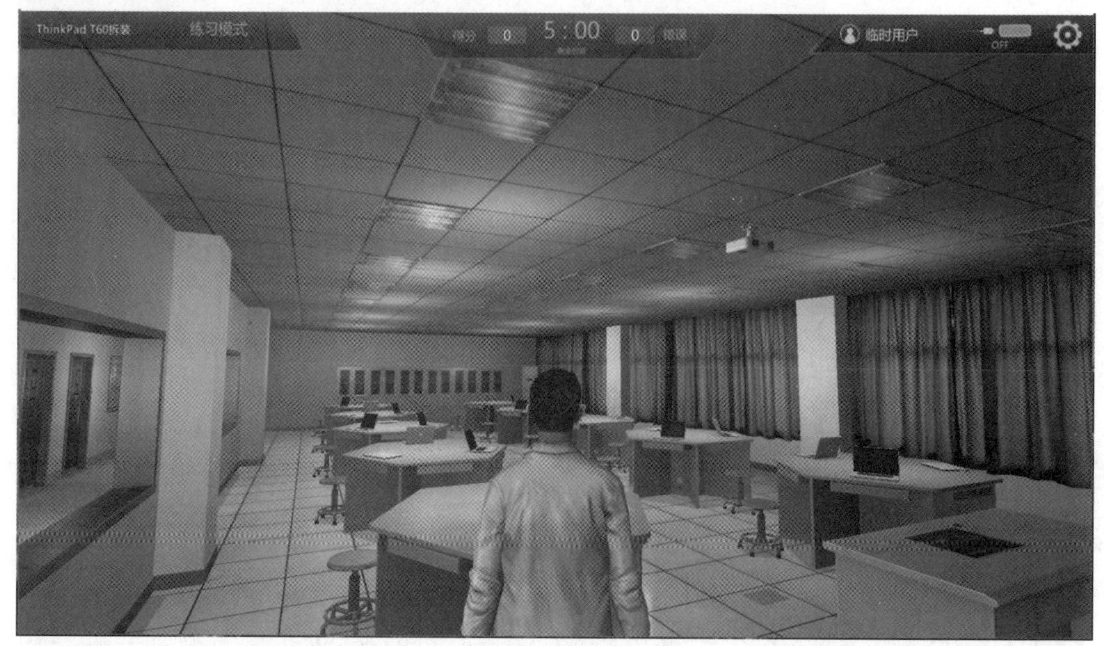

图 5.55　实验室环境

（4）到操作台前按指定按键坐下，界面自动切换至特写状态，如图 5.56 所示。用户可通过相应操作对模型进行旋转、缩放。

图 5.56　笔记本电脑 3D 模型

（5）拆卸。单击特定的零件模型或将 Leap Motion 手形悬浮在特定的零件模型上，可操作的零件区域呈现边缘发光效果，如图 5.57 所示。

图 5.57　选中相关零件区域

（6）再次单击或用 Leap Motion 手形拿起该零件，即可播放相应拆卸动画，如图 5.58 所示。

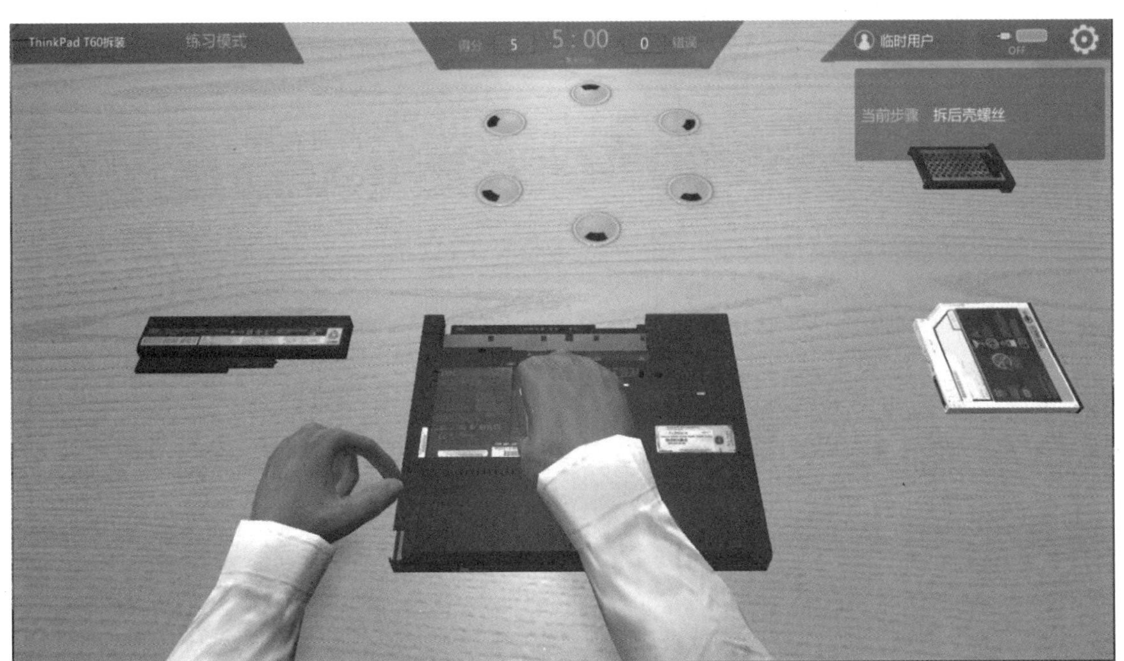

图 5.58　拆解演示

（7）显示 Leap Motion 手形和零件，通过鼠标或 Leap Motion 手形将零件放置到桌面上，零件将自动归位，如图 5.59 所示。

图 5.59　零件的位置

（8）组装。当提示拆卸完毕后，将开始进入组装环节，单击桌面上特定的零件模型或将 Leap Motion 手形悬浮在特定的零件模型上，可以 360° 翻转零件，以便操作者清晰地查看零件结构，如图 5.60 所示。

图 5.60　拆卸笔记本的过程

（9）再次单击该零件或用 Leap Motion 手形拿起该零件，可操作零件将透明化，并跟随鼠标或 Leap Motion 手形移动（见图 5.61）。

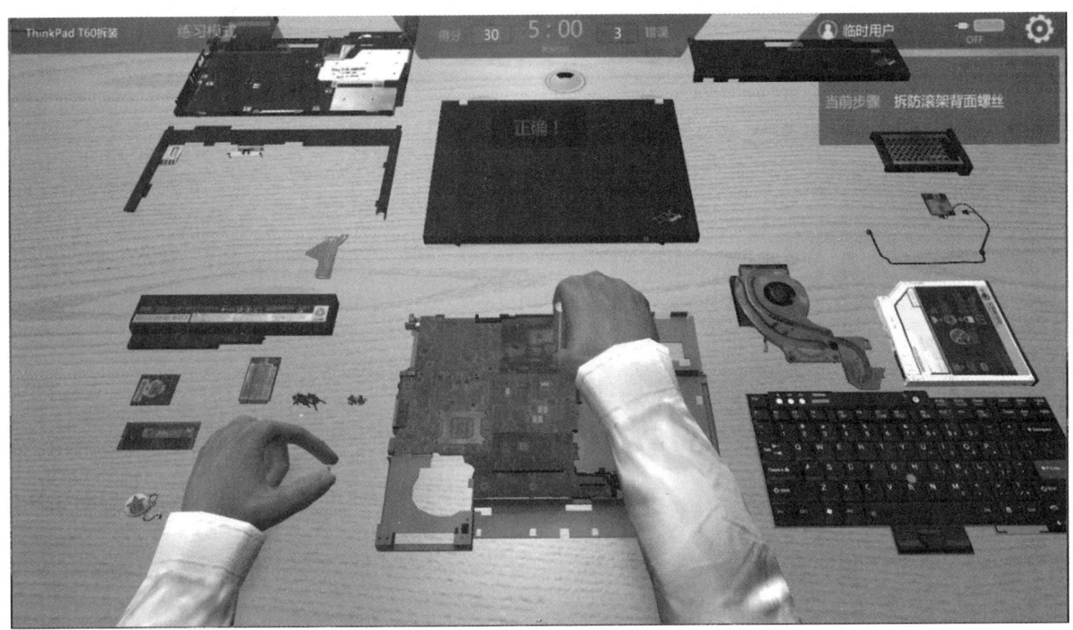

图 5.61　拆解全部零件

（10）用户可以在设置窗口中选择教学参考动画（见图 5.62）。

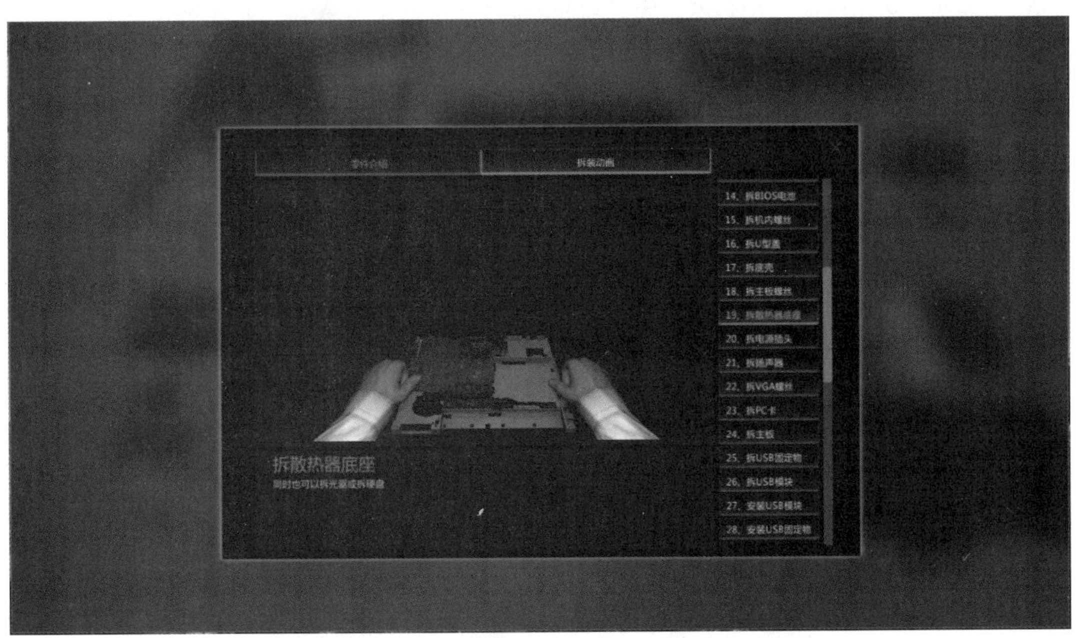

图 5.62　教学动画参考

（11）笔记本拆装虚拟教学与考核系统分为练习模型和考核模式，在考核模式下考核成绩可以被上传到教师服务器永久记录，如图 5.63 所示。

步骤	正确率
拆光驱（可选）	33.3%
拆后壳螺丝	33.3%
拆掌托	33.3%
拆键盘	33.3%
拆上盖	33.3%
拆机内螺丝	33.3%
拆内存（可选）	33.3%
拆蓝牙模块（可选）	33.3%
拆无线网卡（可选）	33.3%
拆BIOS电池（可选）	33.3%

图 5.63　后台学生成绩

5.3.2　笔记本电脑的拆装方法

一般来说，市场上的笔记本电脑品牌有许多种，而且每个品牌的笔记本电脑都有若干型号，不同型号的笔记本电脑的结构各不相同，因此不同型号的笔记本电脑的拆装顺序和方法不同。由于笔记本电脑的配件有统一标准，所以不同型号的笔记本电脑的拆装步骤是类似的。本书以 HP 型号笔记本电脑为例进行操作说明，其他品牌型号笔记本电脑的拆装可以以此为参考。

1. 笔记本电脑的拆卸

先了解一下笔记本电脑的构造。一般来说，笔记本电脑可以分为 A 面、B 面、C 面和 D 面。其中，A 面是指笔记本电脑的正面，B 面是指笔记本电脑的背面，C 面和 D 面分别是指笔记本电脑的液晶显示屏面和键盘面。笔记本电脑的拆卸都是从 B 面入手的。笔记本电脑配件的位置，如图 5.64 所示。

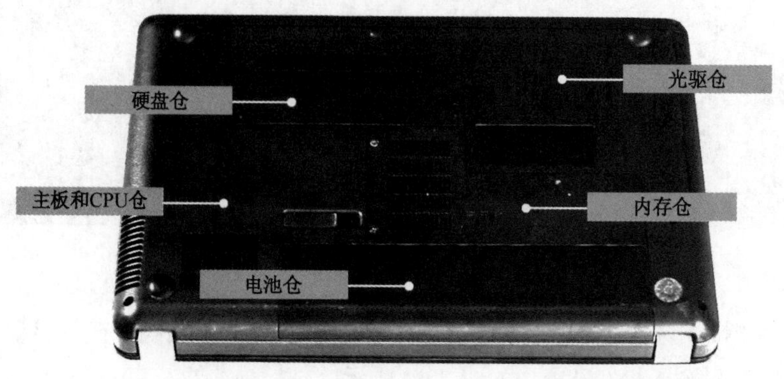

图 5.64　笔记本电脑配件的位置

第一步，拆卸笔记本电脑的电池。大多数笔记本电脑的电池仓有卡扣设计，扳开卡扣，就可以将电池取出，如见图 5.65 所示。

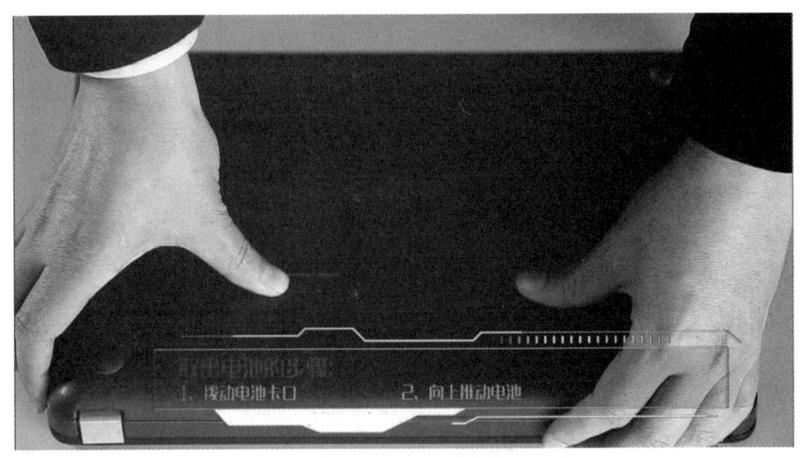

图 5.65 拆卸笔记本电脑的电池

第二步，拆解硬盘。卸下硬盘仓的螺钉，就可以看到硬盘仓中的 2.5 英寸的机械硬盘，拔出硬盘的电源线和数据线，就可以拆下硬盘，如图 5.66 所示。

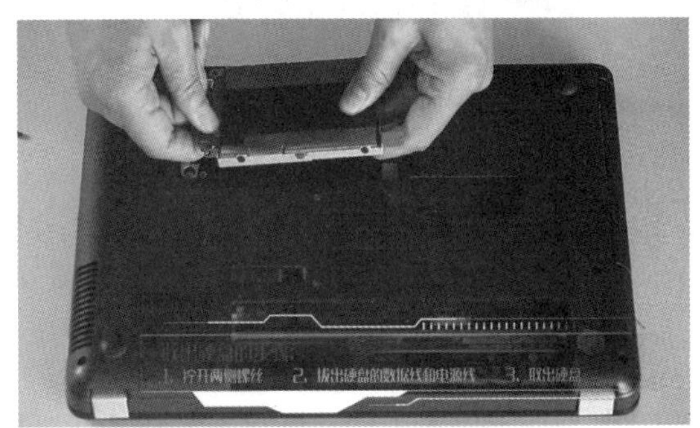

图 5.66 拆卸笔记本电脑的硬盘

第三步，拆卸笔记本电脑的内存。在一般情况下，笔记本电脑的内存仓位于笔记本电脑的中部，卸下内存仓的螺钉将会看到内存，如图 5.67 所示。

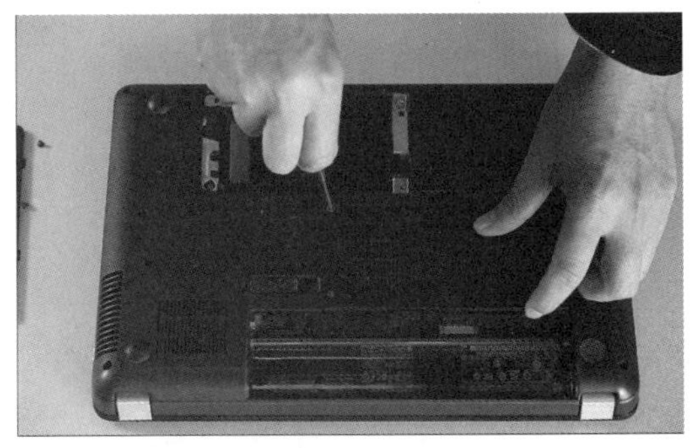

图 5.67 拆卸笔记本电脑的内存

拆卸内存的方法很简单，内存是由内存插槽两端的卡扣固定的，只要打开两端的卡扣，内存就会向上弹出，这时直接取出内存即可，如图 5.68 所示。

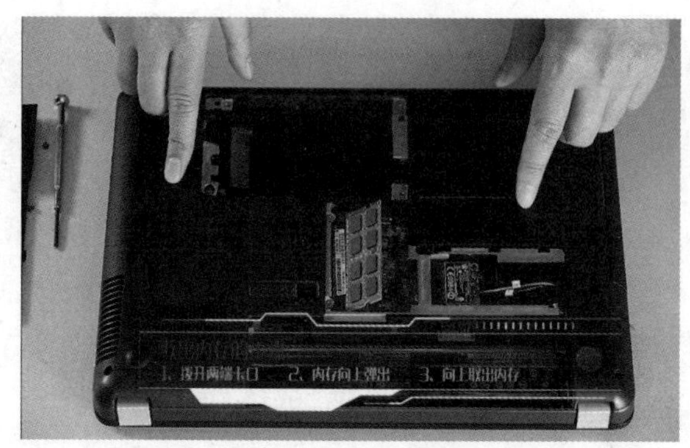

图 5.68　取出笔记本电脑的内存

第四步，拆卸光驱。在一般情况下，光驱仓位于笔记本电脑的两侧，而固定光驱的螺钉在笔记本电脑的内部，先找到该固定螺钉，卸下螺钉后就可以抽出光驱，如图 5.69 所示。

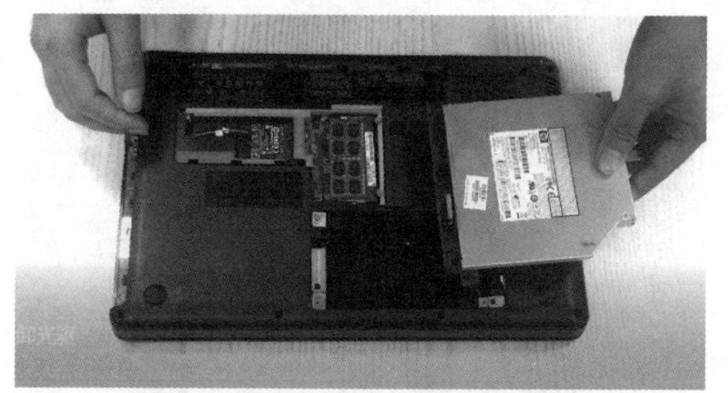

图 5.69　拆卸笔记本电脑的光驱

第五步，拆卸键盘。HP 型号的笔记本电脑的键盘是分体式内置键盘，这种形式的键盘只要拨开键盘下面的卡扣就可以直接取出，拔出键盘数据排线接口后就完成了键盘的拆卸。

第六步，拆卸主板。一般来说，主板是笔记本电脑最难拆卸的部分，其原因是主板上的电路元器件非常多，而且又有大量排线接口，所以在拆卸主板时必须格外小心。卸下主板螺钉后，拔除相关的排线，即可取出主板，如图 5.70 所示。

图 5.70　拆卸笔记本电脑的主板

第七步，拆卸 CPU 散热管与风扇。现在的 CPU 一般都是集成在主板上的，无法直接拆卸，因此不建议读者强行拆卸 CPU。这里只对 CPU 的散热管与风扇进行拆卸，如图 5.71 所示。

图 5.71 拆卸笔记本电脑的散热管与风扇

2. 笔记本电脑的安装

第一步，安装 CPU 散热管和风扇。在一般情况下 CPU 散热管是和主板散热管连在一起的，因此安装时只需用螺钉固定在相应位置即可。注意，可以使用新的导热硅脂对 CPU 和主板芯片进行导热。

第二步，安装主板。主板上有大量排线接口，安装时需要逐一对应地将排线接口与排线连接，并拧好主板螺钉，如图 5.72 所示。

图 5.72 安装笔记本电脑的主板

第三步，安装键盘。安装键盘之前需要先安装掌托，然后插入键盘并连接好键盘排线，如图 5.73 所示。

第四步，安装硬盘。将笔记本电脑的硬盘放入硬盘仓，连接好数据线和电源线，盖好硬盘盖板，如图 5.74 所示。

图 5.73　安装笔记本电脑的键盘

图 5.74　安装笔记本电脑的硬盘

第五步，安装内存。将内存斜插入卡扣，向下按动内存，内存会自动安装到位，如图 5.75 所示。

图 5.75　安装笔记本电脑的内存

第六步，安装光驱。找到光驱仓，插入光驱，固定好光驱的螺钉，如图 5.76 所示。

图 5.76 安装笔记本电脑的光驱

第七步，安装电池。对应电池卡口将电池安装到相应位置，如图 5.77 所示。

图 5.77 安装笔记本电脑的电池

5.4 笔记本电脑的保养与升级

为了让笔记本电脑高效率运行，除通过升级硬件来改善笔记本电脑的性能外，对笔记本电脑进行合理的保养，在一定程度上也可以提高笔记本电脑的性能。

5.4.1 笔记本电脑的日常保养技巧

由于笔记本电脑的使用环境不固定，很容易造成损坏，所以在使用笔记本电脑的过程中，需要掌握笔记本电脑的日常保养技巧。

1. 注意防水

一些用户会在使用笔记本电脑时喝饮料，如果一不小心将饮料溅入或倒在笔记本电脑上，是十分危险的。因为很多笔记本电脑都是通过键盘击键进行散热的，如果有液体洒在笔记本电脑上，液体会流入笔记本电脑内部，导致笔记本电脑中某个部件短路烧毁。所以，应尽量避免这种情况的发生。一旦发生这种情况，应立即切断笔记本电脑的电源。另外，在下雨天要注意笔记本电脑的防雨，在阴雨天气或者将笔记本电脑从空调房中带出去时，一定要关机，以防笔记本电脑因潮湿导致的短路。

2. 注意防震

笔记本电脑要尽量放在桌子或其他固定的东西上使用。如果要移动笔记本电脑，一定要轻拿轻放，避免摔碰，防止硬盘损坏。在远距离移动笔记本电脑时，一定要将笔记本电脑关机并放进笔记本电脑包后再移动，只有这样才可以最大限度地保障硬件的安全。

3. 正确使用电池

笔记本电脑的电池的使用寿命主要是由充放电次数决定的，尽可能避免频繁地使用电池。

4. 注意少用光驱

光驱目前是笔记本电脑中最容易衰老的部件之一，大多数笔记本电脑的光驱是专用产品，损坏后更换比较麻烦，因此要爱惜笔记本电脑的光驱。平时应尽量减少笔记本电脑的光驱的使用，如果使用笔记本电脑听歌或观看电影，应尽量将歌曲或电影复制到笔记本电脑的硬盘中。笔记本电脑的光驱一旦损坏，则只能对其进行更换，更换光驱需要花费较高的费用。

5. 定期清洁

与定期对汽车进行护理可以延长汽车使用寿命一样，定期对笔记本进行清洁也可以延长笔记本电脑的使用寿命。预防性维护可以帮用户节省维修费用。定期对笔记本电脑的键盘、液晶显示屏、外壳和光驱等进行清洁可以让笔记本电脑保持良好的运行状态，因此可以制定笔记本电脑的清洁周期。

对整机进行清洁。以一个星期为周期对笔记本电脑的整机进行清洁是比较合理的，如果频繁使用笔记本电脑，那么可以一个星期进行两次整机清洁。整机清洁包括针对笔记本电脑外壳、液晶显示屏、键盘、触摸板及常用接口等配件的清洁。

对系统进行清洁。以一个月为周期对笔记本电脑的系统进行维护是比较合理的。如果短时间内频繁地使用笔记本电脑，也可以在一个星期内进行多次系统维护。维护建议如下：

（1）按月定期备份数据，尤其是最重要的数据。

（2）按周对磁盘和磁盘碎片进行清理，保证硬盘处于最佳性能。

（3）按月删除浏览器的历史记录和缓存文件，保证网络下载速度。

（4）使用最新的操作系统、驱动程序和安全更新程序。

（5）每周进行一次病毒和间谍软件扫描。

对硬件进行清洁。如果笔记本电脑使用的时间较长，内部就会积聚很多灰尘，从而导致某些硬件接触不良等故障，所以以半年为一个周期对笔记本电脑的内部硬件进行维护是很有必要的。

6. 保持良好的省电习惯

使用电池作为笔记本电脑的电源时，如果能够保持良好的省电习惯，一方面可以降低能源的消耗，延长使用时间；另一方面能延长电池的使用寿命。因此，良好的省电习惯是非常重要的，在不使用笔记本电脑时应该将其关机并关闭红外线接口等设备。

5.4.2 保养笔记本电脑硬件

在笔记本电脑的日常使用过程中，要对其进行一些必要的保养，使其既能稳定、高效地工作，又不会出现故障，从而延长使用寿命。本节将介绍保养笔记本电脑硬件的方法。

清洁笔记本电脑外壳时，切忌使用有机性溶剂（如苯或稀释剂等），有机溶剂会使笔记本电脑的表面被腐蚀，从而产生变色或褪色现象。

在笔记本电脑断电后，可以使用不掉绒的软布或纸巾蘸一点儿清水擦除污渍。注意纸巾或者软布不应该有掉绒现象，并且应尽量把水挤干净。一些顽固污渍可以使用专用的清洁剂擦拭。清洁套装产品如图 5.78 所示。

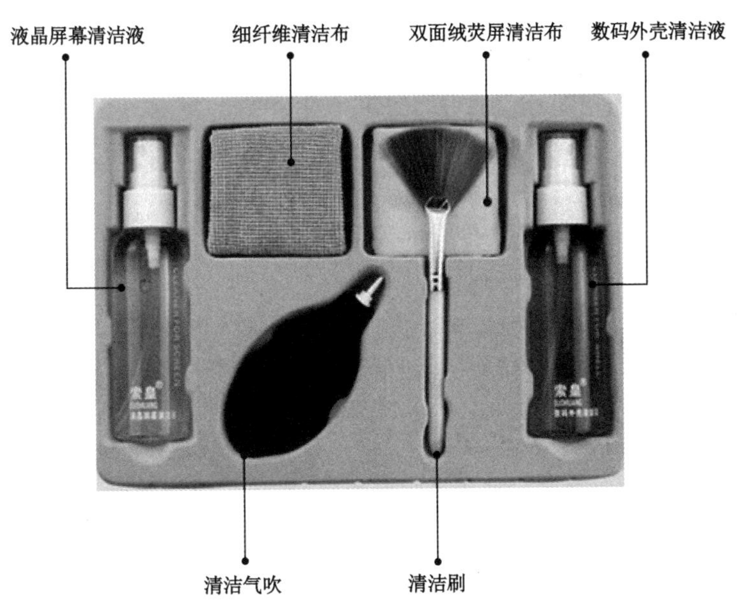

图 5.78 清洁套装产品

1. 保养屏幕

笔记本电脑的液晶显示屏是用户使用笔记本电脑时需要天天观看的部件，保养和维护好

液晶显示屏对今后笔记本电脑的使用舒适度的影响非常大。由于笔记本电脑的液晶显示屏在运输和携带的过程中容易受到外力损坏，因此需要特别注意保养。下面将具体介绍保养笔记本电脑液晶显示屏的操作方法。

（1）小心开合机盖。不要在液晶显示屏与键盘之间放置物品；注意开合机盖的力度，避免液晶显示屏因重压而导致内部组件损坏，从而出现使用故障；在携带笔记本电脑外出时要注意合上机盖。

（2）注意工作环境。笔记本电脑的液晶显示屏对湿度很敏感，在湿度较大时，液晶显示屏的显示会变得非常模糊，较重的潮气会损坏液晶显示屏的元器件。如果在开机前发现屏幕表面有雾气，最好用软布轻轻将液晶显示屏擦干后再使用。另外，最好在笔记本电脑包里放一小包干燥剂。

（3）注意防压防震。液晶显示屏十分脆弱，抗撞击能力远不及 CRT 屏。液晶显示屏一旦受到强烈撞击，就有可能导致其中的精密玻璃元器件和灵敏的电气元器件损坏，所以一定要避免强烈撞击。除了防止强烈撞击，还要注意不要对屏幕表面施加压力，如经常用手指点屏幕的某个部位，这样做很容易使此处产生坏点。

（4）定期清洁液晶显示屏。笔记本电脑的液晶显示屏非常容易吸附灰尘，吸附灰尘后，只需要用湿软的软布或纸巾轻轻擦去液晶屏幕表面的灰尘即可。

当液晶显示屏上沾有大量指印、油渍时，清洁工具除了软布或纸巾外，还需要借助专用的液晶显示屏清洁剂。在清洁时，应将清洁剂喷在清洁布上擦拭屏幕，而不应将清洁剂直接喷在屏幕上。

2. 保养键盘

键盘是笔记本电脑中最容易堆积灰尘的部件，过多的灰尘会加速键盘导电橡胶的老化，从而对键盘的印制电路造成损伤。为了避免这种情况的发生，用户应该养成定期保养键盘的习惯。

在使用键盘的时候，应该注意以下几个方面。

（1）不要对键盘“发脾气”。很多用户在笔记本电脑死机后会忍不住砸几下键盘出气。这样做会使键盘按键起支撑作用的软胶损坏，从而出现按键按下去弹不上来的情况。

（2）保持键盘的干净。尽量不要在使用笔记本电脑的过程中吃东西、吸烟、喝水，因为液体进入键盘后，很有可能使线路短路，造成硬件损坏。

（3）注意使用环境。不要让笔记本电脑暴露在烟尘过大的环境中，以免笔记本电脑键盘缝隙之间积聚灰尘。

（4）防磨损和敲打。勤剪指甲，以免指甲磨损键盘。同时，不能使用笔尖或刀具之类的硬物敲打键盘，以免磨损键帽上的印字。

（5）定期清洁。每个星期定期使用清洁工具清洁键盘缝隙之间的灰尘、键帽上的油光或污渍等。

3. 保养接口

为了方便使用，在一般情况下，笔记本电脑都会提供用于功能扩展的接口，虽然接口的体积不大，占用的空间也不多，却是容易堆积灰尘的地方，需要经常进行清洁和保养。

灰尘污染很容易导致接口无法使用，甚至引起整机故障。设计比较科学的笔记本电脑的接口都有橡胶外套，以抵御灰尘的入侵。笔记本电脑上的接口也需要进行定期清洁，用到的工具主要是 USB 吸尘器、毛刷及棉棒等。

笔记本电脑的接口在使用过程中应应注意以下两个方面。

使用外部接口时应该平稳操作，在插拔接头时不要乱摇。对于那些插得比较紧的接口，不能边晃动边向外用力拔插头，这样做会造成接头松动，如果是针式接口还可能造成断针。应尽量避免频繁插拔接头，这样做会使接口松动从而导致接触不良或短路。

没有为接口配备橡胶外套的笔记本电脑，在使用一段时间后，其接口内会出现一些灰尘。这时，可以轻轻地将灰尘吹出，但需注意的是，不要将唾液溅到接口中，以免腐蚀接口中的金属片。

4. 保养光驱

笔记本电脑的光驱是一个非常娇贵的部件，光驱的使用频率非常高，在安装软件、存储数据、播放影碟时都会用到，因此光驱的寿命非常短。影响光驱寿命的部件主要是激光头，保养好激光头可以延长光驱的使用寿命。

（1）使用前要清洁光驱和光盘。光驱采用了非常精密的光学部件，这些部件最怕沾染灰尘。光盘是否洁净对光驱的使用寿命有很大影响。因此，在将光盘放入光驱前应该清洁光盘表面，对不使用的光盘要妥善保管，以防灰尘污染，而且每隔一段时间都要打开光驱，清洁光驱里的灰尘。

（2）使用正版光盘。盗版光盘的盘片质量较差，光驱在读取盗版光盘时，激光头需要多次重复读取数据，这增加了电动机与激光头的工作时间，从而缩短了光驱的使用寿命。因此，建议用户不要使用盗版光盘。

（3）平稳放置光驱。光驱要保持水平放置，否则，光盘在旋转时会因重心不平衡发生变化，轻则使读盘能力下降，重则损坏激光头。有些用户常把光驱拆下来拿来拿去，甚至随身携带，这会使光驱内的光学部件及激光头因震动和倾斜放置发生变化，进而使光驱性能下降。

（4）关机前要将光盘取出。如果光驱内有光盘，不仅笔记本电脑在启动时要有很长的读盘时间，而且光盘也将一直处于高速旋转状态。这样既增加了激光头的工作时间，也使光驱内的电动机及传动部件处于磨损状态，从而缩短了光驱的使用寿命。所以，用户应养成关机前及时从光驱中取出光盘的习惯。

（5）正确开 / 关光驱盘盒。笔记本电脑的光驱面板上有弹出 / 关闭按键，在操作时不能用力过猛，以防按键失控。在开启光驱盘盒时，最好的方法是在“计算机”窗口的光驱盘符上单击鼠标右键，在弹出的快捷菜单中选择“弹出”命令。关闭光驱时也不要直接用力推回光驱盘，这样做可能损坏光驱的传动齿轮。

（6）定期清洁保养激光头。光驱在使用一段时间之后，激光头必然会染上灰尘，从而使光驱的读盘能力下降。具体表现为读盘速度减慢，画面出现马赛克或声音出现停顿，严重时

可以听到光驱频繁读取光盘的声音。这些现象对激光头、电动机及其他部件都有损害。所以，需要定期对光驱进行清洁保养。

（7）尽量少放影碟。应避免光驱长时间工作，因为光驱长时间连续读盘，对光驱寿命影响很大。可以将需要经常播放的节目复制到硬盘中，以减少光驱的工作时间。

5. 保养电池

笔记本电脑的电池属于专用产品，使电池保持高性能离不开日常对电池的保养。下面将对电池的保养方法进行具体讲解。

（1）减少电池的充电次数。对于每块电池来说，电池的充放电次数都是固定的，每充一次电，就消耗一次。因此，建议用户尽量使用外接电源，并且在使用外接电源时将电池取下，否则每次接入外接电源都相当于给电池充一次电，电池的充电次数就会增加，从而缩短了电池的使用寿命。

（2）及时充电。用户在使用笔记本电脑电池的过程中，最好在电池电量还剩20%左右时便开始充电，当电量达到98%左右就可以停止充电了，这样不会对电池造成损害，还可以避免电池充电过量。

（3）新电池需要进行激活操作。购买的新笔记本电脑在第一次开机时可以发现电池有少量电量，这时应该先不使用外接电源，用至关机，再用外接电源充电，并且充电时间一定要超过12h，充电完成后，用至关机再次进行充电，这样反复3次，即可激活电池。

（4）注意电池的使用环境。从空调房里将笔记本电脑带出去时，一定要关机，因为气温的反差，容易产生湿气使笔记本电脑的电池发生短路。

注： *在日常使用过程中，如果有外接电源，可以将电池卸下来。但电池不能长时间放置不用，最好一个月左右进行一次充放电，在放置前最好将电池电量充满，以免造成电池永久休眠，无法激活。*

5.4.3 升级笔记本电脑硬件前的准备

一般来说，笔记本电脑硬件的可升级余地较小，用户只能选择升级内存、硬盘。升级前应该做好以下准备工作。

1. 确定是否需要升级硬件

硬件更新换代的速度很快，用户不可能保证所用的硬件是最新的，只有笔记本电脑的性能不能满足用户的大部分需求时（如出现硬件配置太低、程序响应缓慢或者无法支持操作系统运行等情况），才有必要考虑升级硬件。另外，还需要考虑硬件升级后，是否能发挥最大性能，否则应暂缓升级硬件。

2. 确定能否升级硬件

获取笔记本电脑的硬件信息，确定升级硬件的可行性，如主板上有几个内存插槽，可以支持多大容量的内存、硬盘的接口类型及转速等。如果硬件已经达到极限，那么就没有升级的必要了。

3. 制定硬件升级成本

根据相同配置笔记本电脑的市场价格来制定硬件升级成本，升级成本应该控制在笔记本电脑市场价的 20% 以下。如果升级成本超过笔记本电脑市场价的 50%，那么购买一台新的笔记本电脑更划算。因为，单纯升级某一个或几个硬件并不能大幅度地提高笔记本电脑的性能。

4. 评估硬件性能

如果一台笔记本电脑因内存不足，影响到了 CPU 性能的发挥，那么在升级前，需要对笔记本电脑的硬件性能进行整体评估：先分析出导致性能出现瓶颈的硬件，再考虑升级该硬件后功耗是否会增加、能否发挥该硬件的最佳性能、是否会出现兼容性等问题。

5.4.4 升级笔记本电脑硬件的注意事项

在升级笔记本电脑硬件时应注意以下事项，以提高升级的成功率，尽可能地避免问题的产生。

1. 断电操作

在升级硬件的过程中必须切断电源（不仅要拔下电源适配器，还要取下电池并反复按下电源开关，以释放主板电容中残存的电能），以防在操作过程中出现短路引起的电路故障。同时，在拆机前还需释放人体所带的静电或佩戴防静电手套。

2. 做好数据备份

虽然因硬件升级导致数据损坏的可能性较小，但是如果笔记本电脑内有重要的数据，在升级硬件前一定要做好数据备份，以防意外情况的发生。

3. 做好标记

硬件的升级一般都需要拆卸螺钉，对于拆下的螺钉，一定要保存好，最好放在单独的小盒子里。对于螺钉较多的部位，要记住螺钉的位置，特别是直径和长度不同的螺钉，千万不能装错位置。否则，不仅无法正确固定硬件，还有可能损坏部件。

5.4.5 升级笔记本电脑硬件

笔记本电脑的升级，尤其是硬件的升级，是一个系统工程，只有在做好一系列的准备工

作后，如获取硬件信息、分析性能瓶颈、确定硬件能否升级、备份数据等，才可以开始实施升级。接下来将介绍升级笔记本电脑常见硬件的具体操作方法。

1. 升级笔记本电脑的内存

通过前面基础知识的学习可以知道，内存的大小直接关系到笔记本电脑的运行速度，是衡量一台笔记本电脑性能的重要指标。新购买的笔记本电脑大多是主流配置，随着操作系统和应用软件的体积的不断增大，用户对内存大小的要求也越来越高，原来配备的内存逐渐不能满足用户的需求，因此非常有必要升级笔记本电脑的内存。

升级内存前需要弄清楚笔记本电脑可以升级的内存类型，从目前的主流产品来看，应是 DDR4 内存。升级的方法相对比较简单，即再买一条内存加在空闲的内存插槽上，或者购买一条大容量的内存代替小容量的内存（大多数笔记本电脑的主板上至少有两个内存插槽，少数笔记本电脑的主板上只有一个内存插槽）。

2. 升级笔记本电脑的硬盘

升级笔记本电脑的硬盘前需要做好两项工作。

（1）查看 BIOS 支持的硬盘容量。

在 BIOS 或其他资料里查看一下笔记本电脑所支持的最大硬盘容量，如果小于所购硬盘容量，就要升级 BIOS。在升级硬盘时，要确保笔记本电脑的 BIOS 是最新版本的。对于某些型号的笔记本电脑，厂商可能并没有提供 BIOS 文件升级版本，此时就只能购买符合其要求的硬盘，或者通过外挂硬盘来弥补存储空间的不足。

（2）备份硬盘数据。

将硬盘上的重要数据全部备份，这样做可以保证硬盘升级成功后能将数据全部恢复到新硬盘上，做到了有备无患。对于小型文件的备份，可以使用移动存储介质。如果要对大型文件或整个硬盘上的数据进行备份，则可以将其复制到联网的其他计算机上，也可以将其复制到移动硬盘中。

目前，笔记本电脑的硬盘组件可以直接取下来，无须拆开整机，升级方便。但是对于某些超薄笔记本电脑而言，硬盘的拆卸就比较麻烦了，往往需要取掉键盘后才能取下硬盘。有些品牌的笔记本电脑的硬盘需要拆开整机才可以更换，对于这种笔记本电脑的硬盘升级，建议不要自己进行操作，最好到专业的服务部门进行处理，以免造成损失。

3. 升级笔记本电脑的光驱

光驱属于易损部件，激光头很容易随着读取次数的增加而老化。一般旧款笔记本电脑的内置光驱都是普通的 CD-ROM，功能相对单一。目前市场上的笔记本电脑的光驱的标准配置基本都是 DVD+R/RW、康宝（COMBO）、蓝光光驱（BD-ROM）或刻录光驱等。为了保证读盘的顺畅，并实现更多功能，需要升级笔记本电脑的光驱。

目前，笔记本电脑配置的光驱的厚度基本都是 12.5mm（少数轻薄型的笔记本电脑使用的是厚度为 9.5mm 的光驱）。由于外形尺寸、安装定位及接口定义已经形成了统一的标准，所以在升级时这些方面基本上不会出现问题。

根据光驱在笔记本电脑中的位置，笔记本电脑可分为全内置笔记本电脑和全外置笔记本电脑。全内置笔记本电脑是指将光驱设备安装在主机内部，全外置笔记本电脑则是厂商为了追求更轻、更薄、更便携的产品而采用的放弃主机内置光驱的结构，改用USB、1394、PCMCIA、底座等外接形式来连接光驱，从而达到减轻笔记本电脑重量、缩小笔记本电脑厚度的目的。

单元测试

一、填空题

1．目前，笔记本电脑通常采用Intel公司和AMD公司生产的CPU，主流产品多为__________系列和__________系列。

2．目前笔记本电脑内存普遍采用__________规格。

3．笔记本电脑硬盘的大小分为__________英寸和__________英寸两种，前者通常是笔记本电脑普遍采用的尺寸。

4．苹果笔记本电脑家族只剩下__________和__________。

5．影响液晶屏幕的因素有__________、__________、__________、__________、__________。

6．锂离子电池较普通镍镉 / 镍氢电池具有__________、__________、__________的优点。

二、简答题

1．如何进行主板卡的清洁维护？

2．如何通过维护和保养来减少光盘驱动器故障的发生？

三、操作题

1．升级笔记本电脑的内存。

2．升级笔记本电脑的硬盘。

第六章　笔记本电脑故障的检测与处理

笔记本电脑在人们日常生活和工作中的地位越来越重要，随着笔记本电脑使用量的大幅增加，笔记本电脑出现问题的概率也大大增加，并且由于笔记本电脑中的配件非常多，所以其产生故障的原因非常复杂。当笔记本电脑出现故障时，用户应该快速分析出笔记本电脑产生故障的原因，并迅速处理故障。本节将重点介绍笔记本电脑常见的故障及其处理方法。

6.1　笔记本电脑故障的分析

1. 笔记本电脑的常见故障

笔记本电脑在使用的过程中，可能会因为某些故障而无法正常运行，严重影响笔记本电脑的正常使用。根据造成故障的原因，可以将其分为硬件故障和软件故障。

1）硬件故障

硬件故障是指笔记本电脑中的硬件设备及I/O设备接触不良、性能下降、电路元器件损坏或机械方面的问题引起的故障。硬件故障通常会导致笔记本电脑无法开机、系统无法启动、某个设备无法正常工作、死机或蓝屏等，严重时还会伴有发烫、鸣响及电火花等现象。硬件故障主要包括CPU故障、主板芯片故障、硬盘故障、内存故障、电池故障和其他硬件故障。

2）软件故障

软件故障是指软件安装、调试及维护方面的故障，是笔记本电脑中最常见的故障，如软件版本与运行环境不兼容导致软件不能正常运行，从而出现死机或文件丢失的现象；两种或多种软件的运行环境、存取区域或工作地址等发生冲突，造成系统工作混乱等。软件故障主要有操作系统故障和应用软件故障两部分。软件故障通常会影响软件正常使用或造成笔记本电脑死机，但不会对硬件系统造成损坏。

2. 常见的引发笔记本电脑故障的原因

常见的引发笔记本电脑故障的原因非常多（见图6.1），概括来说，主要包括以下几方面。

（1）不当操作。

不当操作是指误删除系统文件或非法关机等操作。不当操作通常会造成笔记本电脑程序无法运行或无法启动。修复此类故障只需将删除或损坏的文件恢复即可。

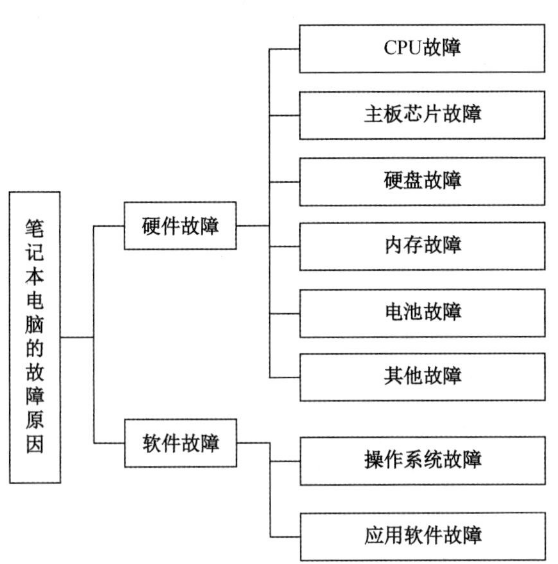

图 6.1 笔记本电脑的故障原因

（2）感染病毒。

感染病毒通常会造成笔记本电脑运行速度变慢、死机、蓝屏、系统无法启动、系统文件丢失或损坏等。修复此类故障需要先杀毒，然后将被破坏的文件恢复即可。

（3）电源工作不良。

电源工作不良是指外接电源或电池供电电压不稳、电源功率较低或不供电，电源工作不良通常会造成笔记本电脑无法开机或不断地重启等故障。修复此类故障通常需要更换电源。

（4）系统配置错误。

系统配置错误是指修改操作系统中的系统设置，导致系统无法正常运行。修复此类故障只需恢复修改过的系统参数即可。

（5）跳线设置错误。

跳线设置错误是指调整了设备的跳线开关，设备的工作参数发生改变，导致设备无法正常工作。例如，在接入双硬盘的笔记本电脑中，如果硬盘的跳线设置错误，将会造成两块硬盘冲突，从而导致笔记本电脑无法正常启动。修复此类故障只需按照硬盘说明书重新设置跳线即可。

（6）电磁波干扰。

外部电磁波通常会使显示屏、主板或 MODEM 等部件无法正常工作。例如，在变压器附近使用笔记本电脑通常会出现显示不正常或不能上网等现象。修复此类故障通常要消除电磁波干扰。

（7）硬件不兼容。

硬件不兼容是指笔记本电脑中两个以上部件之间不能配合工作。硬件不兼容一般会造成笔记本电脑无法启动、死机或蓝屏等故障。修复此类故障需要更换硬件。

（8）安装不当。

安装不当是指由于硬件未能按照要求正确地安装与调试，笔记本电脑无法正常启动。修复此类故障只需要按照要求重新安装、调试硬件即可。

（9）应用软件与操作系统不兼容。

应用软件与操作系统不兼容将造成应用软件或系统无法正常运行。修复此类故障通常需要将不兼容的软件卸载。

（10）应用程序损坏或应用程序文件丢失。

应用程序损坏或应用程序文件丢失通常会造成应用程序无法正常运行。修复此类故障通常需要卸载应用程序，再重新进行安装。

（11）连线与插接线接触不良。

连线与插接线接触不良通常会造成笔记本电脑无法开机或设备无法正常工作，如硬盘信号线与 SATA 接口接触不良将造成硬盘不工作，从而无法启动系统。修复此类故障通常需要将连线或插接线重新连接。

（12）部件或元器件质量不好。

部件或元器件的质量有问题或损坏通常会造成笔记本电脑无法开机、无法启动或某个部件不工作等故障。修复此类故障通常需要更换损坏的部件或元器件。

6.2 笔记本电脑故障的检测方法

笔记本电脑故障的检测方法有比较法、清洁法、替换法、观察法、安全模式法等，下面将分别对其进行详细介绍。

1. 比较法

比较法是指将好的部件与怀疑有故障的部件进行外观、配置及运行现象等方面的比较，以判断故障电脑在硬件配置方面的不同，从而找出故障部位。

2. 清洁法

笔记本电脑在使用过程中非常容易积聚灰尘，而灰尘会对笔记本电脑中的部件的电路板造成腐蚀，使笔记本电脑部件接触不良或工作不稳定。通过对笔记本电脑主板及显卡等部件进行清洁，可能会找到故障的原因并排除故障。

3. 替换法

替换法是通过用好的部件代替可能有故障的部件看故障现象是否消失，来判断故障原因的一种方法。好的部件与可能有故障的部件可能是同型号的，也可能是不同型号的。替换的顺序一般如下。

第一步，根据故障现象或故障类别，确定需要进行替换的部件或设备，其中包括硬件设备和软件。

第二步，按先简单后复杂的顺序进行替换，如先判断内存、CPU，后判断主板。例如，判断打印故障的原因，可先考虑是否是打印驱动故障，再考虑是否是打印机电缆故障，最后考虑是否是打印机或接口故障等。

第三步，先考察或怀疑有故障的部件应该是相连接的连接线或信号线，之后是替换怀疑有故障的部件，再后是替换供电部件，最后是与之相关的其他部件。

第四步，根据部件的故障率的高低，确定最先替换的部件。先替换故障率高的部件。

4. 观察法

观察法即用眼看、鼻闻、耳听及手摸等方法检测硬件是否存在故障，这是维修过程中最重要的方法，存在于整个维修过程中。观察不仅要认真，而且要全面，在维修笔记本电脑的过程中要观察的内容包括如下几点。

（1）在维修时注意观察周围的环境，包括电源环境、其他高功率电气 / 电磁场状况、机器的布局、网络硬件环境、环境的洁净度、安放笔记本电脑的台面是否平稳及周边设备是否存在变形、变色或变味的异常现象等。

（2）在维修时注意观察笔记本电脑的硬件环境，包括笔记本电脑的清洁度、温度、湿度、部件的跳线设置、颜色、形状及气味等；部件或设备间的连接是否正确，有无错接、断针 / 缺针等现象；用户加装的与笔记本电脑相连的其他设备，或一切可能与笔记本电脑运行有关的其他硬件设施是否有问题。

（3）在维修时注意观察笔记本电脑的软件环境，包括系统中加载了何种软件，这些软件与其他软件、硬件间是否存在冲突或不匹配。除标配软件和设置外，还要检查设备、主板及系统的驱动程序补丁是否已安装或是否合适；以及用户加装的其他应用配置是否合适。

（4）在加电过程中注意观察元器件的温度是否正常、是否有异味、是否冒烟及系统时间是否正确等。

（5）在拆装部件时要养成记录部件原始安装状态的好习惯，并且要认真观察部件上元器件的形状、颜色及原始的安装状态等。

5. 安全模式法

当打开笔记本电脑电源，硬件完成自检后，按下键盘上的 F8 键，将看到很多高级启动选项。安全模式又可分为普通安全模式、带网络连接的安全模式、带命令提示符的安全模式。在一般情况下，选择进入普通安全模式即可。

另外，在 Windows 的正常模式下时，按下 Windows+R 组合键，在弹出的“运行”对话框中输入“msconfig”，单击“确定”按钮，弹出“系统配置”对话框，在“常规”选项卡中，选中“诊断启动”单选按钮，如图 6.2 所示，单击“确定”按钮，笔记本电脑重启后进入安全模式。在安全模式下，可以对系统进行适当修改以维修故障。

图 6.2　选中“诊断启动”单选按钮

6.3　笔记本电脑故障的处理方法

微课视频

6.3.1　CPU 故障的处理

笔记本电脑处理数据的能力和速度主要取决于 CPU，CPU 是笔记本电脑的“心脏”。CPU 在使用过程中，难免会出现一些故障，接下来介绍一些常见的 CPU 故障现象及其处理方法。

在一般情况下，CPU 很少出现故障，因为它的集成度非常高，所以可维修性很低。下面将对一些常见的 CPU 故障的原因进行分析。

1. CPU 故障产生的原因

（1）散热不良造成温度过高。

CPU 在工作时会产生大量的热量，这会使 CPU 自身温度升高。当 CPU 温度升高到一定程度时，CPU 逻辑单元中的硅晶体管的漏电流就会增大，从而造成 CPU 工作不稳定或损坏，因此 CPU 的散热性能非常重要。一般使用 CPU 风扇或其他制冷设备为 CPU 降温，以保证 CPU 正常工作。如果 CPU 散热不良，就很容易造成 CPU 温度过高从而引发故障。

（2）CPU 参数设置错误。

如果 CMOS 中的 CPU 电压或者频率没有设置正确，那么 CPU 的电压可能会偏高或偏低，这将影响 CPU 工作的稳定性和使用寿命。

CPU 超频是很容易引起故障的。超频后的 CPU 逻辑元器件的硅晶片频率会增高，各个方面参数都会发生很大变化，特别是发热增加，这将使 CPU 的温度远高于其正常工作温度，从而产生电子的热迁移问题。如果产生的热量不能及时驱散，那么将很容易引起芯片或其他部件烧毁。

2. CPU 故障的类型及处理方法

（1）CPU 接触不良。

CPU 接触不良首先考虑的原因是 CPU 插入插槽不到位或插槽松动，在一般情况下，只要重新插拔 CPU 或者拧紧 CPU 卡锁便可以解决该问题。

其次考虑的原因是 CPU 针脚氧化。笔记本电脑在工作的时候，对周围的环境是有一定的要求的。笔记本电脑如果长期工作在湿度较大的环境中，那么 CPU 针脚就会产生锈斑，从而导致接触不良，引发笔记本电脑故障，如笔记本电脑无故死机、无法开机等。

该故障处理方法如下：仔细观察 CPU 针脚有无发黑、发绿等氧化迹象。若有氧化迹象，应对被氧化的针脚进行清洁处理。

（2）风扇转速异常。

笔记本电脑的 CPU 风扇与台式机的 CPU 风扇不同，笔记本电脑的 CPU 风扇通常都有温度自动检测功能，其转速由笔记本电脑控制。只有当 CPU 的工作温度达到 BIOS 设定的预定值时，CPU 风扇才开始运转，为 CPU 散热。

笔记本电脑如果使用时间过长，主机内部和 CPU 风扇内将积存大量灰尘和污垢，严重时，会导致 CPU 风扇转速异常，甚至不转动，最终引起笔记本电脑无故死机、重启等故障。

大多数笔记本电脑的 CPU 风扇的转速可以在 BIOS 设置中通过调整节电模式来调整。如果 BIOS 内 CPU 风扇转速设置不正确，那么可能会造成风扇转速过低，从而使 CPU 及系统温度过高。

该故障处理方法如下：清理风扇，并该检查是不是 BIOS 设置出了问题。

笔记本电脑的 CPU 和风扇如图 6.3 所示。

图 6.3　笔记本电脑的 CPU 和风扇

（3）CPU 损坏引起频繁重启。

笔记本电脑在出现蓝天白云画面后自动重启，而且无法进入安全模式，只能进入 MS-DOS 模式。

该故障处理方法如下：先推测是否是内存质量问题导致的笔记本电脑的重启。若在更换同型号内存后故障仍未消除，则考虑是否是电池质量导致的该故障。若更换电源后该故障仍

未消除，则考虑产生该故障的原因是否是主板、CPU 及显卡。若测试显卡没有发现问题，则更换一块同型号主板。若更换主板后故障仍未消除，则可以确定为 CPU 故障。此时，进入 BIOS 并将“CPU Internal Cache”项设为“Disable”，保存并退出后重启笔记本电脑。若系统正常运行，则可能是 CPU 的缓存有问题，将缓存设置为打开状态并启动笔记本电脑，若系统又不能正常启动了，则证明是 CPU 缓存导致了该故障。由于将缓存关闭后 CPU 性能大幅度降低，所以系统在启动和运行程序时会比以往慢许多。因此，需要更换一块 CPU，才能消除此故障。

（4）资源占用 100%。

在使用笔记本电脑的过程中，会发现笔记本电脑运行缓慢，并且在打开“任务管理器”对话框后发现 CPU 使用率为 100%，如图 6.4 所示。

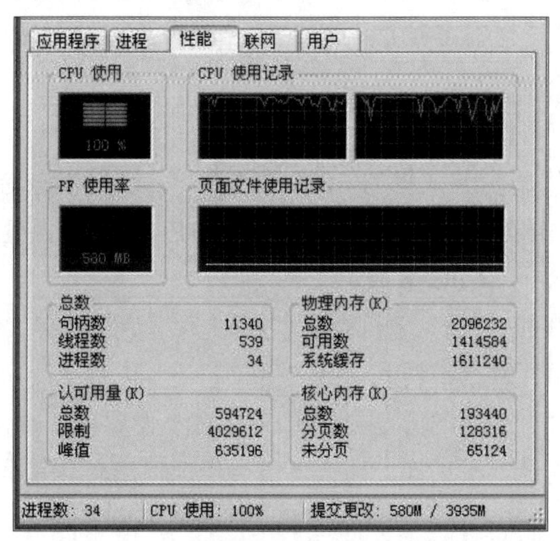

图 6.4 “任务管理器”对话框

出现此类故障可能是以下几个原因造成的。

杀毒软件造成的故障。由于新版 KV、金山、瑞星及 360 杀毒等软件加入了对网页、插件及邮件的随机监控，增加了系统负担。

该故障处理方法如下：卸载多余杀毒软件，操作系统安装一个杀毒软件即可。

病毒和木马造成的故障。大量蠕虫病毒在系统内部迅速复制，造成 CPU 占用资源率居高不下。

该故障处理方法如下：使用最新的杀毒软件在 DOS 模式下进行杀毒。经常更新升级杀毒软件和防火墙，加强防毒意识，掌握防毒、杀毒知识。

svchost 进程造成的故障。svchost.exe 是 Windows 8 系统的一个核心进程。svchost.exe 不只出现在 Windows 8 系统中，在使用 NT 内核的 Windows 系统中都会存在 svchost.exe。一般在 Windows 2000 中，svchost.exe 进程的数目为 2 个；而在 Windows 8 中，svchost.exe 进程的数目上升到了 4 个及 4 个以上。有时木马病毒会伪装成 svchost.exe 进程。一般可以与其他同类笔记本电脑相比，根据内存使用情况及 CPU 使用率等来判断是否存在木马病毒。

该故障的处理方法如下：重启计算机，选择进入安全模式，在此模式下杀毒。

6.3.2 主板故障的处理

主板是整个笔记本电脑系统中的核心部件之一，能够让笔记本电脑上的各种部件有机地结合并稳定地工作。

主板故障通常表现为主板因受潮蓝屏死机、安装主板驱动时死机及系统时间总是变慢等。下面将详细介绍处理主板故障的产生原因及处理方法。

1. 主板故障产生的原因

主板芯片产生故障的原因主要有以下几种。

（1）人为原因造成的故障。

用户的笔记本电脑使用习惯对主板的影响很大，首先是要正常开关机。开机的顺序是先打开 I/O 设备（如打印机、扫描仪等）的电源，然后打开笔记本电脑。关机顺序与开机顺序相反是先关闭笔记本电脑的电源，再关闭 I/O 设备。笔记本电脑在通电的情况下，关闭 I/O 设备的瞬间对主板产生的冲击较大，这样做可以最大限度地减少对主板的损害。最好不要频繁地进行开机 / 关机的动作，因为这样对各配件的冲击很大，对主板的损伤尤为严重。关机与下一次开机的时间应保持在 10s 以上。要特别注意的是，当笔记本电脑工作时，应避免强行关机。在笔记本电脑读写数据时突然关机，很可能会损坏驱动器。同时也要避免在笔记本电脑工作时移动笔记本电脑。

（2）笔记本电脑运行环境造成的故障。

笔记本电脑运行环境差是主板出现故障的主要原因之一，如温度太高、不通风、灰尘太多、静电太多等。长期在这样的环境下使用笔记本电脑，笔记本电脑内部元器件的性能就会下降，容易老化，也容易造成接触不良等故障。

（3）主板质量问题造成的故障。

主板质量问题造成的故障是指由主板芯片和其他元器件质量不良导致的损坏，所以在选购主板时，一定要思量再三，谨防买到水货或者返修过的主板，以免造成不必要的损失。

（4）笔记本电脑电源系统造成的故障。

如果电压不稳定，超过了笔记本电脑电源系统所允许的范围，或者笔记本电脑的开关电源质量太差，那么也会使笔记本电脑主板中的芯片损坏。

2. 主板的故障类型及处理方法

（1）主板受潮导致蓝屏死机。

如果一台笔记本电脑之前一直闲置未用，在开机几分钟后出现蓝屏死机的故障，那么其原因可能是笔记本电脑长期闲置，笔记本电脑主板受潮造成的内部电路短路。

该故障处理方法如下：将笔记本电脑的主板拆卸下来，在通风干燥的位置放置一段时间后，重新安装好，再次开机，即可清除该故障。

（2）主板进水导致无法开机

笔记本电脑进水后，要及时进行应急处理，以将损失降到最小。

该故障处理方法如下：

① 不要立即开机。

② 立即断开笔记本电脑的电源并取下电池。

③ 尽量将笔记本电脑机身内的水倒出。

④ 找一条柔软的湿纸巾或软布将水渍轻轻擦去。

⑤ 用电吹风的冷风挡将机体及零件吹干，注意不要开热风挡，因为高温很可能会损伤笔记本电脑中的元器件。

⑥ 将笔记本电脑送到维修站，交由专业人员处理。

（3）安装主板驱动时死机。

在 Windows 操作系统下安装主板驱动程序后可能会出现死机或光驱读盘变慢等现象。

该故障处理方法如下：如果出现这种情况，那么建议找到最新的驱动重新安装。如果重新安装驱动后该故障仍未解决，那么就需要重新安装操作系统。

（4）主板接口损坏导致屏幕变暗。

一台笔记本电脑在开机之后发现屏幕非常暗，拿到光线充足的地方可以看到屏幕上有内容，但是调节液晶显示屏的亮度之后仍然达不到理想效果。

该故障处理方法如下：由于故障原因可能是屏幕出现了故障，所以应先排查液晶显示屏出现故障的可能性。先检测高压板，如果电压正常，则检查屏线；如果未发现屏线有断折迹象，则检查背光灯管；如果背光灯管没有出现老化现象，则需要重点检查主板与液晶显示屏的接口。若接口已损坏，那么修复该接口后，即可处理该故障。

（5）进入 CMOS 设置时死机。

如果笔记本电脑在进行 CMOS 设置时出现死机现象，那么可能是主板或 CPU 出现了问题。

出现此类故障一般是主板 Cache 有问题或主板散热不良引起的。

该故障处理方法如下：在死机后触摸 CPU 周围的主板元器件，如果发现其温度高得烫手，则需要更换大功率风扇。如果出现此类故障的原因是主板 Cache 有问题，则可进入 CMOS，将 Cache 禁止。当然，Cache 禁止后 CPU 的速度肯定会受到影响。若上述方法都不能解决故障，那么就只能更换主板或 CPU 了。

（6）主板无法识别 USB 硬盘。

如果笔记本电脑的 USB 接口连接 U 盘没有问题，但在连接 USB 硬盘时却无法识别，那么可能是主板 USB 接口供电不足造成的。个别移动硬盘所需供电电流已经超过 1A，而大部分 USB 接口提供的电流为 500mA，这将导致 USB 硬盘无法识别。

该故障处理方法如下：如果硬盘的 USB 接口线一端有两个接头，可将两个接头都插在 USB 接口上。如果能为 USB 硬盘提供外接电源，那么最好使用外接电源。

6.3.3 硬盘故障的处理

硬盘是较为精密的部件，保存着大量数据，为了有效地保存硬盘中的数据，除了经常性地进行数据备份，还要能在硬盘出现故障时处理硬盘故障，或者从坏的扇区中提取出有用的数据，把损失降到最小。下面将详细介绍处理硬盘故障的操作方法。

1. 硬盘故障产生的原因

硬盘故障可以分为纯硬件故障和软件故障。与纯硬件故障相比，软件故障比较复杂，如主引导扇区被非法修改导致的系统无法启动、非正常关机后引起的逻辑坏道等，这种情况一般可以通过重新分区格式化等方法解决。下面分析硬盘故障产生的原因。

（1）系统找不到硬盘。

系统找不到硬盘的原因有很多，除硬盘本身损坏外，还有硬盘的数据线或电源线没接好，硬盘主从跳线设置错误或 BIOS 设置错误等。通过重新插接或重设 BIOS，可以发现故障所在。其中串口硬盘和并口硬盘的数据线及电源线是有区别的，购买时一定要查看主板是否支持该设备。

（2）硬盘出现坏道。

硬盘一般分为两种坏道。一种是逻辑坏道，是指磁片并未损伤，而是软件故障、病毒或非正常操作等造成的正常的扇区也被标示为坏扇区的情况。这种情况可以通过软件或低级格式化修复。另一种是物理坏道，即硬盘磁片本身受到了损伤而导致的坏道，主要是硬盘质量不好，电源不稳定、温度不适当或人为损坏造成的。

（3）分区表被破坏。

突然掉电、病毒破坏或软件使用不当，会造成硬盘分区表被破坏，从而导致硬盘不能启动。这种情况可以用修复软件进行修复。

分区表错误是硬盘的严重错误，如果没有活动分区标志，那么计算机将无法启动，但磁盘片并没有损坏，从 U 盘或光驱引导系统后可对硬盘进行读写，这种情况可通过在 DOS 系统下利用 FDISK 命令重置活动分区进行修复。

如果是某个分区类型错误，那么可能造成某个分区的数据丢失。分区表的第 4 个字节为分区类型值，正常的可引导的大于 32MB 的基本 DOS 分区值为 06，而扩展的 DOS 分区值为 05。利用此类型值可以实现单个分区的加密技术，恢复原来的正确类型值即可使该分区恢复正常。

2. 硬盘的故障类型及处理方法

硬盘是负责存储资料和软件的仓库，硬盘的故障如果处理不当，往往会导致系统无法启

动和数据丢失，下面将介绍硬盘故障类型及其处理方法。

（1）无法检测到硬盘。

系统无法从硬盘启动，且使用 CMOS 中的自动检测功能也无法检测到硬盘。

该故障处理方法如下：这种故障出现的原因大多数是连接电缆或 IDE 端口（或串口）出现了故障，当然也不排除硬盘本身存在故障的可能性，可通过重新插接硬盘电缆或者改换 IDE 接口、电缆等方式进行测试。新接上的硬盘也不被接受的常见原因是一条 IDE 硬盘线连接了两个硬盘设备，这时就要分清楚主从关系，正确设置硬盘上的主从跳线，进而处理故障。

（2）硬盘分区表被破坏。

硬盘的分区表存储着一些系统信息，如果该部分被破坏，那么硬盘将无法被读取。同样，硬盘文件目录表记录着硬盘中文件的文件名等数据，其中最重要的一项数据是该文件的起始簇号。由于文件目录表没有自动备份动能，所以如果目录损坏，那么将丢失大量文件。

该故障处理方法如下：通过 CHKDSK 命令或 SCANDISK 命令恢复数据信息。该命令用于从硬盘中搜索出 *.CHK 文件，由于目录表被损坏仅是首簇号丢失，每个 *.CHK 文件都是一个完整的文件，所以只要把文件名改为原来的名字即可恢复大多数文件。

（3）硬盘的 CMOS 参数设置故障。

CMOS 中的硬盘类型正确与否直接影响着硬盘的正常使用。现在的笔记本电脑都支持 IDE AutoDetect 功能，可自动检测硬盘的类型。如果硬盘类型错误，那么有可能使系统无法启动。有时虽然能够启动系统，但会发生读写错误。如果 CMOS 中显示的硬盘容量小于实际的硬盘容量，那么硬盘后面的扇区将无法读写，如果硬盘是多分区状态，那么个别分区将丢失。

由于目前的 IDE 都支持逻辑参数类型，所以硬盘可采用 Normal、LBA 及 LARGE 等工作模式，如果在 Normal 模式下安装了数据，又在 CMOS 中将工作模式修改为其他的模式，那么将会发生硬盘的读写错误，其原因是映射关系已经改变。

该故障处理方法如下：进入 CMOS 设置界面查看硬盘参数（容量或型号）是否正确，并查看主从盘设置是否有误，将所有硬盘参数设置为自动值。

（4）硬盘碎片过多导致系统死机。

出现此类故障的原因是反复复制、删除文件使磁盘产生了大量的簇和碎片。

使用多种杀毒软件检查，均显示系统没有病毒，且更换一套全新的 Windows 系统安装盘，重新进行安装，故障仍未消除。

该故障处理方法如下：可以使用诺顿磁盘医生等工具软件进行磁盘修复、磁盘整理后，再重新安装 Windows 操作系统，即可消除该故障。

（5）硬盘无法引导系统。

计算机在自检时出现 Invalid partition table、Invalid drive specification 信息提示，无法引导系统启动。

该故障一般是硬盘主引导记录错误造成的，其原因有两种：一种原因是没有指定硬盘上某个分区为可自举分区，特别是在将较大的硬盘划分为几个逻辑盘时，没有激活可自举分区；另一种原因是病毒程序占据了主引导扇区，使引导失败。

该故障处理方法如下：①对硬盘进行杀毒处理，然后用系统安装光盘引导笔记本电脑启动后重新格式化硬盘，并用 DM 软件重新划分磁盘分区。②如果是病毒导致的硬盘无法引导系统，且病毒破坏严重，那么最好用 DM 磁盘管理程序对硬盘进行一次格式化，并重新进行分区。

（6）开机后找不到硬盘。

重启笔记本电脑后，找不到硬盘，但硬盘灯常亮不灭，并能听到硬盘转动的声音。该故障可能是由以下原因造成的：笔记本电脑的电源不正常、连接不好，或者硬盘的数据接口有问题。

该故障处理方法如下：首先进入 BIOS 设置程序，用自动检测硬盘项检测硬盘，然后将这个硬盘连接到其他笔记本电脑上，如果硬盘仍不能运转，则可以通过更换硬盘，来清除该故障。

（7）硬盘在使用过程中经常死机或停转。

有些笔记本电脑的硬盘在使用过程中经常停转或死机。造成此类故障的原因可能是市电电压不稳定、硬盘供电不足或硬盘马达故障等。

该故障处理方法如下：先用万用表测试市电电压，如果发现电压过低或者不稳定，应该使用稳压器。如果市电电压没有问题，则应测量笔记本电脑电源的电压输出是否正常，是否有电源接口接触不良的情况。如果存在这种情况，则可以通过更换电源或者电源接口进行处理。如果笔记本电脑电源的电压输出正常，则应检查硬盘的发动机是否有问题。如果硬盘的发动机存在问题，则应通过更换硬盘来清除该故障。

6.3.4 内存故障的处理

内存的数据传输量很大，因此难免会发生各种各样的错误，下面将具体介绍笔记本电脑中的内存故障的常见原因及处理方法。

1. 内存故障的常见原因

内存故障的常见原因有以下几种。

（1）兼容性故障。

兼容性故障发生在升级或更换内存之后，其主要原因是升级或更换的内存型号、容量等与主板所支持的类型不匹配，或者与原内存不匹配。用户根据主板或原内存信息来更换合适的内存，便可以清除兼容性故障。

（2）内存质量故障。

内存质量问题主要是用户购买的内存质量不合格或用户使用不当造成的内存损坏。该故

障主要表现为开机后无法检测到内存，在安装操作系统时特别慢或者中途出错，系统经常会提示注册表信息出错等。内存质量问题一般很难进行维修，用户可以到经销商处退换内存，或者将内存送到专业的维修站进行维修来处理故障。

（3）接触不良故障。

接触不良是最常见的故障，一般是内存没有插到位，或者内存卡槽自身有问题引起的。此类故障通常表现为开机时经常黑屏并发出警报，警报信息因 BIOS 的不同而不同。用户将内存插好，便可以处理内存接触不良故障。

2. 内存的故障类型及处理方法

（1）内存不兼容导致随机性死机。

在使用笔记本电脑的过程中，经常性出现死机的情况的原因有内存不兼容、用户采用了几种不同芯片的内存、内存与主板接触不良。

该故障处理方法如下：降低主板的 CMOS 内的内存速度，或者使用同型号的内存。

（2）内存过热导致死机。

一台正常运行的笔记本电脑上突然提示“内存不可读”，然后是一串英文提示信息。如果这种情况经常出现，且出现的时间不定，但在天气较热时出现的概率较大。那么此类故障一般是内存过热导致的系统工作不稳定造成的。

该故障处理方法如下：加装笔记本电脑散热器，加强笔记本电脑内部的空气流通；给内存加装铝制或铜制的散热片。笔记本电脑的内存如图 6.5 所示。

图 6.5　笔记本电脑的内存

（3）提示内存出错信息。

在使用 Windows 操作系统时，有时会遇到“0x*** 指令引用的 0x00000000 内存。该内存不为 read。”应用程序错误提示（见图 6.6）。这个错误并不一定是 Windows 不稳定造成的。出现这种错误的常见原因是应用程序没有检查内存分配，或应用程序由于自身错误引用了不正常的内存地址。

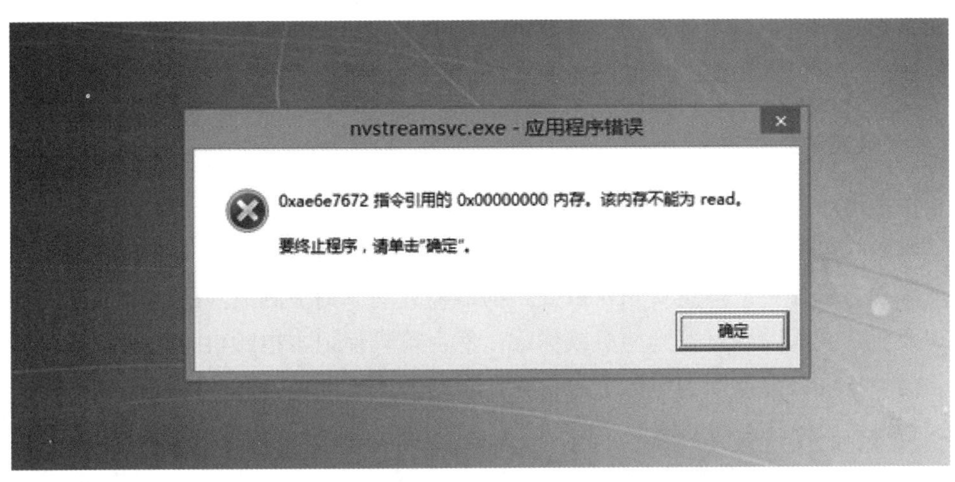

图 6.6　内存出错信息

该故障处理方法如下：查看系统是否有木马或病毒。木马或病毒往往无法修改系统，为了控制系统往往会导致操作系统异常。日常应加强信息安全意识，对来源不明的可执行程序绝不好奇。或者，更新操作系统。让操作系统的安装程序重新复制正确版本的系统文件，修正系统参数。有时候操作系统本身也会有错误，所以要安装官方发行的升级程序。

（4）CMOS 中的内存值被篡改。

系统在感染病毒后，病毒会驻留在内存内，篡改 CMOS 参数中的内存值，使内存工作异常。

该故障处理方法如下：可以先用最新的杀毒软件进行杀毒，然后关机，将主板上的 CMOS 芯片的供电电池短接放电后启动笔记本电脑，并在 BIOS 中设置相关内存参数即可。

导致内存“丢失”的原因较多，如在加载 Windows 系统之前加载了实模式的驱动程序（如 Smartdrv），加载了与 Windows 系统不兼容的虚拟设备驱动程序（VXD 程序）等。

6.3.5　电池故障的处理

电池属于易耗品，一般在使用 2 ～ 3 年后性能会有较大幅度的下降，而且在使用的过程中也经常会出现故障。因此，用户需要掌握处理电池故障的操作方法。下面将对电池故障的常见原因及处理方法分别进行介绍。

1. 电池故障的常见原因

电池在使用了一段时间之后就会“衰老”，具体表现是内阻变大，在充电时两端电压上升比较快。因此，容易被充电控制线路判定为电量已经充满，从而使电池容量下降。

由于电池的内阻比较大，在放电时电压下降幅度较大且速度较快，所以系统很容易误认为电压不够、电量不足。电池的衰老是一个恶性循环的过程，因此只要发现电池工作时间比较短，就应该立刻采取相应的措施。

另外，很多锂电池失效是电池包中的某节电芯失效导致的，这种现象无法避免。因为每节电池的电芯性质不可能完全一致，长时间使用后有些质量稍差的电芯将开始老化，从而破坏电池的放电曲线。

2. 电池故障的处理方法

（1）使用电池供电时笔记本电脑突然断电。

笔记本电脑在使用过程中会突然断电，失去反应，必须重新启动才能正常运行。

故障处理方式如下：按照“先软后硬”的故障处理原则检测故障原因。首先检查系统的电源管理设置，查看是否设置为待机或休眠；然后检查笔记本电脑自身的电源管理程序是否正常。若最后检测故障原因为电池组内部电路板故障或者与电池芯片匹配不良，则需将笔记本电脑送到售后服务站进行维修。

（2）电池充满后使用时间很短。

使用电源适配器对笔记本电脑的电池进行充电，但在充满电后，电池使用时间很短，电池续航能力远远达不到厂商的标称值，并且将电池用到无电后，再次接上电源适配器进行充电，故障依旧。

故障处理方式如下：①若是电池组内部设定数值有偏差，执行电池自我校正程序进行校正，即可处理该故障。②采用替换法将电池接到其他同型号的笔记本电脑上若故障依旧，则说明该故障的原因是电池老化，此时只有更换新电池才能处理该故障。

（3）电池无法正常充电。

笔记本电脑的电池无法充电，开启笔记本电脑后，任务栏右侧的电池图标一直显示 0%。

出现此类故障的原因可能是电源适配器和插座没有正确连接或出现故障，或电池没有正确安装在笔记本电脑的电池基座上。

故障处理方式如下：用户需要检查电源适配器和电池是否正确连接，若电源适配器和电池正确连接后仍无法正常充电，则需要将笔记本电脑拿到维修点请专业人员对电池进行测试，查看电池内部电路是否损坏。

（4）电池充满电后无法开机使用。

如果笔记本电脑在电池充满电后，按下开机按钮，无法开机启动，那么首先应怀疑是否是电池组内部设定数值有偏差，多次尝试开机，进入 BIOS 中执行电池自我校正程序。若故障依旧，则将笔记本电脑送至售后服务检修。若经检修发现电池组内部电路板存在故障，则应更换新的电路板，以处理该故障。

（5）电池需要很长时间才能充满电。

在对笔记本电脑的电池进行充电时，需要很长时间才能将电池充满。

故障处理方法如下：先从软件入手查找故障点，如是否是开机充电或在充电时开启了过多的应用程序等。然后检查电源适配器，若发现使用的是兼容电源适配器，而不是原厂电源适配器，则可能是电源适配器有故障，更换电源适配器，即可处理该故障。

6.3.6 其他硬件故障的处理

除了 CPU、主板、硬盘、内存及电池可能出现故障，显卡、光驱及鼠标等硬件也可能出现故障。下面将分别对其进行介绍。

1. 处理显卡故障

在正常情况下，显卡故障率并不高，但随着笔记本电脑中的应用的增多和性能的提升，显卡故障率也呈增长趋势。下面将介绍显卡的常见故障及处理方法。

（1）显卡故障产生的原因。

产生显卡故障有如下 5 个原因。

① 接触不良。显卡接触不良时通常会发出警报声，当显卡金手指发黑、被氧化时会造成接触不良。

② 显卡损坏。这种情况可能与显卡质量有关，也可能是使用不当造成的显卡损坏。

③ 散热不良。随着显卡频率的飞速提高，显卡发热量也大大增大，如果这些热量不能及时散发出去，那么就会影响显示芯片的正常工作，出现花屏、死机，甚至烧毁显卡。

④ 设置不当。在 BIOS 中，当设置显卡的一些参数，特别是开通或禁止某些功能的时候，如果设置不当，也会出现显卡故障。

⑤ 超频导致的故障。有时候，为了提高显卡性能，用户会利用软件或者 BIOS 对显卡进行超频设置，不当的超频很容易造成显卡故障。

（2）显卡驱动程序丢失。

显卡驱动程序载入运行一段时间后驱动程序自动丢失。

出现此类故障的原因一般是显卡质量不佳或显卡与主板不兼容，这使得显卡温度很高，从而造成运行不稳定，甚至死机，唯有更换显卡才能解决该故障。还有一种比较特殊的现象，即平时能够正常载入显卡驱动程序，但在更换或重装系统后，显卡驱动无法正确进行安装，且进入系统时经常出现死机现象。对此，可以通过更换同型号的显卡，安装其驱动程序，然后插入以前的显卡来解决该故障。如若还不能解决此类故障，那就说明注册表有问题，对注册表进行恢复或重新安装操作系统即可。

（3）玩游戏花屏。

用笔记本电脑玩一段时间 3D 游戏后出现花屏现象。若不玩游戏，则笔记本电脑使用正常。

在出现此类故障时，首先要更换显卡驱动程序。如果更换显卡驱动程序后故障依旧，则可以更换其他游戏，查看是否同样存在花屏现象。如果仍然存在花屏现象，则需要将笔记本电脑送至维修点请专业人员进行维修。笔记本电脑的显卡如图 6.7 所示。

图 6.7　笔记本电脑的显卡

2. 处理光驱故障

光驱是笔记本电脑中使用最普遍的外部存储器之一。在所有的笔记本电脑配件中，光驱的故障率很高，虽然在出现故障后，并不能对笔记本电脑造成致命影响，但却会给笔记本电脑的日常使用带来诸多不便。

下面将具体介绍笔记本电脑中光驱的常见故障及处理方法。

（1）光驱不能读盘。

将光盘放入光驱后，光驱没有反应。遇到此类问题首先应该观察主导电动机的工作情况。如果主导电动机无动作，则需要先检查主导电动机的电源供给是否正常，主导电动机的传动皮带是否有打滑或断裂的现象，状态开关是否开关自如。如果开关不到位，主导电动机将无法获得启动信号。如果处理了这些因素，光驱还是不能读盘，那么就应该是激光头的问题了。在一般情况下，清洗激光头后情况会有所改善。如果是激光头老化的原因，那么更换激光头后即可处理该故障。

（2）光驱加电后没有反应。

光盘插入光驱后，光驱托盘不能弹出，工作指示灯也不亮，光驱内没有任何动作。这类故障产生的原因一般是光驱的 12V 电压正常，但是 SV 电压没有加上。这一般是电源接口处的保险电阻损坏造成的。保险电阻和普通电阻类似，一般颜色为绿色（有的与整流二极管相似，不过整体为黑色）。出现这类故障时，直接用导线把损坏的保险电阻短接即可。

（3）光驱读盘异常。

光驱读盘异常主要是指光驱无法正常读盘，显示屏上出现“驱动器 X 上没有磁盘，插入磁盘再试”的提示信息。

处理此类故障时，应该先用杀毒软件对整机进行查毒。如果没有发现病毒，则可以打开 C 盘目录下的 CONFIG.SYS 文件，查看其中的光驱驱动程序是否被破坏，并查看 AUTOEXEC.BAT 文件中是否有信息：MSCDEX.EXE/D:MSCD000/M:20N。若以上两步均未发现问题，则可以拆开光驱，检查激光头和机械部分是否出现故障。

（4）光驱读盘时间变长。

此类故障出现的原因主要集中在激光头组件上，一般可以分为两种情况：一种情况是光驱使用时间过长，激光头老化；另一种情况是光电头表面太脏、激光头透镜太脏或位移变形。相应的解决方法为对激光管功率进行调整，并对光电头和激光头透镜进行清洗。

3. 处理鼠标故障

鼠标是笔记本电脑中最常见、最常用的输入设备，使用频率很高，难免会出现一些故障，如鼠标按键无效等。下面将详细分析鼠标故障处理的方法。

（1）双击鼠标左键无效。

笔记本电脑工作正常，但双击总是没有效果。此类故障出现的原因可能是系统设置的双击速度过快，用户可以通过如下方法予以解决。

第一步：将鼠标指针移动至屏幕右下角，屏幕右侧弹出 Windows 侧边栏，单击“设置”按钮，弹出“设置”侧边栏，选择“控制面板”选项，弹出“控制面板”窗口，单击“鼠标”选项，如图 6.8 所示。

图 6.8　单击“鼠标”选项

第二步：单击“鼠标”选项，弹出“鼠标”属性对话框，在“双击速度”选项区中，将“速度”滑块向左拖动至合适的位置，如图 6.9 所示。

第三步：依次单击“应用”按钮和“确定”按钮，即可处理该故障。

（2）鼠标按键失灵。

鼠标按键失灵主要表现为以下两种情况。

鼠标按键无动作：这可能是鼠标按键和电路板上的微动开关距离太远造成的。拆开鼠标，在鼠标按键下面粘上一块厚度适中的塑料片即可。

鼠标按键无法正常弹起：这可能是鼠标按键下方的微动开关中的碗形接触片断裂引起的，塑料簧片长期使用后容易断裂。如果是三键鼠标，那么可以将中间的键拆下来应急。如果是品质好的原装名牌鼠标，那么可以将其微动开关拆开，清洗触点，并在其表面涂抹润滑脂后

装好，即可使用。

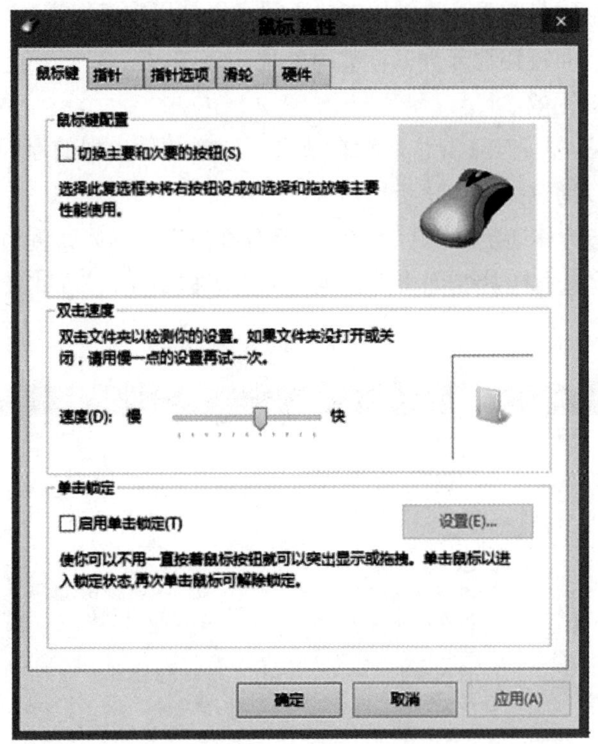

图 6.9　拖动“速度”滑块

（3）系统无法检测到鼠标。

打开笔记本电脑，进入 Windows 操作系统后，系统无法检测到鼠标。出现此类故障的原因可能有以下两个方面。

鼠标与主板接触不良：此时将其连线重新连接即可。

鼠标的线路接触不良：此时可以找专业人员进行维修，将其内部数据线的焊点重新焊接好即可。

如果上述两种方法都无法处理该故障，那么就需要更换一个新的鼠标了。

（4）鼠标指针在屏幕上不断地跳动。

在移动鼠标时，鼠标指针在屏幕上不是平滑地移动而是跳动。产生此故障的原因主要有以下两种。

如果还是机械鼠标，则可能是鼠标滚球或传动杆污垢过多造成的。机械式鼠标滚球粘上灰尘后就会影响其灵敏度，所以要定期擦洗，保持滚球干净。

系统中断冲突。此时需要重新设置鼠标的中断，使其不再与其他设备所使用的中断发生冲突。

4. 处理键盘故障

笔记本电脑的键盘是精密设备，也是平常使用较频繁的设备之一，笔记本电脑键盘的故障类型和处理方法有以下两种。

（1）按键无法弹起。

按键无法弹起的故障主要表现为键盘上某些按键不起作用，或者按键（如空格键）按下后无法弹起，屏幕上的光标连续移动。这种故障被称为卡键，它不仅出现在使用较久的键盘上，使用时间不长的新键盘也可能出现此类故障。当键盘出现卡键故障时，可以将键帽拔下，按动按杆，在键帽与键体之间放一个垫片，以阻止键帽与键体卡住，即可修复故障。若是弹簧疲劳、弹片阻力变大造成的卡键故障，则可以取下弹片，减少按杆弹起的阻力，从而恢复故障按键。

（2）键盘输入与屏幕显示的字符不一致。

键盘输入与屏幕显示的字符不一致，可能是电路板产生短路造成的，其表现为按某个按键却显示为同一列的其他字符。此时可以用万用表或示波器测量故障点，确定故障点后再进行修复。

笔记本电脑的键盘按键如图 6.10 所示。

图 6.10 笔记本电脑的键盘按键

5. 处理触摸板故障

触摸板是目前使用频率较高的笔记本电脑部件，若笔记本电脑的触摸板出现了故障，将带来很大不便。

笔记本电脑触摸板常见的故障主要有触摸板失灵、触摸板左右键失灵等，下面将对触摸板故障原因及处理方法分别进行介绍。

（1）触摸板失灵。

此类故障主要表现为对触摸板进行触摸操作，鼠标指针无法正常移动或无法进行单击操作等。

当触摸板失灵时，首先应该检查是否是驱动出现了问题，可以通过重装触摸板驱动程序来验证。如果重装触摸板后故障仍无法处理，则可能是触摸板与主板相连的数据连接线脱落。对其连线进行拔插后若故障依然没有处理，则可能是触摸板、触摸板电路或主板接口等部分出现了故障。此时应检测主板或更换触摸板。

（2）触摸板左右键失灵。

触摸板左右键失灵故障的原因可能是进水或环境潮湿等导致的触摸板内部线路氧化或线路断裂。将触摸板从笔记本电脑上拆下，并将触摸板与左右键全部拆开，使用万用表对其内部线路逐一检测确定故障位置并对其进行修复。

单元测试

一、选择题

1．开机时不能进入系统，显示“Non-System disk or disk error”，其原因为（　　）。

A．硬盘驱动器与主机连线接触不良

B．硬盘主引导程序损坏

C．硬盘分区表损坏

D．硬盘故障

2．笔记本电脑在开机时自检正常，但键盘上的三个键 W、S、X 不起作用，其故障原因为（　　）。

A．键盘与主机连线有误　　B．键盘电路板故障

C．CMOS 设置错误　　D．主机上键盘控制电路故障

3．笔记本电脑系统中，主板上的 I/O 芯片主要控制（　　）。

A．内存、硬盘与 CPU 交换数据

B．笔记本电脑系统的运算和显示

C．数据的输入和输出

D．笔记本电脑系统中所有 I/O 口的输入和输出电压

4．17 英寸的显示屏（包括纯平）在进行调节和屏幕切换时，发出响声且黑屏，然后才正常显示。请问这种情况正常吗？（　　）

A．正常，内部电路正在进行初始化设置

B．不正常，内部电路出现问题，应赶紧送修或更换

C．正常，内部的安全保护电路的继电器正在工作，这是其切换时触点发出的声音

D．不正常，内部有互相挤压摩擦现象，或者高压电路存在问题

5．工具菜单中呈暗淡色的按钮表示（　　）。

A．不可选用　　B．将打开另一个对话框

C．已经选用　　D．表示可扩展选中对话框

6．扫描仪的分辨率都会标出规格，如 300 像素 ×600 像素，其中 300 指的是（　　）。

A．水平分辨率　　B．垂直分辨率

C．清晰度　　D．光学分辨率

7. Windows XP 进行用户切换时，系统将（　　）。

A. 终止当前用户运行程序

B. 新的用户可以继续运行原用户正在运行的程序

C. 继续运行原用户的当前程序

D. 系统将提示是否继续运行当前程序

8. 由于 LCD 中的每个像素都对应一只晶体管，所以（　　）。

A. LCD 上的显示像素是可变的

B. LCD 上的显示像素是固定的

C. LCD 显示分辨率是固定的

D. LCD 显示分辨率是可变的

9. 笔记本电脑运行程序时，必须先将程序和数据调入（　　）。

A. 内存　　B. CPU　　C. 硬盘　　D. L2Cache

10. 供电系统有时会突然停电，从而对笔记本电脑系统和 I/O 设备造成损坏，因此一般要求使用（　　）。

A. 稳压器　　B. 不间断电源　　C. 过压保护器　　D. 以上都不是

11. 对笔记本电脑的电源插座而言，下列描述正确的是（　　）。

A. 左火右零上地线

B. 左地右零上火线

C. 左零右火上地线

D. 左火右地上零线

12. 之前笔记本电脑的显示屏使用正常，但在搬到新家后，开机后屏幕上出现了五彩缤纷的图像（显示屏在其他地方正常）。下列分析正确的是（　　）

A. 运输过程中出现问题，更换显示屏

B. 环境问题，周围有强地磁干扰，应调换位置或进行消磁调整

C. 显像管中的电路有故障了，应送修

D. 显卡出现故障，更换显卡可解决故障

二、填空题

1. 按照产生机理，笔记本电脑故障可以分为__________和__________。

2. 按照发生时影响的范围，笔记本电脑故障可以分为__________和__________。

3. 按照发生频率和持续时间，笔记本电脑故障可以分为__________和__________。

4. BIOS 警报信息中的 Memory test fail 表示__________。

5. 笔记本电脑维修有两种情况：__________和__________。

6. 如果在开机后出现“CMOS Battery State Low”提示，且有时可以正常启动，但使用一段时间后会死机，这种现象大多数是__________引起的。

7. 硬盘被密封在__________的环境中，在日常大气中是不能打开外壳的。

8. 如果在系统运行时，出现软件死机或无法安装软件等现象，其原因是__________损坏。

9．为了保证笔记本电脑长期正常工作，必须有较好的使用环境，即注意环境的________、________、________、________、________、________等。

10．在平时使用键盘时要注意两点：________、________。

11．笔记本电脑故障的分析与判断方法有直接感觉法、________、________、________及________等。

三、简答题

1．简述维修计算机的一般思路。

2．引起计算机系统不稳定的因素有哪些？至少写出5条。

3．硬盘驱动器的主要参数有哪些？

4．硬盘在日常使用中的注意事项有哪些？

5．硬盘的维护包括哪些方面？

6．简述对硬盘进行磁盘清理的方法。

7．为什么笔记本电脑要避免LCD屏幕工作超负荷运行？

8．如何解决笔记本电脑LCD屏幕潮湿问题？

9．简述笔记本电脑主板故障的常见现象。

10．简述笔记本电脑CPU故障的常见现象。

11．简述笔记本电脑电源故障的常见现象。

12．台式机与笔记本电脑的主要区别有哪些？

13．简述笔记本电脑某个部件的维修方法。

第七章　计算机网络基础知识及网络接线

互联网时代，人们离不开网络，了解基本的网络知识会给我们的工作、生活带来很多便利，本章将简单介绍计算机网络的基础知识。

7.1　计算机网络基础知识

7.1.1　计算机网络的功能

计算机网络是指利用通信设备和网络软件，把功能独立的多台计算机以相互共享资源和传递信息为目的连接起来的一个系统。一般来说，计算机组网络的功能有如下四点。

1. 数据通信

计算机网络使计算机之间可以相互传送数据，有利于信息交换。

2. 资源共享

用户可以共享计算机网络中其他计算机的软件、硬件和数据资源。

3. 实现分布式信息处理

大型任务可以借助于分散在计算机网络中的多台计算机协同完成，有利于分散在各地各部门的用户完成一项共同任务。

4. 提高计算机系统的可靠性和可用性

在计算机出现故障时，网络中的计算机可以互为后备；在计算机负荷过重时，可将部分任务分配给空闲的计算机。

7.1.2　计算机网络的组成

计算机网络一般由以下几部分组成。

1. 终端设备

终端设备包括计算机、手机、平板电脑、监控探头等网络主体。

2. 数据通信链路

数据通信链路是用于传输数据的介质：双绞线、光缆、无线电波等。通信控制设备包括网卡、集线器、交换器、MODEM、路由器等。

3. 网络通信协议

网络通信协议是计算机网络通信共同遵循的一组规则和约定，包括通信如何开始、如何结束，数据如何表示，命令如何表示，通信对象如何区分，身份如何鉴别，发生错误如何处理，等等。网络通信协议有 TCP/IP、HTTP、FTP、POP3 等。

4. 网络操作系统和网络应用软件

网络操作系统包括实现通信协议、管理网络资源等；网络应用软件包括浏览器、电子邮件程序、QQ、搜索引擎等。

7.1.3 计算机网络的分类

计算机网络根据不同的分类方法可以分为不同类型。

（1）按传输介质可分为有线网和无线网。

（2）按网络的使用性质可分为公用网、专用网和虚拟专网（VPN）。

（3）按网络的使用对象可分为企业网、政府网、金融网、校园网等。

（4）按网络所覆盖的地域范围可分为以下 3 类。

① 局域网（LAN）：使用专用通信线路把较小地域范围（一幢楼房、一个楼群、一个单位或一个小区）中的计算机连接而成的网络。

② 城域网或市域网（MAN）：作用范围在广域网和局域网之间，作用距离为 5km ～ 50km。

③ 广域网（WAN）：把相距较远的许多局域网和计算机用户互相连接在一起的网络。广域网有时也称为远程网。

7.1.4 计算机网络的传输介质

计算机网络的传输介质可以分为有线介质和无线介质。

1. 有线介质

有线介质包括双绞线电缆、同轴电缆、光纤等

（1）双绞线电缆。

双绞线由两根相互绞合成均匀螺纹状的导线组成，多根这样的双绞线捆在一起，外面包上护套，就构成了双绞线电缆。双绞线电缆一般分为 3 类线、5 类线和 6 类线，也可以分为非屏蔽双绞线电缆（UTP）（见图 7.1）和屏蔽双绞线电缆（STP）。

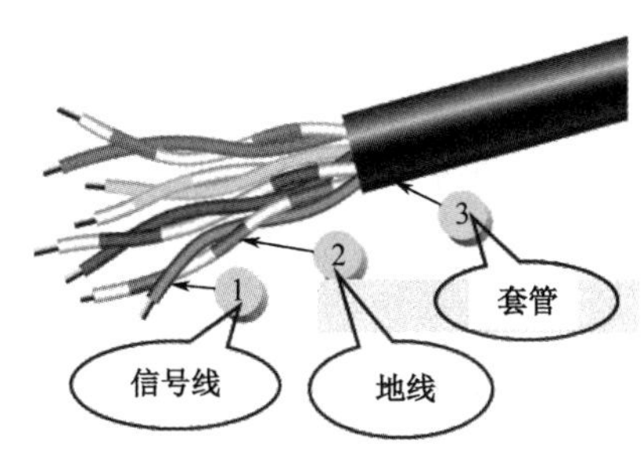

图 7.1　非屏蔽双绞线

双绞线电缆的特点是成本低，易受外部高频电磁波干扰，误码率较高，传输距离有限，一般在建筑物内使用。

（2）同轴电缆。

同轴电缆（见图 7.2）是内外由相互绝缘的同轴心导体构成的电缆，内导体为铜线，外导体为铜管或铜网。同轴电缆可以分为基带同轴电缆和宽带同轴电缆，以前基带同轴电缆在以太网中使用，宽带同轴电缆在有线电视网中使用。

同轴电缆的传输特性和屏蔽特性良好，可用于传输远距离的载波信号，但成本较高，需要损耗大量的金属材料，现在已被光纤取代。

（3）光纤。

光纤（见图 7.3）由纤芯、包层和涂覆层组成，其中纤芯是直径为 10 ～ 100μm 的细石英玻璃丝，涂覆层可以屏蔽外部光源的干扰。

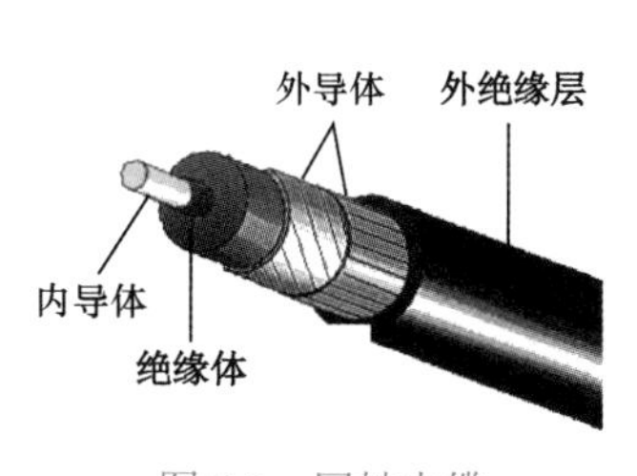

图 7.2　同轴电缆

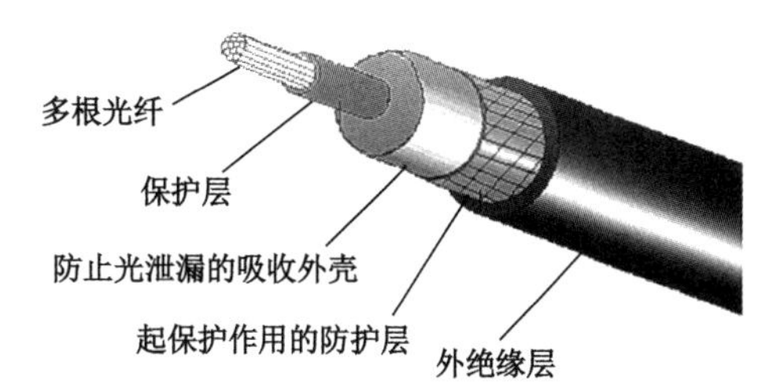

图 7.3　光纤

光纤具有传输损耗小、通信距离远、容量大、屏蔽特性好、不易被窃听、重量轻、便于铺设等优点，已经成为所有现代通信和计算机网络的主要传输介质。

2. 无线介质

无线通信借助电磁波在自由空间进行信息传播，大量节省了基础架构和线缆的铺设，是最常用的通信方式之一。

（1）微波通信。

无线电波按频率（波长）分为中波、短波、超短波和微波等。中波沿地面传播，绕射能力强，适用于广播和海上通信。短波具有很强的电离层反射能力，适用于环球通信。超短波频带很宽，绕射能力较差，只能作为视距或超视距中继通信。微波沿直线传播，也可以从物体上得到反射，会穿透电离层。

（2）卫星通信。

卫星通信是以人造卫星为微波中继站的，是微波通信的特殊形式。卫星在接收地面发送站发出的电磁波信号后，再以广播方式用不同的频率将电磁波信号发回地面，被地面工作站接收。卫星通信可以克服地面微波通信距离的限制。一颗同步卫星的通信范围可以覆盖地球表面 1/3 以上，三颗这样的卫星的通信范围就可以将地球全部覆盖。

（3）移动通信。

移动通信是指处于移动状态的对象之间的通信，也是微波通信的一种，适用于手机、无线局域网通信。

（4）红外通信。

红外系统采用发光二极管（LED）或激光二极管（ILD）进行站与站之间的数据交换。红外设备发出的红外光信号（红外线）非常纯净，一般只包含电磁波或小范围电磁频谱中的光子。传输信号可以直接或经过墙面、天花板反射后，被接收装置接收。

红外线没有能力穿透墙壁和某些固体，而且每一次反射后信号都要衰减一半左右，同时红外线也容易被强光源盖住。红外线的高频特性支持高速度的数据传输，一般分为点到点式与广播式两类。

（5）激光通信。

激光通信是指把激光束作为通信载波在空间传输信息的一种通信方式。

激光通信是一种利用激光传输信息的通信方式。激光是一种新型光源，具有亮度高、方向性强、单色性好、相干性强等特征。按传输介质的不同，激光通信可分为大气激光通信和光纤通信。大气激光通信是将大气作为传输介质的通信方式；光纤通信是利用光纤传输光信号的通信方式。

7.1.5 计算机网络设备

计算机网络设备是计算机网络中用到的各种物理实体，其种类很多，下面对局域网中经常用到的设备进行简单介绍。

1. 网卡

网络中的每台计算机都需要安装网卡，每张网卡有全球唯一的地址码——MAC 地址，也称为该计算机的物理地址。

网卡通过双绞线电缆、光纤或无线电波将计算机和网络连接起来，由网卡负责发送数据和接收数据。现在使用最多的网卡是千兆位网卡、10/100Mbit/s 自适应网卡。

网卡的大多数功能已集成在芯片组中，即所谓的集成网卡。不同的局域网 MAC 地址的数据帧不同，需要的网卡也不同。

（1）网卡的分类。

根据支持的网络类型网卡可分为以太网卡、令牌环网卡、ATM 网卡；根据接口类型网卡可分为 ISA 网卡、PCI 网卡、EISA 网卡；根据连接介质网卡可分为 RJ-45 接口、BNC 接口、AUI 接口；根据用途网卡可分为服务器网卡、工作站网卡、无线网卡、笔记本网卡；根据发送速率网卡可分为 10Mbit/s 网卡、100Mbit/s 网卡、10Mbit/s 100Mbit/s 网卡和 1000Mbit/s 网卡。

常见的无线网卡如图 7.4 所示。

图 7.4　常见的无线网卡

（2）选购网卡时需考虑的因素。

① 网络类型。现在使用范围较广的网络类型有以太网、令牌环网、ATM 网、FDDI 网等，选择网卡时应根据网络类型来选择。

② 传输速率。应根据服务器或工作站的带宽需求及物理传输介质所能提供的最大传输速率来选择网卡的传输速率。以以太网为例，可选择的传输速率有 10Mbit/s、10/100Mbit/s、1000Mbit/s、10Gbit/s 等多种，但不是传输速率越高就越合适。例如，为连接在只具备 100Mbit/s 传输速率的双绞线上的计算机配置 1000Mbit/s 的网卡就是一种浪费，因为该计算机最多只能实现 100Mbit/s 的传输速率。

③ 总线类型。计算机中常见的总线插槽类型有 ISA、EISA、VESA、PCI 和 PCMCIA 等。服务器通常使用 PCI 或 EISA 总线的智能型网卡，工作站常采用 PCI 或 ISA 总线的普通网卡，笔记本电脑常采用 PCMCIA 总线的网卡或并行接口的便携式网卡。目前计算机基本已不再支持 ISA 连接，所以在为计算机购买网卡时，千万不要选购已经过时的 ISA 网卡，而应当选购 PCI 网卡。

④ 网卡支持的电缆接口。网卡最终要与网络进行连接，所以必须要有一个接口能使网线与其他计算机网络设备连接起来。不同的网络接口适用于不同的网络类型，目前常见的接口主要有以太网的 RJ-45 接口、细同轴电缆的 BNC 接口，以及粗同轴电缆的 AUI 接口、FDDI 接口、ATM 接口等。而且有的网卡为了适用于更广泛的应用环境，提供了两种或多种类型的接口，如有的网卡会同时提供 RJ-45、BNC 接口或 AUI 接口。

⑤ 价格与品牌。不同传输速率、不同品牌的网卡价格差别较大，在选购网卡时应考虑价格因素。

2. 交换机

交换机（见图 7.5）是一种高性能的集线设备，负责连接网络中的计算机或其他网络设备，是一个灵活的网络设备，一般用于构造星形网络拓扑结构。

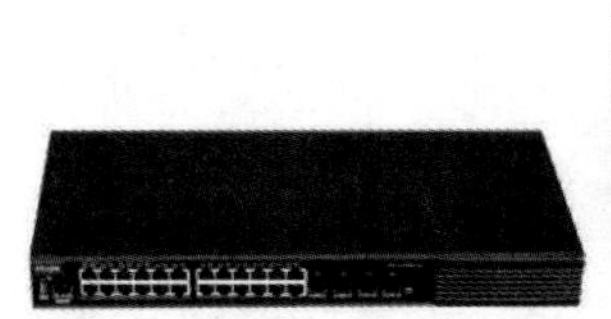

图 7.5　各种结构的交换机

（1）交换机的种类。

根据网络覆盖范围，交换机可分为广域网交换机和局域网交换机。

根据传输介质和传输速率，交换机可分以太网交换机、千兆以太网交换机等。

根据结构，交换机可分独立交换机、模块化交换机和可堆叠式交换机。

（2）交换机的选购要素。

交换机有很多品牌系列，不同型号的交换机的功能差异很大，在选购时有很大的余地，总体来说应从以下几点考虑。

根据应用规模选择不同类型的交换机。

① 以太网交换机。现在使用 10BASE-T 网卡的工作站可以接入快速以太网。

② 企业级交换机。企业级交换机属于高端交换机，它采用模块化的结构，可作为网络骨干，构建高速局域网。企业级交换机可以提供各种功能，从而满足用户的需求。

③ 千兆以太网交换机。对于多端口的千兆以太网交换机而言，其高性能背板可支持数千兆的带宽，这大大提高了数据的传输效率。高数据传输速率的交换机将是发展的趋势。

④ 智能自适应交换机。智能自适应交换机是一种可进行网络管理的网络设备，能满足用户对网络管理的要求。

（3）支持的 MAC 地址数量。

交换机设备的端口数量是最直观的衡量因素，常见的交换机端口数有 8、12、16、24、48 等几种，其中 24 口是备受青睐的交换机。

3. 路由器

路由器（见图 7.6）是进行网间互联的关键设备，工作在 OSI 模型的网络层，其主要作用是寻找网络间的最佳路径。路由器可以互连不同协议、不同传输介质、不同拓扑结构和不同传输速率的网，被广泛用于 LAN—WAN—LAN。

图 7.6　各种规格的路由器

路由器具有路由转发、防火墙和隔离广播的作用，路由器不会转发广播帧，路由器上的每个接口都属于一个广播域，不同的接口属于不同的广播域和不同的冲突域。路由器的主要功能包括网络互连、网络隔离、网络管理等。

按性能档次，路由器可分为高档路由器、中档路由器、低档路由器及家用路由器。按结构，路由器可分为模块化结构路由器与非模块化结构路由器。按功能，路由器可划分为核心层（骨干级）路由器、分发层（企业级）路由器和访问层（接入级）路由器。

4. 中继器

中继器（见图 7.7）又称转发器或者收发器，是一种连接网络线路的装置，工作于 OSI 模型的物理层，负责两个网络节点间物理信号的双向转发工作。它是最简单的网络互联设备，主要完成物理层的功能，负责在两个节点的物理层上按位传递信息，完成信号的复制、调整和放大，以此来延长网络的长度。它的作用是放大信号，补偿信号衰减，支持远距离通信。中继器仅适用于以太网，可将两段或两段以上的以太网连接起来。

图 7.7　中继器

5. 集线器

集线器主要指共享式集线器，其主要功能是对接收到的信号进行再生整形放大，以扩大网络的传输距离，同时把所有节点集中在以它为中心的节点上。随着交换机性能的提升和价格的走低，集线器已经被交换机取代。

7.1.6 IP 地址

TCP/IP 是计算机网络的通信协议，根据 TCP/IP 规定，网络中的计算机都必须使用一种统一格式的地址，即 IP 地址，作为标识。

1. IP 地址的特点

（1）唯一性。

在网络中每台计算机都有一个唯一的 IP 地址。

（2）简明性。

所有地址的长度固定，目前使用的 IPv4 有 32 个二进位，现在有的计算机已使用 IPv6，IPv6 有 128 个二进位。

可用 4 个十进制数来表示一个 IP 地址，每个十进制数对应 IP 地址中的 8 个二进制数（1 个字节），各十进制数间用小数点“.”隔开。例如：

202.119.23.12	11000110 01110111 00010111 00001100	C 类地址

2. IP 地址的格式

IP 地址包含网络号和主机号两部分，其中网络号是指明主机所属物理网络的编号，主机号是主机在所属物理网络中的编号。IP 地址可以分为 A 类地址、B 类地址、C 类地址，以及分别作为组播地址和备用地址的 D 类地址和 E 类地址。

A 类地址适用于拥有大量主机的超大型网络，全球只有 126 个，A 类地址的特征是其十进制数表示的首位数值小于 128。B 类地址适用于中型网络，其特征是其十进制数表示的首位数值大于或等于 128，但小于 192。C 类地址适用于小型网络，其主机数量不超过 254 台，其特征是其十进制数表示的首位数值大于或等于 192，但小于 224。

在局域网中常见的 IP 地址一般都是 C 类的。IP 地址的分类如表 7.1 所示。

表 7.1　IP 地址的分类

IP 地址	首字节取值	网络号取值	举　例
A 类	1 ～ 126	1 ～ 126	61.155.13.142
B 类	128 ～ 191	128.0 ～ 191.255	128.11.3.31
C 类	192 ～ 223	192.0.0 ～ 223.255.255	202.119.36.12

下面来看一下，如何设置和更改 IP 地址。

首先打开“本地连接属性”对话框（见图 7.8），单击“Internet 协议版本 4（TCP/IPv4）”选项，弹出“Internet 协议版本 4（TCP/IPv4）属性”对话框（见图 7.9），可在该对话框中对 IP 地址进行设置。在局域网里，一般可以设置相应的 IP 地址，并给定“子网掩码”和“默认网关”，这些都是由网络管理员提前分配好的。如果要连接外网，则需要填写正确的 DNS，或者通过自动获取的方式，自动连接。由于在家里上网的 IP 地址都是随机分配的，所以只能通过自动获取的方式进行自动连接。

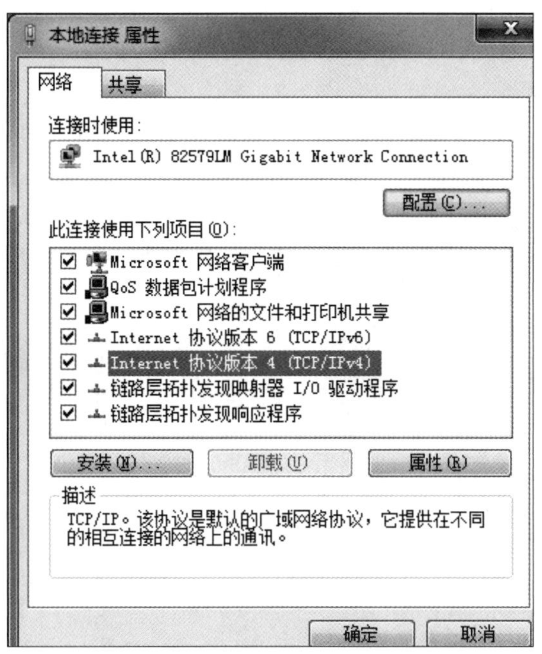

图 7.8 “本地连接属性”对话框

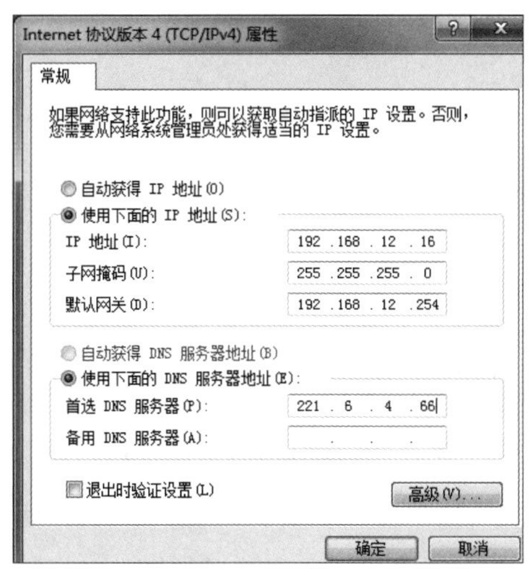

图 7.9 “Internet 协议版本 4（TCP/IPv4）属性”对话框

7.1.7 互联网的接入方式

单位用户：计算机接入局域网，局域网通过路由器租用运营商的远程数据通信线路接入互联网。

家庭用户：通过电话拨号、ADSL、有线电视、光纤、无线等方式接入 ISP 的路由器，再通过 ISP 的路由器接入互联网。

互联网的接入（见图 7.10）一般由城域网（运营商）来承担，使用各种不同的接入技术，解决的是“最后一公里”问题。

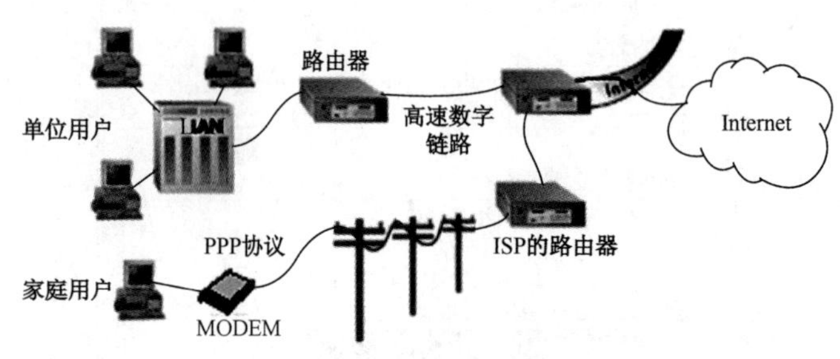

图 7.10 互联网的接入

常见的家庭用户接入 ISP 的路由器方式及特点如下。

（1）电话拨号接入。

传输介质：电话线。

设备：电话 MODEM。

数据传输速率：56Kbit/s。

特点：数据传输速率不高，上网与打电话不能同时进行，计费贵（和打电话一样），现在已经很少使用。

（2）ADSL 接入。

传输介质：电话线。

设备：ADSL MODEM、以太网网卡。

数据传输速率：1M ～ 8Mbit/s（下行），64K ～ 256Kbit/s（上行）。

特点：下行数据传输速率比上行数据传输速率高，上网与打电话互不影响，计费独立。

（3）有线电视接入。

传输介质：光纤、同轴电缆。

设备：Cable MODEM、以太网网卡。

数据传输速率：下行速率最快可达 36Mbit/s，上行数据传输速率为 320Kbit/s ～ 10Mbit/s。

特点：数据传输速率比电话线高，上网、看电视互不影响，计费独立。当上网人数较多时，有效带宽会下降。

（4）光纤接入。

传输介质：光纤、双绞线。

设备：光网络单元、以太网卡等。

数据传输速率：10M ～ 1000Mbit/s。

特点：光纤到楼，以太网入户（FTTX + ETTH），可以将整个局域网接入。

（5）无线接入。

四种无线接入方式的比较如表 7.2 所示。

表 7.2　四种无线接入方式的比较

接入技术	使用的接入设备	数据传输速率	说明
无线局域网接入	Wi-Fi 无线网卡、无线接入点	11M ～ 100Mbit/s	只有在安装有接入点（AP）的热点区域中才能接入
GPRS 移动电话网接入	GPRS 无线网卡或 GSM 手机	56K ～ 114Kbit/s	方便，有手机信号的地方就能上网，但速率不快
3G 移动电话网接入	3G 无线网卡 3G 手机	几百 Kbit/s ～几 Mbit/s	方便，有 3G 手机信号的地方就能上网
4G 移动电话网接入	4G 无线网卡 4G 手机	100Mbit/s 左右	方便，有 4G 手机信号的地方就能上网，传输速率更快

7.2　计算机网络接线

7.2.1　计算机网络接线的设置

配线端接技术直接影响网络系统的传输速率、稳定性和可靠性，也直接决定综合布线系统永久链路和信道链路的测试结果。

一般每个信息点的网络线都需要从设备跳线→墙面模块→楼层机柜通信配线架→网络配线架→交换机连接跳线→交换机级联线等，平均需要端接 10 ～ 12 次，每次端接 8 个线芯。在工程技术施工中，每个信息点大约平均需要端接 80 个线芯或者 96 个线芯，因此熟练掌握配线端接技术非常重要。

例如，1000 个信息点的小型综合布线系统工程施工，按照每个信息点平均端接 12 次来计算，该工程总共需要端接 12000 次，端接线芯 96000 次。如果操作人员端接线芯的线序和接触不良错误率为 1%，那么将会有 960 个线芯出现端接错误。假如这些错误平均出现在不同的信息点或者永久链路，其结果是这个项目可能有 960 个信息点出现链路不通。那么该 1000 个信息点的小型综合布线系统工程竣工后，仅仅链路不通这一项错误率就将高达 96%。各个永久链路的线序或者接触不良错误很难及时发现和维修，而且需要花费几倍的时间和成本才能解决，造成的经济损失非常大，严重时将直接导致该综合布线系统无法验收和正常使用。

综合布线系统配线端接的基本原理是，通过机械力量将线芯压入两个刀片中，在压入过程中刀片划破绝缘护套与铜线芯紧密接触，同时金属刀片的弹性将铜线芯长期夹紧，从而实现长期稳定的电气连接，如图 7.11 所示。

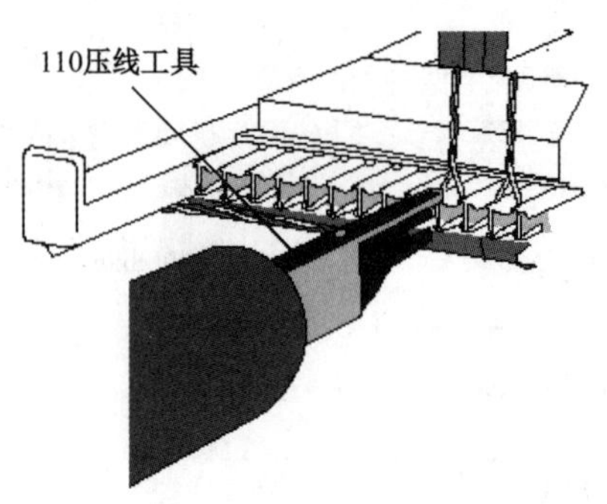

图 7.11　使用 110 压线工具将线对压入线槽内

7.2.2　网络双绞线的制作

网络双绞线配线端接的正确方法如下。

剪掉端头破损的双绞线，使用专门的剥线工具剥开需要端接的双绞线端头的外绝缘护套。端头剥开长度尽可能短一些，能够方便地端接线就可以了。在剥开外绝缘护套的过程中不能对线芯的绝缘护套或者线芯造成损伤或者破坏。

特别注意不能损伤 8 根线芯的绝缘层，更不能损伤任何一根铜线芯（见图 7.12）。

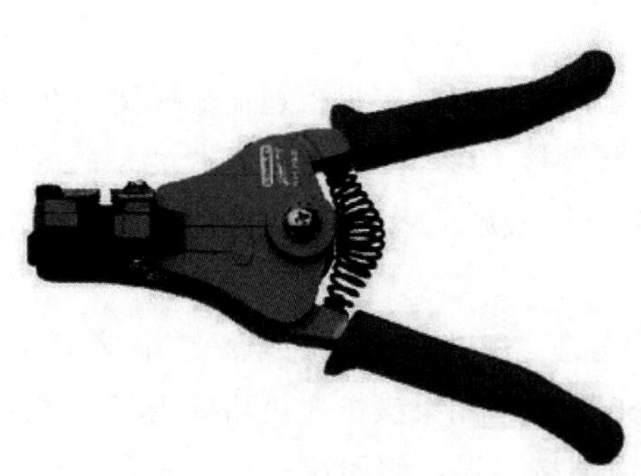
（a）使用剥线工具剥线

（b）剥开外绝缘护套

图 7.12　剥开外绝缘护套

将已经剥去绝缘护套的 4 对单绞线分别拆开相同的长度，将每根线轻轻捋直，同时按照 568B 线序（橙白、橙、绿白、蓝、蓝白、绿、棕白、棕）水平排好。将 8 根线芯的端头一次剪掉，留 14mm 长度，从线头开始至少 10mm 内导线之间不应有交叉（见图 7.13）。

将双绞线插入 RJ-45 水晶头内（见图 7.14），注意一定要插到底，然后用压线钳夹紧，让双绞线围在水晶头中。最后进行网线测试（见图 7.15）。

图 7.13 整理线芯

图 7.14 插入 RJ-45 水晶头

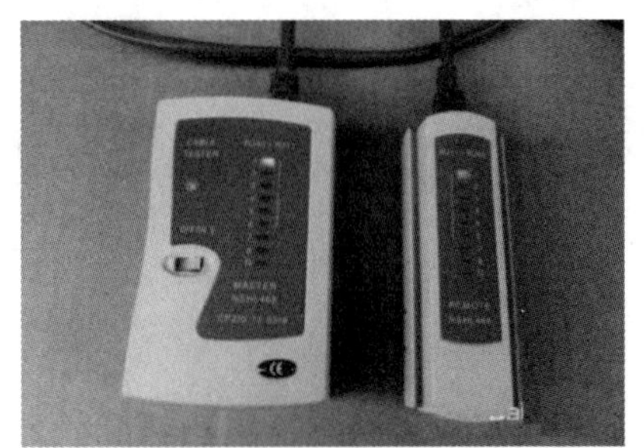

7.15 网线测试

7.2.3 网络模块的端接原理和步骤

网络模块的端接原理为：利用压线钳的压力将 8 根线芯逐一压接到模块的 8 个接线口中，并剪掉多余的线头。在压接的过程中刀片会快速划破线芯绝缘护套，与铜线芯紧密接触，从而实现刀片与线芯的电气连接，这 8 个刀片通过电路板与 RJ-45 接口的 8 个弹簧连接。

网络模块的端接步骤如下。

（1）剥开外绝缘护套。

（2）拆开 4 对双绞线。

（3）拆开单绞线，如图 7.16 所示。

（4）按照线序将线芯放入端接口，如图 7.17 所示。

图 7.16 拆开单绞线

图 7.17 放入端接口

（5）进行压接和剪线，如图 7.18 所示。

（6）盖好防尘帽，如图 7.19 所示。

（7）进行永久链路测试。

图 7.18　压接和剪线

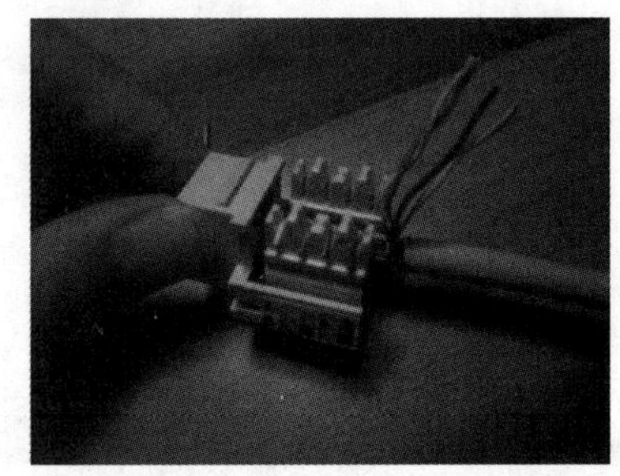

图 7.19　盖好防尘帽

所有的线都打好后就可以将模块装到 86 盒面板上了。

单元测试

一、填空题

1．路由器的背部一般有一个________口和若干个________口，不同的路由器的________口的个数也不同。

2．Windows 7 操作系统中提供了________和________网络辅助功能，通过这些功能可以轻松地实现局域网联机。

二、操作题

1．使用路由器组建局域网，并至少链接一个有线设备和一个无线设备。

2．使用 Windows 7 操作系统的家庭组功能组建局域网。

3．使用 Windows 7 操作系统的虚拟 Wi-Fi 功能组建局域网。

附录 A　单元测试答案

第一章　计算机基础知识

一、选择题

1—6　CADDBA

二、填空题

1．巨型计算机、大型计算机、小型计算机、个人计算机、工作站
2．硬件
3．控制器、运算器、存储器；CPU、内存、主板
4．算术运算器；逻辑运算器

三、简答题

1．计算机系统资源分为硬件资源和软件资源两大类。硬件资源包括 CPU、存储器（主存储器和各种辅助存储器）和各种 I/O 设备；软件资源也称为信息资源，包括各种程序、数据、程序库和共享文件等。

2．计算机系统硬件结构主要包括 CPU、外部总线扩展电路（包括板卡）、只读存储器 ROM、存储器 RAM、外部存储器硬盘、光驱、外部接口串口、USB 口、并口等，以及显示屏、键盘、鼠标等。

第二章　计算机配件与组装

一、选择题

1—10　B、ABCD、D、ABCD、A、ABC、ABCD、A、C、C

二、填空题

1．CPU、内存、主板、硬盘、显卡
2．Intel、AMD
3．X86时代、奔腾时代 、酷睿时代
4．内存
5．BIOS芯片、CMOS芯片
6．固态硬盘
7．集成、独立
8．静电
9．使CPU更好地散热
10．连接线及硬件安装

三、简答题

1．（1）根据需求选择；（2）注重性价比；（3）注意CPU的质保期限；（4）通过正规渠道购买，注意防伪。

2．对于内存和主板插槽接触不良的故障，需要拔下内存，并用橡皮擦拭内存的金手指，再重新插到位。对于金手指容易氧化的故障，需要定期对内存进行灰尘清扫和擦拭。对于操作系统出现非法错误，或者注册表无故损坏的故障，一般是内存存在质量问题，需要更换内存。

3．BIOS中的系统设置程序是完成CMOS参数设置的手段。CMOS RAM既是BIOS设定系统参数的存放场所，又是BIOS设定系统参数的结果。

4．（1）在组装计算机时一定要防静电，任何行为都不要违背这个原则。

（2）在组装计算机时一定得适度用力，在插拔板卡、拧螺钉的时候不要用力过猛或过大，以免对板卡等造成物理损坏。注意各种大小不同的螺钉的区别。

（3）在安装螺钉时，一定要将所有螺钉都装上，不能偷工减料。

（4）主板上螺钉的垫板需要放上去，这样可以防静电。

（5）不能触摸主板线路板。

5．（1）把CPU安装到主板上，并安装好CPU风扇。

（2）把主板安装到机箱内部，并用螺钉固定。

（3）安装内存、显卡。

（4）安装硬盘。

（5）安装电源。

（6）安装各种连接线。

（7）安装显示屏、键盘、鼠标。

（8）通电自检，如果正常，则继续安装；否则，检查上述安装过程。

（9）安装挡板，盖上机箱盖。

第三章　系统设置与操作系统的安装

一、选择题

1—10　CBDDD CDDAB

11—13　DCD

二、简答题

1．首先在通电后开始进行硬件系统的自检，如果自检通过，则会听到一声“嘀”；如果没有听到“嘀”声，则说明自检没有通过。如果有长短不一的“嘀”声，则说明硬件有问题。经过自检后，开始读取硬盘上的信息，再读取相关的分区信息等。信息读取完毕后，运行系统文件，加载相关的 I/O 设备驱动，然后进入系统，显示屏显示操作界面。

2．对操作系统的维护一般都是一个月进行一次，首先卸载一些不用的软件；然后查看是否需要升级 Windows 操作系统最新的补丁；接着查毒，卸载流氓软件，清理注册表，对一些重要的文件进行备份；然后整理硬盘空间，对系统进行一次全面优化。

3．首先考虑计算机的用途，其次考虑用于购买计算机的预算，在确定好这些信息后，根据这些信息寻找最好的性价比高的硬件。

4．只读存储器又称 ROM 存储器，只能从中读取信息，不能向其中任意写入信息。只读存储器具有掉电后数据可保持不变的特点。随机存储器又称 RAM 存储器，存储的内容可通过指令随机读写访问，随机存储器中的数据掉电后会丢失，因此只能在开机运行时存储数据。

第四章　应用程序的安装与计算机病毒的防治

一、填空题

1．Windows 优化大师；鲁大师；超级兔子

2．计算机程序

3．引导区型病毒；文件型病毒；宏病毒

4．感染数据文件；多平台交叉感染；容易编写，容易传播

5．预防病毒；清除病毒

6．运行；管理；维护

7．系统软件；应用软件

二、简答题

1．（1）减慢程序运行速度。

（2）增加文件的长度。

（3）出现新的奇怪的文件。

（4）降低可以使用的内存总数。

（5）出现奇怪的声音或者图像。

（6）删除计算机中的文件。

（7）破坏硬盘、BIOS。

2．（1）专机专用。

（2）经常进行系统备份。

（3）不要使用盗版软件。

（4）控制软盘使用，使用软盘前要杀毒。

（5）经常杀毒，安装杀毒软件。

第五章　笔记本电脑的维护与保养

一、填空题

1．酷睿；APU

2．DDR 3

3．2.5；1.8

4．MacBook Pro; MacBook Air

5．刷新率，分辨率，可视角度，对比度，响应时间

6．重量轻，自放电率低，无记忆效应

二、简答题

1．首先，细心地用小刷子刷去机箱内部的灰尘，并清除各种板卡上面的灰尘。其次，严禁在带电的情况下拔出或插入各种板卡，以免造成板卡损坏。最后，在空挡位应该加上金属挡片，这样做既可避免灰尘进入，又可屏蔽电磁辐射。

2．在使用过程中要注意防震、防尘；保持光驱水平放置；不要随意拆卸光盘驱动器；操作时动作要轻；不用时应及时取出盘片；不要使用质量差的光盘；减少使用时间；注意散热；要规范操作。

三、操作题

略。

第六章 笔记本电脑故障的检测与处理

一、选择题

1—10 BBDCA ACCAB

11—12 CB

二、填空题

1. 硬件故障；软件故障
2. 整体故障；局部故障
3. 偶然性故障；经常性故障
4. 内存测试错误
5. 板卡级维修；芯片级维修
6. CMOS 供电不足
7. 高度无尘
8. 主板上的 Cache
9. 供电环境；湿度；温度；洁净度；亮度；振动与噪声
10. 击键时不要用力过猛；定期清洗键盘
11. 直接观察法；拔插法；比较法；程序测试法

三、简答题

1. 一般计算机故障都是软件故障，硬件故障很少，所以应首先考虑软件故障。

对于软件故障可以根据系统给出的出错提示进行修复。

对于硬件故障，首先确定故障的源头，可以在开机的时候留心听，看是否有开机自检通过的“嘀”声，如果没有，那么就说明是硬件故障。处理硬件问题的方法有很多，如果有硬件检测卡，则可以利用硬件检测卡查找需要修理的硬件；也可以用“替换法”寻找有故障的部件。由于硬件质量出现故障的概率很小，所以一般采用将硬件表面的灰尘除去或重新插拔硬件或清洗金手指等方法消除故障。

2. （1）电源不稳定。

（2）系统有病毒。

（3）硬件兼容性不好。

（4）电压不稳定。

（5）机箱内部散热不好。

3．主轴转速、平均寻道时间、数据传速率、外部传输速率、内部传输速率、接口方式、高速缓存、单碟容量。

4．（1）当硬盘处于工作状态时，尽量不要强行关闭主机电源。

（2）硬盘在工作时一定要注意防震。

（3）不要擅自将硬盘拆开，如果硬盘出现故障需要检修，应及时送至专业的检修人员处进行检修。

（4）尽量保持计算机所在房间的干燥、清洁。

（5）注意防止静电。

（6）保证硬盘良好的散热，避免硬盘因高温出现故障。

（7）保持使用环境的湿度。

（8）防止电磁干扰。

（9）在电压不稳的地区使用笔记本电脑时应配备 UPS 电源。

（10）不要频繁地对硬盘进行格式化操作。

（11）要定期进行磁盘扫描和碎片整理。

（12）尽量不要对硬盘进行超频使用。

（13）当硬盘出现物理坏道时要及时进行处理。

5.（1）硬盘在工作时，不应直接按电源开关进行关机，突然断电，可能会造成硬盘数据丢失，甚至损坏磁盘。

（2）不要在高温、过度潮湿、强磁场的环境中使用硬盘。

（3）使用硬盘时要避免振动。

（4）硬盘要进行防尘埃处理。

6．（1）在资源管理器中选中要检查的分区，单击鼠标右键，选择“属性”。

（2）在“属性”对话框中选择“工具”。

（3）选择第一项可以查错；选择第三项可以整理磁盘碎片，提高硬盘的使用率。

7．使用 LCD 屏要注意其工作时间。当连续满负荷工作 96h 时，就会加速 LCD 屏老化，甚至使其烧坏。这是因为 LCD 屏的像素点是由液晶体构成的，长时间工作，很容易使某些像素点过热，进而造成永久性损坏。

8．如果不慎弄湿了屏幕，千万不要惊慌失措，先关掉电源。如果只是 LCD 屏幕表面有湿气，那么用软布轻轻擦去湿气，然后打开电源即可。如果湿气已经进入 LCD 屏，则必须将 LCD 屏放在通风条件好的地方，让其水分蒸发。

9．主板警报声误报；USB 端口不能正常工作；开机后进入 CMOS 提示错误并死机；BIOS 自检不显示硬盘参数；电脑进入休眠状态后死机。

10．经常死机；系统无法启动；BIOS 显示 CPU 高温但 CPU 实际温度并不高；蓝屏；运行 3D 游戏时死机。

11．电池不充电；电池能充电但放电时间特别短；电源适配器不工作；电池中还有电，但在工作时却突然断电。

12．（1）笔记本电脑携带方便，占用空间小。台式机携带不方便，占用空间大。

（2）笔记本电脑比台式机对外界环境的要求较高，其原因是笔记本电脑自身散热能力差。

（3）笔记本电脑升级换代比较难，而组装台式机的最大优势就是升级换代方便。

（4）笔记本电脑质保期后的维修费用比台式机要高。

13．一级维修，又称板级维修，维修对象是笔记本电脑中某一设备或某一部件，如主板、电源、显示屏等，还包括电脑软件的设置。在这一级别的维修方法主要是通过简单的操作（如替换、调试等），来确定故障部件或设备，并予以排除。例如，一台计算机开机后无任何显示，作为一级维修，需要判断出此现象是显示屏引起的，还是显卡引起的，或是主板引起的，只要判断出引起故障的部件，并更换有故障的部件，即可完成维修任务。

二级维修，是指对元器件进行维修。它是通过一些必要的手段（如测试仪器）来定位部件中有故障的元器件，从而排除故障。二级维修不仅要判断出哪个部件有故障，还要判断出该部件上的哪个元器件有故障，并修复有故障的元器件。

三级维修，又称线路维修，是针对电路板上的故障进行维修。如果是线路设计或线路故障引起的无显示，则需要三级维修人员来维修。三级维修人员往往是系统的设计开发人员。

第七章　计算机网络基础知识及网络接线

一、填空题

1．WAN；LAN；LAN

2．家庭组；虚拟 Wi-Fi

二、操作题

略。

参 考 文 献

[1] 张福炎，孙志挥．大学计算机信息技术教程（第 6 版）．南京：南京大学出版社，2015.
[2] 杨继萍，夏丽华，等．计算机组装与维护标准教程．北京：清华大学出版社，2015.
[3] 吴军 . 智能时代——大数据与智能革命重新定义未来．北京：中信出版集团，2016.